Luca Novelli

Das Darwin-Projekt

Charles Darwins Reise um die Welt

cbj ist der Kinder- und Jugendbuchverlag
in der Verlagsgruppe Random House

Umwelthinweis:
Dieses Buch wurde auf chlorfrei gebleichtem Papier gedruckt.

Gesetzt nach den Regeln der Rechtschreibreform

1. Auflage 2009
© 2009 für die deutschsprachige Ausgabe cbj, München
Alle deutschsprachigen Rechte vorbehalten
© 2006 und 2007 by Luca Novelli/Quipos
© 2006 und 2007 RCS Libri S.p.A., Milano
Die italienischen Originalausgaben erschienen 2006 und 2007
unter den Titeln
»In viaggio con Darwin. Il secondo giro attorno al mondo. Patagonia
e terra del fuoco« und »In viaggio con Darwin 2. Il secondo giro
attorno al mondo. Cile, Perù, Galapagos«
bei RCS Libri S.p. A., Milano
Übersetzung: Cornelia Panzacchi
Lektorat: Anette Reiter
Umschlagkonzeption: init.büro für gestaltung, Bielefeld
Umschlagbilder: AK6-Images, Berlin (2)
AR · Herstellung: SH
Satz: Uhl + Massopust, Aalen
Druck und Bindung: Imago
ISBN: 978-3-570-13636-2
Printed in China

www.cbj-verlag.de

Luca Novelli

Das Darwin-Projekt

Charles Darwins Reise um die Welt

cbj

DARWINS REISE

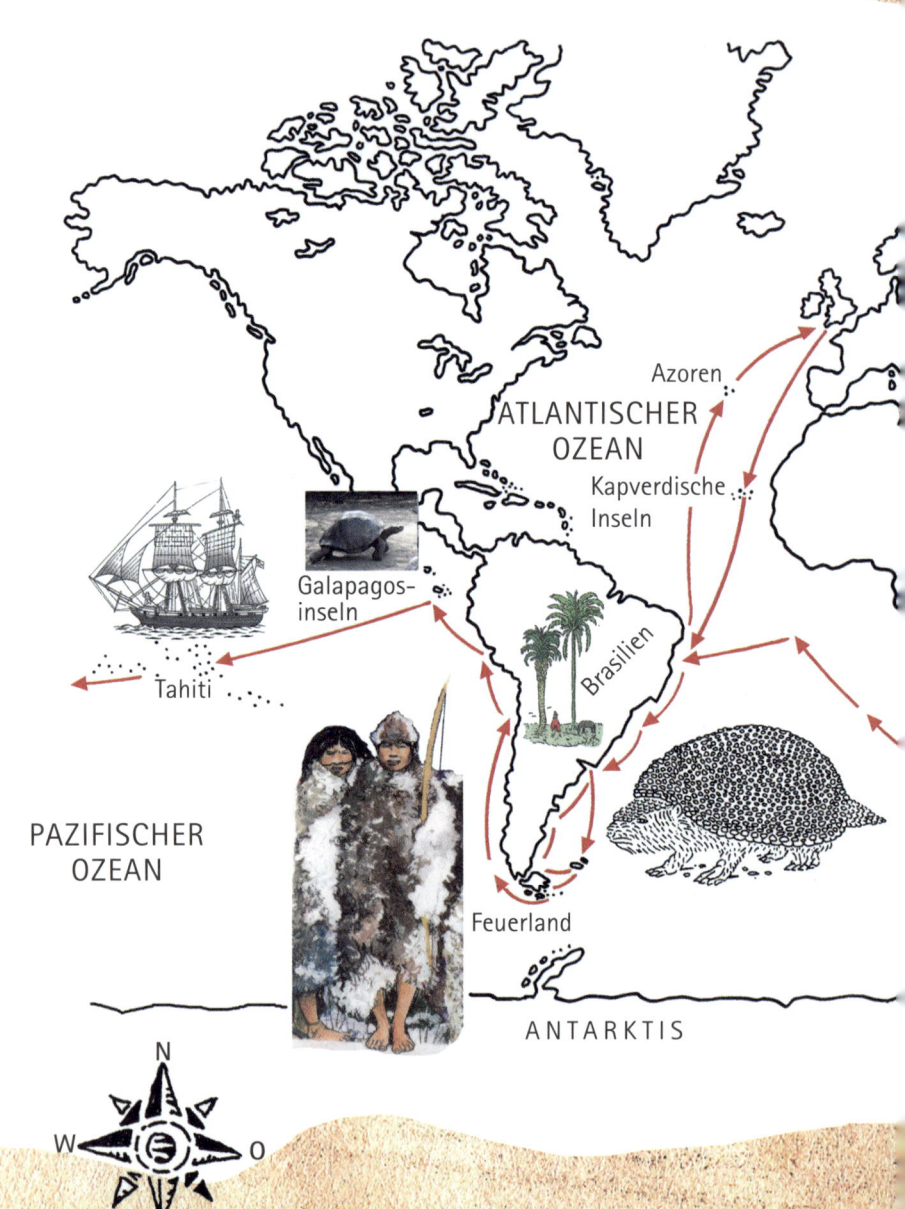

Azoren

ATLANTISCHER
OZEAN

Kapverdische
Inseln

Galapagos-
inseln

Tahiti

Brasilien

PAZIFISCHER
OZEAN

Feuerland

ANTARKTIS

N
W   O
S

(1831–1836)

INDISCHER
OZEAN

Mauritius

Kokos-
inseln

Australien

Madagaskar

Neuseeland

PAZIFISCHER
OZEAN

»*Ich rate allen, sooft wie nur möglich Exkursionen zu Wasser und zu Land zu unternehmen, und wünsche jedem so gute Reisegefährten, wie ich sie hatte.*«

Charles Darwin, *Die Fahrt der Beagle*, 1839

Inhalt

Das Darwin-Projekt

Der 12. Februar 2009 ist der zweihundertste Jahrestag der Geburt des berühmten Naturforschers Charles Darwin. Wissenschaftler und Institute aus vielen Ländern bereiten sich auf diesen Tag vor. Anlässlich des bevorstehenden Gedenktags bot ich der italienischen Forschungsgesellschaft Comunità Scientifica an, auf den Spuren Darwins eine Weltreise zu unternehmen und all die Orte zu besuchen, an denen er sich zwischen Dezember 1831 und Oktober 1836 aufgehalten hat, um aus heutiger Sicht seine *Reise eines Naturforschers um die Welt* nachzuschreiben.

Meine Reise wird vom WWF und dem Internationalen Museumsrat ICOM unterstützt und führt mich zusammen mit einer Gruppe von Wissenschaftlern an die von ihm aufgesuchten Orte. Das Darwin-Projekt konzentriert sich nicht nur auf naturwissenschaftliche Aspekte, sondern fühlt sich auch dem Umweltschutz und der Förderung des Friedens in der Welt verpflichtet.

Luca Novelli

Charles Darwin höchstpersönlich berichtet in diesem
Buch von einer ungewöhnlichen Reise, die er im November
und Dezember des Jahres 2005 unternahm.
Fotos, Filme sowie Rundfunk- und Fernsehsendungen
dokumentieren diese neuerliche Reise um die Welt.
Darwin findet, dass er auch nach dieser Erfahrung nichts
an seiner Theorie der Evolution durch natürliche
Auswahl ändern würde.
»Allerdings«, vertraute er mir an, »würde ich ganz gerne
etwas hinzufügen.«

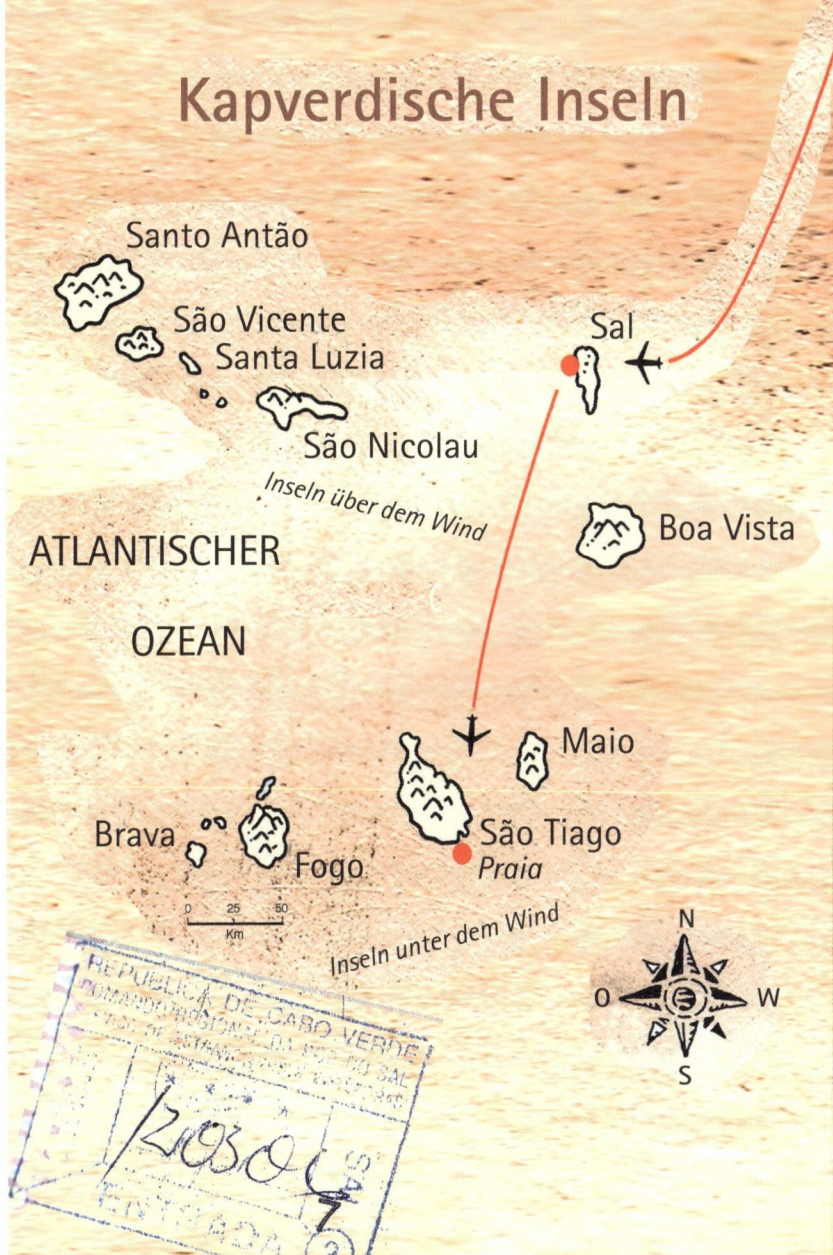

Kapverdische Inseln

Santo Antão

São Vicente
Santa Luzia

São Nicolau

Sal

Inseln über dem Wind

ATLANTISCHER

OZEAN

Boa Vista

Maio

Brava

Fogo

São Tiago
Praia

0   25   50
Km

Inseln unter dem Wind

DAS DARWIN-PROJEKT

Dossier »Kapverdische Inseln«

»Bei den Kapverdischen Inseln machte die Beagle zwölf Tage lang halt.
Ich nutzte die Gelegenheit, um zwei Exkursionen ins Innere der Insel São Tiago
zu unternehmen: zur alten Hauptstadt Ribeira Grande (heute Cidade Velha
genannt) und nach Santo Domingo.«

São Tiago
Kapverdische Inseln

*Unbekannter Vogel,
gesehen auf der Insel
São Vicente*

*Dieser Baum auf São Tiago war
schon hundert Jahre alt, als
Darwin die Stadt Ribeira Grande
1832 besuchte.*

Von der Insel Fogo aus gesehen

In der Mitte: Dieser Umschlag enthält eines der Register, in dem wir nach Erwähnungen der Beagle suchten.

Eisvogel (Alcedo atthis), fotografiert in der Umgebung von São Domingos

Ribeira Grande, das heute Cidade Velha heißt

Insel São Tiago

Tarrafal

Der Flughafen von Praia auf der Insel São Tiago

Unten: Ein Fliegender Fisch. In den fischreichen Gewässern der Kapverdischen Inseln gibt es sie in rauen Mengen.

Assomada

Dossier Kapverdische Inseln

Unten: Die Silhouette der Insel São Tiago, von Westen aus gesehen
Links: Die Gipfel derselben Berge, vom Tal von São Domingos aus gesehen

Santo Domingo

Briefmarken der Kapverdischen Inseln

CABO VERDE 42$ CABO VERDE E55$

Derzeit gültige Banknote

HV142958 1000 MIL ESCUDOS
BANCO DE CABO VERDE 1000

Cidade Velha   PRAIA
Museum

Meilen 0 2 4
Kilometer 0 3 6

Ansicht der Insel São Tiago, Hauptinsel der Kapverden, im Sommer und von Westen aus gesehen

In São Tiago stießen wir auf ein Rätsel: In den Unterlagen des historischen Archivs fand sich keinerlei Erwähnung der Beagle. An den infrage kommenden Tagen waren andere Schiffe eingetragen worden, darunter sogar eine englische Galeere, die auf dem Weg nach Indien gewesen war. Wir erklärten uns das damit, dass die Beagle nicht nur geografische Messungen vornehmen, sondern im geheimen Auftrag Seiner Majestät regelrecht spionieren sollte.

Vor Patagonien

Ohne sich recht erklären zu können, wie das möglich ist, steht Charles Darwin an einem schönen Oktobermorgen plötzlich neben dem hässlichen viktorianischen Sarkophag, der seine sterblichen Überreste birgt.

Er ist gesund und munter, frisch und unternehmungslustig und hat sogar etwas Appetit. Ein bisschen verwirrt fühlt er sich schon, aber er ist ganz froh, sich mal die Beine vertreten zu können.

In einer Kutsche ohne Pferde wird er zum Londoner Flughafen Heathrow gefahren. Man lässt ihn in einen gewaltigen Blechvogel einsteigen, der zu seiner großen Überraschung fliegen kann, ohne mit den Flügeln zu schlagen. Im Flugzeug lernt er seine Reisegefährten kennen und erfährt, was ihn erwartet: eine zweite fantastische Reise um die Welt!

Nach dem Umsteigen in Lissabon landet die Expedition Darwin auf dem internationalen Flughafen von Sal, einer der zwölf Kapverdischen Inseln. Auch die Beagle hatte diese Inseln angesteuert und am 16. Januar 1832 im Hafen von Praia auf der Insel São Tiago (Santiago) den Anker geworfen. Nach knapp 200 Jahren sieht Darwin diese Inseln wieder, die sehr unterschiedlich sind: Manche sind grün, andere wüstenartig, auf anderen legten die Bewohner Terrassenfelder an.

Erfreut stellt der Naturforscher fest, dass die Sklaverei schon vor geraumer Zeit abgeschafft wurde, doch wird ihm auch klar, dass hier wie auch andernorts neue Probleme aufgetaucht sind.

Von den Kapverdischen Inseln aus fliegen Darwin und seine

Begleiter nach Boston in den USA und von dort aus weiter nach Rio de Janeiro in Brasilien.

Hier hat sich für Darwin vieles verändert. In Botafogo, wo er einst zusammen mit dem befreundeten Zeichner Augustus Earle ein Häuschen gemietet hatte, gibt es jetzt eine U-Bahn-Station und riesige Wohnanlagen aus Beton.

In San Salvador und Recife im Hinterland werden keine Sklaven mehr gehalten. Ihre Arbeit auf den Feldern haben riesige Maschinen übernommen. Am Amazonas fand er anstelle eines tropischen Regenwaldes Trockenheit und sogar eine neue Wüste vor.

Charles Darwin hatte in Brasilien mit allem gerechnet, aber nicht damit.

Nach kleineren und größeren Abenteuern in den Favelas genannten Armenvierteln, den Hochhäusern und Kaffeeplantagen geht es weiter in Richtung Süden. Noch ein dreistündiger Flug und der Naturforscher erreicht eine weitere Großstadt: Buenos Aires.

Kapverdische
Inseln

Recife
San Salvador

Rio de Janeiro

Buenos
Aires

Rio de Janeiro: Die
Straße unterhalb des
Bergs Corcovado, in
der Darwin zusammen
mit dem befreundeten
Zeichner Augustus
Earle wohnte

Wohlhabende Familie aus
Rio de Janeiro, um 1830

Charles Darwin

Luca Novelli

Das Darwin-Projekt
Charles Darwins Reise um die Welt

1. Teil: Patagonien und Feuerland

1. Ein Naturforscher an Bord

13. November, Sonntag

In einer Stunde werden wir landen. Ich bin gespannt auf die Stadt, die ich einmal als »eine der regelmäßigsten der Welt« bezeichnet habe.

Inzwischen erstaunt mich nichts mehr und nichts macht mir mehr Angst. Nachdem ich die Kapverdischen Inseln und Brasilien wiedergesehen habe, bin ich unendlich glücklich darüber, diese Reise noch einmal machen zu können.

Genauso war es mir damals ergangen, als ich das Angebot erhielt, auf der *Beagle* mitzufahren. Bevor ich einwilligte, als Naturforscher mitzusegeln, noch dazu ohne Gehalt, zögerte ich eine Zeit lang. Zwar reizte mich die Vorstellung, aber ich wollte auch nicht meinen armen Vater verärgern. »Du bist ein Tagedieb, ein Mäusejäger...«, pflegte er zu schimpfen. Er war Arzt in Shrewsbury und damit Mitglied der dortigen »besseren Gesellschaft«, und ein Sohn, der Naturforscher werden wollte, war in seinen Augen nicht viel besser als ein Vagabund. »Wenn er wenigstens Priester werden würde«, meinte er, »dann wäre ihm eine Stelle sicher.«

Dann aber redete mein Onkel Josiah ihm so gut zu, dass er mich sogar ermutigte, auf die Reise zu gehen.

Am Río de la Plata

Wir verlassen den Himmel über Uruguay und überfliegen Montevideo. In 20 Minuten werden wir in Buenos Aires landen. Mal sehen, ob Montevideo noch so klein und reizend ist wie damals, als ich es am 26. Juli 1832 zum ersten Mal sah. Man hat mir erzählt, dass der Strand von Maldonado, an dem

ich Dutzende von Vögeln und anderen Tieren fing, heute in
der Hand der reichsten Familien Südamerikas ist und Punta
del Este heißt.

Ob ich dort wohl noch Fulgurit finden werde, dieses seltsame, durch Blitze entstandene Quarz?

Martin, der mich auf meiner Reise begleitet und neben mir
sitzt, macht mich auf den Río de la Plata aufmerksam, der
6000 Meter unter uns dahinfließt.

Die Flussmündung ist so, wie ich sie in Erinnerung habe:
ein riesiger Trichter, eingezwängt zwischen Uruguay und Argentinien, der im Licht der Morgensonne golden glänzt. In
Wirklichkeit ist er ein Meer aus Schlamm, das sich in den Atlantischen Ozean ergießt. In den Río de la Plata münden der
Río Uruguay und der Río Paraná, die wiederum eine Vielzahl
größerer und kleinerer Flüsse in sich aufnehmen, deren Quellen im Amazonasbecken und im Mato Grosso liegen.

»Der Paraná spült hier nicht nur Schlamm an«, flüstert mir
Martin zu, als könnte er Gedanken lesen. »Hier kommt alles
Mögliche an, manchmal sogar eine vier oder fünf Meter lange
Anakonda.«

Das spanische Wort
plata bedeutet »Silber«,
doch hatte das Wasser
des Río de la Plata nie-
mals die Farbe dieses
wertvollen Metalls. Man
nimmt an, dass der Name
mit dem Silber zu tun
hat, das die Konquista-
doren zusammenstahlen
und über den Paraná und
den Atlantischen Ozean
zu den spanischen Häfen
brachten.

Ansicht von Buenos Aires
im frühen 19. Jahrhundert

Ankunft in Buenos Aires

Sie ist immer noch eine der regelmäßigsten Städte der Welt. Inzwischen ist sie riesig. »Im Zentrum leben über drei Millionen Menschen«, informiert Martin mich, »und ringsherum wohnen weitere zwölf Millionen.«

Ich bin verblüfft. Im Jahre 1830 hatte ganz England nicht mehr Einwohner, Buenos Aires dagegen nur 60 000.

Am internationalen Flughafen Ezeiza warten Freunde auf uns: Mauricio und Hilda. Sie fahren mit uns ins Zentrum.

Nach einer halben Stunde haben wir unser Hotel im Viertel Puerto Madero erreicht. Hier erlebe ich wieder eine Überraschung: Die Festung über dem Hafen von Buenos Aires, zu meiner Zeit das wichtigste Tor zur Stadt, ist heute einige hundert Meter vom Ufer des Río de la Plata entfernt. Die Festung ist keine Festung mehr, und dort, wo früher der Hafen war, steht heute die Casa Rosada, die Residenz des argentinischen Präsidenten.

Buenos Aires:
Am Platz San Martín

Buenos Aires: Wolkenkratzer im Viertel Puerto Madero

Rückblende

Ich erreichte Buenos Aires zu Pferde, am 20. September 1832, nach einem siebentägigen Ritt durch die Pampas. Heute würde man die Strecke in einem Bus auf der Autobahn zurücklegen und dafür sieben bis acht Stunden brauchen. Ich erinnere mich an die endlose Ebene, in der nur hier und da vertrocknete Grasbüschel standen. Doch je näher wir unserem Ziel kamen, desto grüner wurde die Landschaft.

Ich hatte die *Beagle* in Bahía Blanca zurückgelassen. Die von FitzRoy befehligte Brigantine würde in den folgenden Tagen an der Küste entlang nach Buenos Aires segeln. Ich wollte diesen Teil der Reise auf dem Land zurücklegen und an den vor Kurzem von General Rosas eingerichteten Poststationen die Pferde wechseln. Dieser zwielichtige Mann war zu dem Zeitpunkt bereits Gouverneur von Buenos Aires. Er hatte sich noch nicht zum Diktator auf Lebenszeit ernennen lassen, sich jedoch als Indianermörder bereits einen Namen gemacht.

Gegen Mittag konnten wir die Stadt sehen. In Europa war es Herbst, hier aber begann gerade der Frühling. Die Olivenbäume bekamen ihre Blätter und die Pfirsichbäume blühten.

Buenos Aires war schon damals sehr groß. Die Straßen verliefen parallel, mit gleichmäßigen Abständen, und die Häuser bildeten gleich große, quadratische Blocks. Deshalb hatte ich sie als eine der regelmäßigsten Städte der Welt bezeichnet.

Der General Manuel Juan Rosas

Argentinien und seine Staatsoberhäupter

Wie in allen anderen Städten, die wir bisher besucht haben, kauft Martin die hiesigen Zeitungen und Zeitschriften. Er schneidet Artikel aus und macht sich Notizen. Dann versucht er, mich auf den neuesten Stand zu bringen, was nicht leicht ist, da ich seit über einem Jahrhundert keine Zeitungen mehr gelesen habe. Die Namen heutiger Persönlichkeiten sagen mir nichts, und die, die ich kannte, sind schon lange Geschichte.

General Rosas regierte Argentinien 17 Jahre lang mit eiserner Faust und schreckte weder vor politischen Morden noch vor Massakern zurück. Als seine Armee von General Urquiza geschlagen wurde, atmete die Mehrheit der Bevölkerung auf. Rosas flüchtete ausgerechnet in meine Heimat, nach England, wo er bis zu seinem Tode 1877 in Southampton lebte. Als ich ihm in den Pampas begegnete, war er höflich zu mir, lächelte aber während unseres gesamten Gesprächs kein einziges Mal.

Buenos Aires: Von einem Balkon im Viertel La Boca grüßen drei Statuen beliebter Persönlichkeiten: Juan Domingo Perón, María Eva Perón, genannt Evita, und Armando Diego Maradona.

Beim Abendessen unterhalten wir uns über die ethnischen Gruppen, aus denen sich die Bevölkerung zusammensetzt. Unser Projekt ist international und auch unsere Gastgeber sind es. Mauricio ist in Polen geboren, sein Freund Mauro ist Russe, seine Frau hat italienische und französische Großeltern, der Hausherr trägt einen walisischen Nachnamen und einige Gäste spanischer Abstammung verraten, dass unter ihren Vorfahren auch Indianer waren.

»Dies ist ein Beweis für die Theorie des Herrn Naturforschers Darwin«, sagt Mauricio scherzhaft, »nämlich dass wir alle der gleichen Art angehören.«

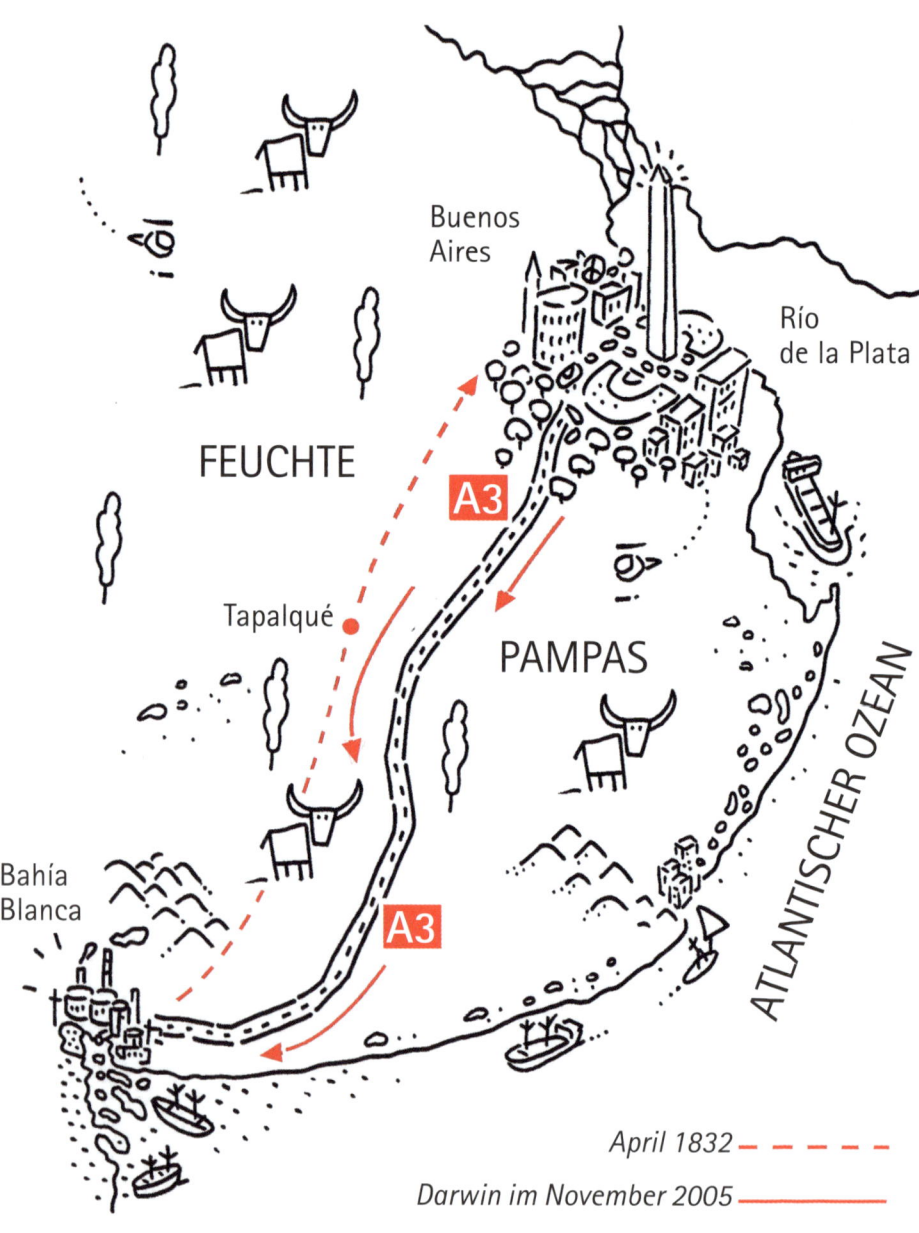

FEUCHTE

Buenos
Aires

Río
de la Plata

Tapalqué

A3

PAMPAS

Bahía
Blanca

A3

ATLANTISCHER OZEAN

April 1832 — — — —

Darwin im November 2005 ———

2. Besuch bei vorsintflutlichen Ungeheuern

14. November

In einem Doppeldeckerbus fahren wir nach Bahía Blanca.

Ich sitze oben, am Fenster. Während der Fahrt kann ich schreiben und mir Notizen machen. Martin und Elisabeth sind neben mir. Sie schießen Hunderte von Fotos, aber ich verstehe nicht, warum. Sie fotografieren Fabriken, Geschäfte, Friedhöfe, Restaurants, Felder und die riesigen Wiesen, auf denen Rinder weiden. Es ist ein schöner, milder Frühlingstag.

Die Autobahn verläuft gerade und eintönig. »Das ist die feuchte Pampa«, stellt Martin fest. »Sah es hier zu deiner Zeit auch schon so aus?«

Ich überlege... Nein. Erstens stehen hier jetzt mehr Bäume europäischer Arten, wie Pappeln, Platanen und Kiefern, und außerdem auch Eukalyptusbäume, die, wenn ich mich richtig erinnere, aus Australien stammen. Zweitens gibt es jetzt die Obstplantagen. Auf diesen Böden gedeihen die Pfirsichbäume gut. Auch das Gras kommt mir anders vor. Martin sagt, dass die Pampas an manchen Stellen der Poebene ähneln, der großen Ebene in Norditalien zwischen Turin und Venedig.

Dazu kann ich nichts sagen, denn die Poebene habe ich nie gesehen. Ich stelle fest, dass die modernen Busse wesentlich

Oben:
Eine Rinderherde in den Pampas

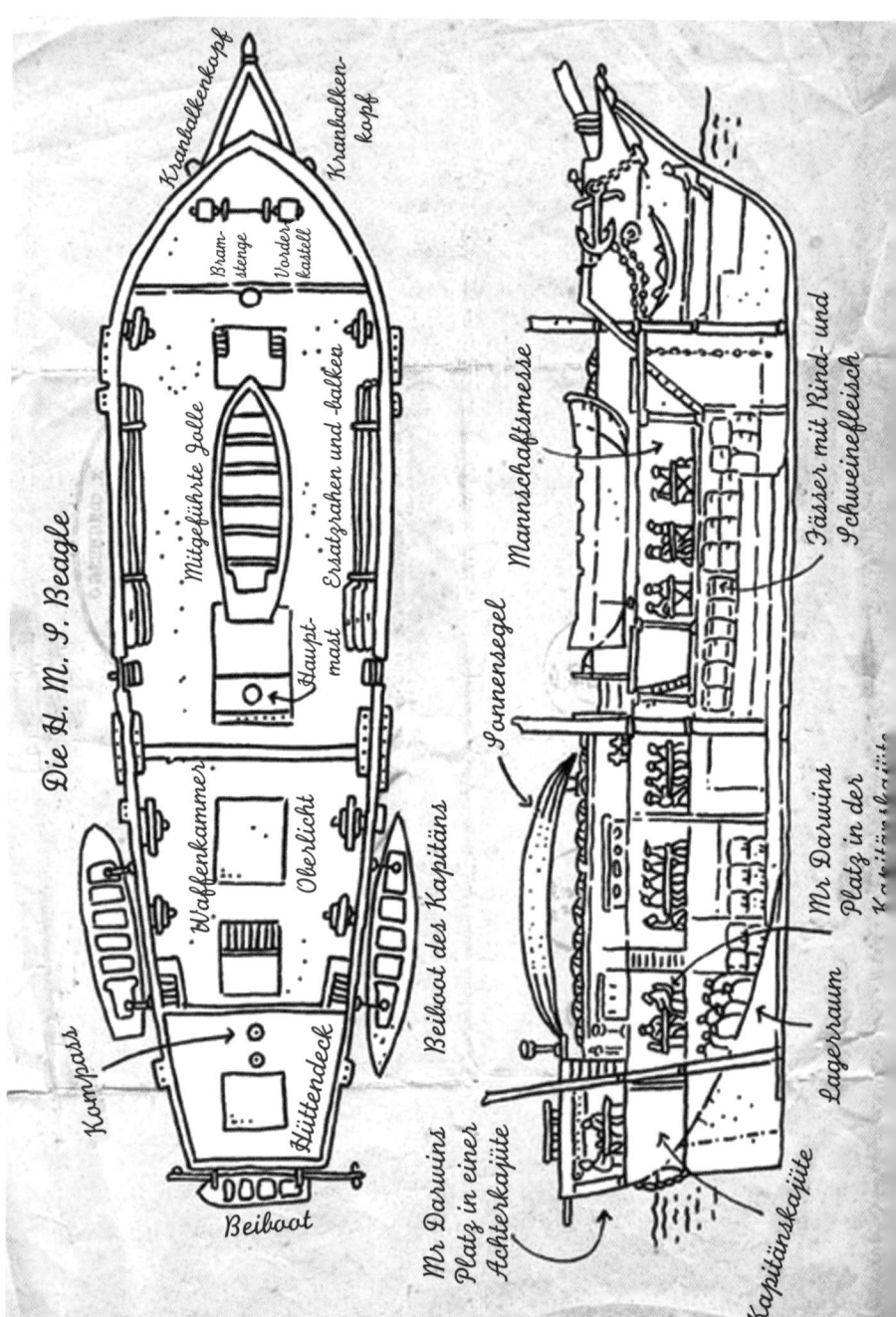

Die H. M. S. Beagle.

Kranbalkenkopf

Kranbalkenkopf

Bramstenge

Vorderkastell

Mitgeführte Jolle

Ersatzrahen und -balken

Hauptmast

Waffenkammer

Oberlicht

Kompass

Hüttendeck

Beiboot

Beiboot des Kapitäns

Mr Darwins Platz in einer Achterkajüte

Sonnensegel

Mannschaftsmesse

Fässer mit Rind- und Schweinefleisch

Mr Darwins Platz in der Kapitänskajüte

Lagerraum

Kapitänskajüte

besser sind als die Kutschen meiner Zeit. Die Sitze sind bequem, mit verstellbarer Rückenlehne, und es gibt sogar eine kleine Toilette, Getränke und einen Fernsehbildschirm.

Gerade zeigen sie einen Film über einen Spinnenmann. Was für eine verrückte Geschichte!

Wie anders war doch meine Reise mit der *Beagle*!

Reisekomfort auf der *Beagle*

Als ich das Schiff erblickte, auf dem ich die kommenden fünf Jahre meines Lebens zubringen sollte, bekam ich einen Kloß im Hals. Diese erste Begegnung fand in Davenport statt, wo die *Beagle* im Trockendock und in einem ziemlich schlechten Zustand war. Das gerade mal 27 Meter lange Schiff sollte den Ozean mit 64 Personen an Bord überqueren, von denen die meisten auf und unter Deck schlafen würden.

Ich hatte das Glück, aufgrund meines Ranges und Auftrags eine der zwei einzigen winzigen Kajüten zugeteilt zu bekommen, die ich mir mit dem Kartografen teilen musste. Die andere Kajüte gehörte dem Kapitän Robert FitzRoy. Dort durfte ich lesen und die Mahlzeiten einnehmen.

Robert FitzRoy hatte ungefähr das gleiche Alter wie ich: 23 Jahre. Er war ein ausgezeichneter Kapitän, aber auch ein furchtbar pingeliger, steifer und empfindlicher Mensch und noch dazu Befürworter der Sklavenhaltung. Er war ganz bestimmt niemand, den man sich als Begleiter für eine über 70 000 Kilometer weite Reise wünschen würde. Trotzdem gefiel er mir irgendwie.

Mein erster Sponsor

Meine jetzigen Reisegefährten haben mit Kapitän FitzRoy kaum etwas gemeinsam. Keiner von ihnen trägt Uniform, und ich glaube, dass kaum jemals eine Reisegesellschaft bunter zusammengewürfelt war. Martin ist Schriftsteller und Journalist und stets bereit, seine Nase in Dinge zu stecken, die

FitzRoy zum Zeitpunkt seiner Ernennung zum Vizeadmiral

Nach einem Gemälde van Francis Lane

ihn eigentlich nichts angehen. Elisabeth ist Biologin und Klimatologin und entdeckt überall Umweltsünden und Umweltschäden. Federico ist Philosoph und Zeichner und hat vor, nach unserer Rückkehr bedeutende Gemälde zu malen, die unsere Abenteuer darstellen sollen. Frank, genannt Puk, ist Fotograf. Der zwölfjährige Jan kennt sich meisterhaft mit dem Teufelszeug aus, das man Elektronik nennt. Die sechzehnjährige Virginia begeistert sich für moderne Popmusik. An jedem Ort, den wir besuchen, sucht sie nach CDs und Musikinstrumenten und schließt rasch Bekanntschaft mit jungen

Musikern. Sie alle tragen bunte Jacken aus einem Leder, das ich keinem mir bekannten Tier zuordnen kann. Auch mir haben sie eine dieser Jacken gegeben.

»Es ist Kunststoff«, versucht Martin, mir zu erklären.

Er fügt hinzu, dass die Jacken ein Geschenk eines unserer Sponsoren seien. Ich weiß, dass das Wort *sponsor* auf Latein »Bürge« bedeutet, aber das macht für mich irgendwie keinen Sinn.

An meinem Busfenster ziehen unendlich viele Felder und Wiesen vorbei. War es richtig, das Angebot für diese Reise anzunehmen? Genau wie bei meiner Reise mit der *Beagle* habe ich auch jetzt für meine Tätigkeit als Naturforscher keinerlei Entlohnung zu erwarten. Damals schickte mir mein Vater, Gott hab ihn selig, hin und wieder ein paar englische Pfund, die ich immer sofort für Pferde, einheimische Führer und gefahrvolle Exkursionen ausgab.

Mein Vater, Robert Darwin

Je mehr ich darüber nachdenke, glaube ich doch zu ahnen, was »Sponsor« bedeutet: Mein erster Sponsor war mein Vater.

Bahía Blanca

Ein Schild verkündet, dass wir die Stadt erreicht haben. Die Fahrt im Bus hat, Pausen mit eingerechnet, acht Stunden gedauert. Mehr als 600 Kilometer Pampas liegen hinter uns.

Die Sonne steht noch hoch am Himmel. In dieser Jahreszeit kann man hier mit über 14 Sonnenstunden rechnen, während die Bewohner von London, Paris und Madrid die längsten Nächte des Jahres erleben und auf die Wintersonnwende warten.

Auf dem Weg vom Busbahnhof zum Hotel bekommen wir einiges von Bahía Blanca zu sehen. Es ist eine Stadt mit ungefähr 300 000 Einwohnern und einem Hafen, Ölraffinerien und der größten Militärbasis Südamerikas.

Als ich zum ersten Mal hierherkam, war Bahía Blanca noch

Ein Zorrino
oder
Patagonischer
Skunk

nicht einmal ein richtiges Dorf. Es gab nur eine Festung mit einem Graben und einer Wehrmauer, die ständig von den Indianern angegriffen wurde. In den Pampas ringsum lebten Pampashirsche, Nandus, Agutis und Gürteltiere in großer Zahl.

Außerdem gab es auch noch den *zorrino*, den Patagonischen Skunk. Sein Sekret ist so scharf, dass es die Nasenschleimhäute von Hunden verletzen kann und man es auch in vier Kilometern Entfernung noch riecht.

Wenn man heute nach Bahía Blanca kommt und der Wind aus einer bestimmten Richtung weht, nimmt man stattdessen einen anderen Gestank war: den der großen Ölraffinerie.

Auch jener Teil der Bucht, dem Bahía Blanca seinen Namen verdankt, ist nicht mehr so weiß, wie ich ihn in Erinnerung hatte. Früher konnte man hier in den Gezeitentümpeln baden. Eines Tages aber kenterte weiter südlich ein Öltanker.

Eine Million Pinguine starben. Heute sind die Inseln vor der Bucht Naturschutzgebiete und sollen Touristen anlocken. Aber ich versichere euch, dass die Bucht früher anders aussah.

Die riesigen Vierfüßer von Punta Alta

Es waren nicht die zeitgenössischen Tiere, die in Bahía Blanca mein Interesse weckten, sondern

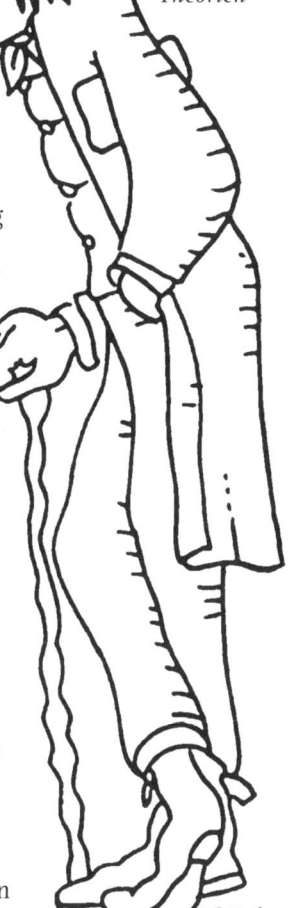

Karikatur von Richard Owen – ein hervorragender Paläontologe, jedoch erklärter Gegner von Darwins Theorien

die urzeitlichen. Sie zu entdecken, war überraschend einfach. Rings um die Bucht zeigen sich die übereinanderliegenden Erdschichten so deutlich wie die Schichten einer Torte. Sie bildeten sich aus dem Erdreich der dahinterliegenden Ebene, das sich mit Lehm, Kies und Sand vermischte. Das Vorhandensein von Schichten von Muscheln und Bimsstein beweist, dass sie noch vor verhältnismäßig kurzer Zeit vom Meer bedeckt waren.

Durch Grabungen in diesen Schichten beförderte ich die Überreste riesiger Tiere von eigenartigem Aussehen zutage: drei Schädel und Knochen von Megatherium, ein beinahe vollständiges Skelett von Megalonyx, ein weiteres von Scelidotherium und eines von Mylodon. Außerdem Fossilien einer ausgestorbenen Pferdeart, Knochen von Macrauchenia, einem gewaltigen, kamelähnlichen Tier. Und von Toxodon, einem seltsamen Geschöpf, das mit den Nagetieren verwandt, aber so groß wie ein Elefant war.

Insgesamt hätte ich mit meinen Funden ein ganzes Naturkundemuseum bestücken können. Eine gesamte Generation von Paläontologen hätte sich damit beschäftigen können herauszufinden, warum diese Tiere ausgestorben waren. Ich erinnere mich, dass sogar FitzRoy, ein überzeugter Kreationist, begeistert war. Für ihn, der an die Schöpfungsgeschichte glaubte, sahen die Erdschichten von Bahía Blanca so aus, als enthielten sie die Knochen von Lebewesen, die durch die Sintflut umgekommen waren.

Meine Schlussfolgerungen behielt ich für mich. Die Knochen wurden nach London geschickt, wo sie mein Kollege Owen klassifizierte und ihnen die Namen gab, die ich hier aufgezählt habe. Dem Mylodon schenkte er außerdem meinen Namen. So wurde es zum *Mylodon darwinii*.

Schädel eines Glyptodon. Dieses gepanzerte Säugetier war so groß wie ein heutiger Kleinwagen. Es starb am Ende der letzten Eiszeit aus, möglicherweise auch durch Einwirkung des Menschen.

DAS DARWIN-PROJEKT

Dossier »Vorsintflutliche Ungeheuer«

»Auf meiner ersten Reise mit der Beagle fand ich Knochen verschiedener riesiger Säugetiere, die seit geraumer Zeit vom Angesicht der Erde verschwunden waren. Die meisten von ihnen entdeckte ich in der Bucht von Punta Alta südöstlich von Bahía Blanca.«

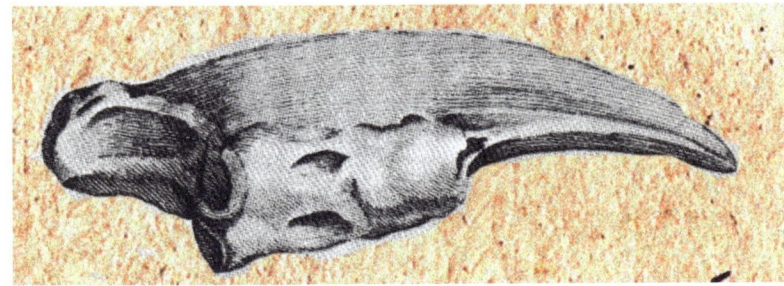

Einer der zahlreichen Funde, die Charles Darwin nach London schickte.
Unten: Diese Karte zeigt seine Funde in Argentinien, Chile und Uruguay an.

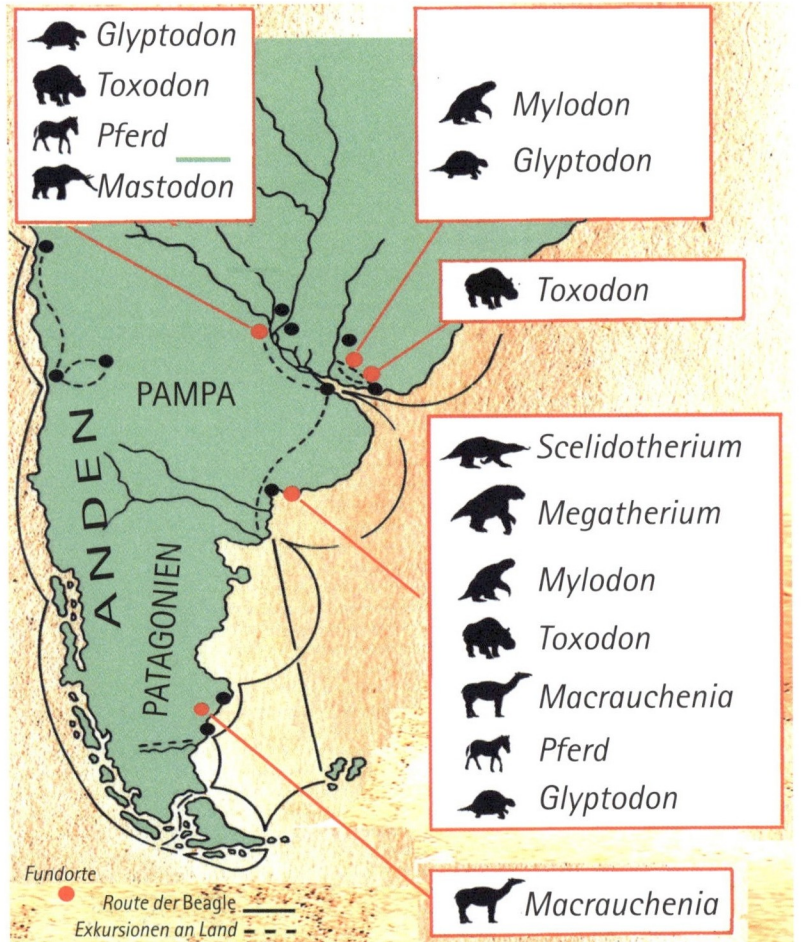

Glyptodon
Toxodon
Pferd
Mastodon

Mylodon
Glyptodon

Toxodon

Scelidotherium
Megatherium
Mylodon
Toxodon
Macrauchenia
Pferd
Glyptodon

Macrauchenia

PAMPA

ANDEN

PATAGONIEN

Fundorte
Route der Beagle
Exkursionen an Land

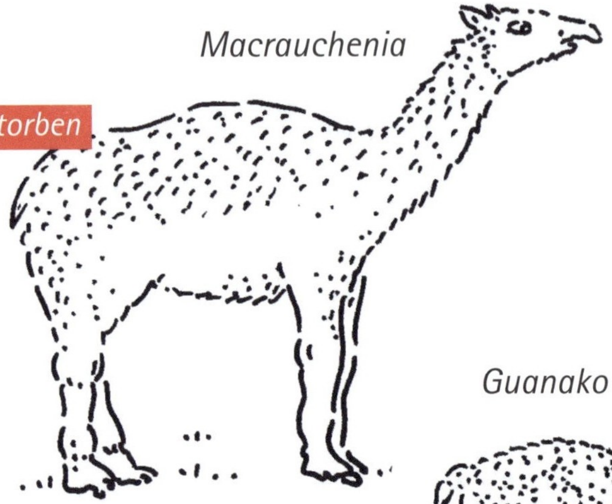

Macrauchenia

Ausgestorben

Guanako

Hier einige der ausgestorbenen
Säugetiere, deren Fossilien
Darwin bei Punta Alta fand;
daneben jeweils kleinere Arten,
die heute in Argentinien leben

Toxodon

Ausgestorben

Oben: Das
Skelett eines
Toxodon, ausge-
stellt im Museum
MEF in Trelew

Capybara

Links: Schädel
und Panzer
eines Glyptodon,
ausgestellt im
Museum für
Naturgeschichte
in Mailand

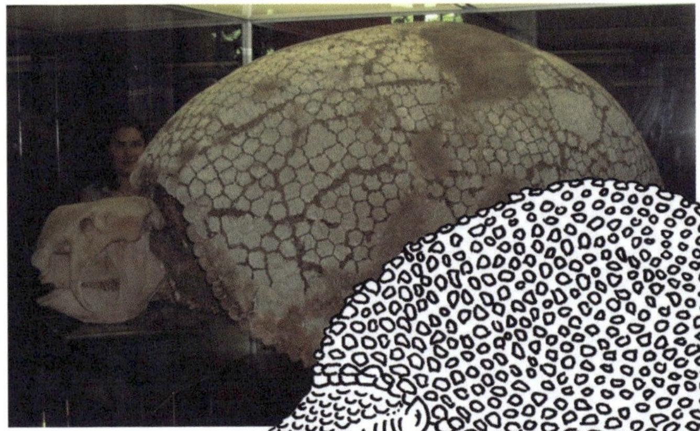

Ausgestorben

Glyptodon

Gürteltier

3. Die Grundidee der Evolution

Links:
Guanakos

15. November, morgens

Punta Alta liegt im nördlichen Teil der Bucht von Bahía Blanca, ungefähr 20 Kilometer von der Stadt entfernt. Martin will uns zu dem Ort bringen, an dem ich den Mylodon fand. Er hat für uns ein aufblasbares Gummiboot ausgeliehen. Jan wünscht sich, weitere ausgestorbene »Untiere« zu finden.

Der Fund der vorsintflutlichen Tiere von Punta Alta zählte zu den aufregendsten Momenten meiner ersten Reise. Ihre Ähnlichkeit mit Arten, die zu meiner Zeit in den Pampas lebten, brachte mich auf die Idee, die modernen Arten könnten von den älteren abstammen. Macrauchenia ähnelt dem Guanako, Toxodon ähnelt dem Capybara, der riesige Scelidotherium mit seinem gepanzerten Rücken ähnelt dem heutigen Gürteltier.

Heute möchte ich es mit aller Deutlichkeit sagen: Aus den urzeitlichen Arten sind die modernen Arten entstanden, die kleiner und besser angepasst sind. Sie entwickelten sich durch natürliche Auswahl.

Dies ist die Grundidee der Evolution, ein Wort und eine Vorstellung, die Kapitän FitzRoy entsetzt hätten. Er glaubte, sämtliche Arten seien gleichzeitig von Gott höchstpersönlich erschaffen worden. Seiner Ansicht nach ist die Welt um Punkt 9 Uhr an einem schönen Morgen des Jahres 4004 v. Chr. entstanden. Fossilien ausgestorbener Arten wie jene, die ich in Punta Alta fand, waren in seinen Augen die Überreste der Geschöpfe, die während der Sintflut ertrunken waren, während sich die bis in unsere Tage erhaltenen Arten auf der Arche Noah drängelten.

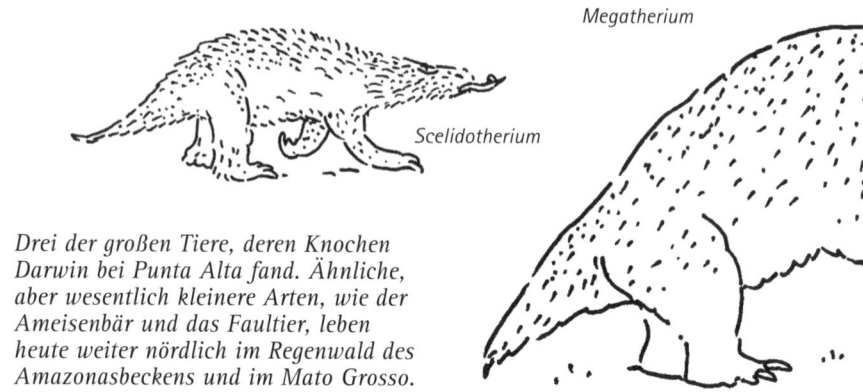

Megatherium

Scelidotherium

Drei der großen Tiere, deren Knochen Darwin bei Punta Alta fand. Ähnliche, aber wesentlich kleinere Arten, wie der Ameisenbär und das Faultier, leben heute weiter nördlich im Regenwald des Amazonasbeckens und im Mato Grosso.

Auf der gesamten Reise hütete ich mich davor, FitzRoy zu widersprechen, auch wenn alles, was mir unter die Augen kam, darauf hinwies, dass die Erde älter war als nur 6000 Jahre. Die *Beagle* war viel zu klein und zu unbequem, als dass man sich auf ihr täglich mit ihrem Kapitän hätte streiten mögen.

Puerto Beltrano

In nur wenigen Minuten bringt uns das Boot mit dem Außenbordmotor zur Landspitze Punta Alta. Martin versteht es zu steuern und das Meer ist heute sehr ruhig.

Doch in die kleine Bucht, in der einst die *Beagle* vor Anker lag, dürfen wir nicht hinein. Ein Motorboot der argentinischen Marine fordert uns auf anzuhalten. Wir befinden uns in gesperrten Gewässern. Wir hätten vorher lieber auf eine Karte schauen sollen: Punta Alta ist nichts anderes als Puerto Beltrano, die wichtigste Militärbasis in ganz Südamerika. Im Hafen erkenne ich Kanonen, Hubschrauber und mehrere Kriegsschiffe. Es ist verboten, hier zu halten, zu fotografieren oder gar in die kleine Bucht hineinzufahren. Der Marineoffizier, der uns aufhält, ist ein sehr großer Mann mit dunkler Haut und mandelförmigen Augen.

Mylodon

»Er ist ein Indianer«, flüstert Elisabeth, die hinter mir sitzt. »Er ist ein Patagonier oder einer ihrer Nachkommen.«

»Er ist fast ein Riese«, fügt Jan hinzu.

Tatsächlich ist er größer als wir alle. Allerdings bin ich nicht besonders überrascht. Mir ist fast, als hätte ich diesen Offizier schon einmal gesehen, vor fast 170 Jahren, nur dass er damals die Tracht der Ureinwohner Patagoniens trug. Einige indianische Stämme dieser Region hatten sich mit General Rosas und der Regierung in Buenos Aires verbündet. Die Frauen waren sehr schön. Die Männer hatten ungefähr die Größe und das Aussehen dieses Marineangehörigen, der uns jetzt befiehlt, wieder aufs offene Meer hinauszufahren.

Jan, Frank und Elisabeth sind verstimmt. Virginia ist erstaunt. Frank fotografiert den Mann, kontrolliert, ob seine Digitalkamera eine gute Aufnahme gemacht hat, und setzt sich dann wortlos auf den Rand des Gummiboots.

Martin flucht. In Wirklichkeit aber ist das weder das erste
Hindernis, dem wir auf unserer Reise auf den Spuren der
Beagle begegnen, noch wird es das letzte sein.

»Nächstes Mal werden wir alle notwendigen Genehmigungen vorher einholen«, murmelt Martin.

Er wendet das Boot und gibt Gas.

Der Indianerkrieg

Während ich in Bahía Blanca auf die *Beagle* wartete, erreichte
mich die Nachricht, dass die Soldaten, die eine der Poststationen an der Straße nach Buenos Aires bewacht hatten, von
Indianern getötet worden waren. Die Indianer machten die
Landstraßen unsicher und waren der Schrecken aller Reisenden. Häufig wurden auch einsame Farmen überfallen. Doch
waren die Indianer nicht die primitiven Wilden, als die die

*Ureinwohner der Pampas
zur Zeit von Darwins
erster Reise*

Siedler sie sahen. Vor der Ankunft der Weißen waren die Bewohner der Pampas Jäger und Sammler gewesen. Die Vorstellung, dass die Ebene und die auf ihr grasenden Tiere Eigentum einzelner Menschen sein könnten, existierte in ihrer Kultur nicht. Sie nahmen sich aus der Natur das, was sie zum Leben brauchten. Sie waren frei und kämpften darum, es zu bleiben. Die Christen töteten sie und sie töteten die Christen.

General Rosas war bei den Großgrundbesitzern gerade wegen seiner Feldzüge gegen die Indianer beliebt. Er rottete ganze Stämme aus, aber einige Gruppen wie die des Kaziken Bernantio überlebten, indem sie sich mit Rosas verbündeten und andere Indianer jagten. Wieder andere, wie die Tehuelche, wurden von Rosas für jeden flüchtigen Indianer bezahlt, den sie südlich des Río Negro töteten, der geografischen Grenze zwischen den Pampas und Patagonien.

Die Sage von den Riesen

Den Namen *patagones* gaben Magellan und sein Begleiter Pigafetta den Indianern vom Volk der Tehuelche, denen sie auf ihrer Weltumseglung begegneten. In den Augen der unterernährten portugiesischen und italienischen Seeleute müssen die Indianer von der Atlantikküste tatsächlich wie Riesen ausgesehen haben. Auf meiner Reise traf ich mehrere von ihnen, die mich überragten, obwohl ich 1,80 Meter groß bin.

Für das Wort »Patagonier« werden unterschiedliche Bedeutungen angegeben. Auf Spanisch soll es »mit großen Füßen« bedeuten. Andere leiten diese Bezeichnung von Patagon ab, einer erfundenen Narrenfigur, die im Europa des 16. Jahrhunderts sehr beliebt war.

Die Tehuelche selbst nannten sich weiterhin Volk der Tehuelche und sahen sich nach wie vor als rechtmäßige Besitzer jenes Gebiets südlich von Bahía Blanca an, das sich zwischen dem Río Negro und Feuerland erstreckt.

Die Tiere der Pampas

In der Gegend rings um Bahía Blanca hatte ich auf meiner
ersten Reise Pampashirsche, Guanakos und verschiedene
Gürteltierarten gesehen. Ich erinnere mich auch an die strau-
ßenähnlichen Nandus, die damals in den gesamten Pampas
verbreitet waren. Es gab auch zahlreiche Vögel, die den europäischen Wachteln und Schnepfen ähnelten. Besonders
gut ist mir der *casarita* in Erinnerung geblieben, der »kleine
Hausbauer«. Das ist ein Töpfervogel, der für sein Nest un-
terirdische Gänge von einigen Metern Tiefe gräbt, vorzugs-
weise in Dämmen und Uferböschungen. Er begeisterte sich

für die neuen Lehmmauern, mit denen die weißen Siedler ihre Gärten umgaben: Er hackte auf einer Seite ein Loch für ein Nest hinein, kam auf der anderen Seite gleich wieder heraus und fing von vorne an, bis die Lehmmauer wie ein Schweizer Käse aussah.

Wenn ich jetzt durch die Straßen von Bahía Blanca gehe, fallen mir allerdings keine durchlöcherten Mauern mehr auf. Vielleicht liegt es daran, dass alle Gartenmauern heute aus Ziegeln sind.

Elisabeth, die sich sehr für den Artenschutz einsetzt, zeigt mir eine Liste bedrohter Arten, die fast alle Tiere aufführt, die ich vorhin erwähnt habe: den Gewöhnlichen Nandu, das Riesengürteltier, den Gürtelmull, den Pampashirsch, den Sumpfhirsch, den Jaguar, den Andenschakal und viele andere mehr.

»Hier in der Gegend gibt es ein Naturreservat«, wirft Martin ein. »Morgen gehen wir dorthin und schauen nach, ob wir ein paar dieser Tiere zu sehen bekommen.«

Drei heutige Bewohner der Pampas

Gürteltier

Guanako

GESCHÜTZTE ART

Capybara

GESCHÜTZTE ART

GESCHÜTZTE ART

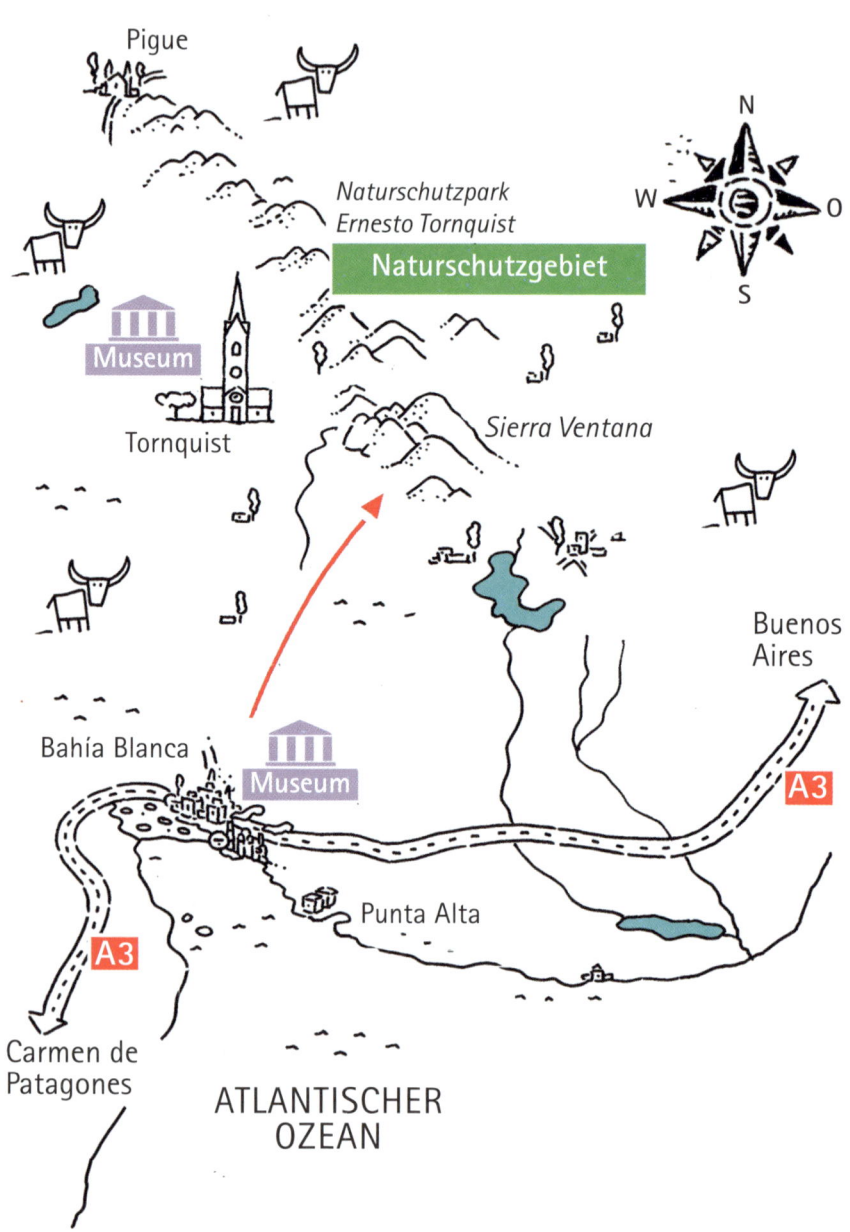

Pigue

Naturschutzpark
Ernesto Tornquist

Naturschutzgebiet

N

W   O

S

Museum

Sierra Ventana

Tornquist

Buenos
Aires

Bahía Blanca

A3

Museum

Punta Alta

A3

Carmen de
Patagones

ATLANTISCHER
OZEAN

4. In den Weiten der Pampas

Europäischer Feldhase

16. November, 7 Uhr

Wir sitzen gemeinsam im Hotel beim Frühstück, aber noch nicht alle von uns sind
wirklich wach. Frank streicht sich Butter
aufs Brot und muss dabei ständig gähnen.
Gestern Abend hat er einen neuen Wein entdeckt, den Medoc
von Mendoza, und zu Studienzwecken offensichtlich ein bisschen zu tief ins Glas geschaut. Jan und Virginia hatten den
Abend in einem Internetcafé verbracht. Diese Lokale sind hier
sehr verbreitet, da Computer für die meisten Familien viel zu
teuer sind und hier wesentlich weniger Menschen einen PC
besitzen als in Europa oder den USA.

Inzwischen hat Martin schon einen Kleinbus organisiert.
Paco, unser Chauffeur, wartet draußen auf uns. Er wird uns
zum Naturschutzpark Ernesto Tornquist bringen, der ungefähr 100 Kilometer nördlich von Bahía Blanca liegt.

»Das sieht dort ja ganz schrecklich aus«, sagt Virginia,
während sie in der Touristenbroschüre des Parks blättert.

»Es hat seinen ganz eigenen Reiz«, widerspricht Elisabeth.

Ich sage lieber nichts, denn ich kann mich noch gut daran
erinnern, dass ich in mein Reisetagebuch schrieb: »Ich glaube
nicht, dass die Natur irgendwo einen einsameren, trostloseren
Haufen Steine aufgetürmt hat.«

*Der Euro-
päische
Feldhase
zählt zu den
zahlreichen
tierischen
Eindring-
lingen, die
zur Zeit von
Darwins ers-
ter Reise in
diesem Teil
Südamerikas
noch nicht
verbreitet
waren.*

Auf den Gipfeln der Sierra

Bahía Blanca liegt in einem grünen Becken am Meer. Direkt
dahinter erstreckt sich, so weit das Auge reicht, eine höher
gelegene Ebene mit lehmigen Böden und Kalkgestein. Mitten

in dieser Ebene erhebt sich die Sierra Ventana. Das Massiv weist drei nebeneinanderliegende Gipfel auf, deren höchster 1239 Meter erreicht. Auch FitzRoy hatte bereits dessen Höhe errechnet und sich nur um wenige Meter geirrt, doch war ich der erste Weiße, der diesen Gipfel erklomm.

Heute ist das Gebiet geschützt und bildet einen 6707 Hektar großen Park, in dem sowohl die Jagd als auch jegliche Form menschlicher Besiedlung verboten sind. Rings um den Naturschutzpark erstrecken sich die Pampas, eine Grassteppe, in riesige Rinderfarmen aufgeteilt, zwischen denen zahlreiche Erdölförderanlagen stehen.

Wenn die Fläche des Naturschutzparks einem Europäer

Sierra Ventana

auch groß vorkommen mag, so ist sie, verglichen mit den riesigen Farmen, winzig.

Tierische Invasoren

Bei meiner ersten Bergbesteigung musste ich darauf verzichten, die höchsten Gipfel zu erklimmen. Ich hatte einen Krampf und war sehr beunruhigt, denn ich war allein und eine Begegnung mit Indianern hätte mich das Leben kosten können.

Dieses Mal ist die Exkursion nichts anderes als eine gemütliche Wanderung. Paco zufolge setzt sich die Pflanzenwelt

Andenschakal

Aleppokiefern

Eine Skizze der Sierra de la Ventana. Als Darwin zum ersten Mal hier war, wuchsen auf den Hängen noch keine Bäume.

Karancho

Ein Karan-cho. Er zählt zu den Geier-falken. Man kann ihm überall in Südamerika begegnen, in den Steppen ebenso wie in den Wäldern. des Parks aus über 300 Arten zusammen, doch sehr abwechslungsreich wirkt sie nicht. Die meistverbreitete Pflanze ist der Schwingel, eine Grasart, am seltensten sind Kakteen. Einheimische Baumarten gibt es hier gar nicht. Ab einer gewissen Höhe ist der Berg so nackt wie ein verwitterter Block Zement. »Er sieht aus, als hätte ihn jemand mit brauner Farbe gestrichen«, stellt Virginia fest.

Paco kennt die leichter begehbaren Wege und schon gegen Mittag haben wir den Gipfel erreicht. Ein heftiger eisiger Wind macht uns auf dem letzten Abschnitt schwer zu schaffen.

Wir schauen uns um. Vom Fuße der Sierra erstreckt sich die Ebene bis zum Horizont. Zwischen uns und Buenos Aires liegen 650 Kilometer Pampas.

Von hier oben aus wirkt es, als hätte sich nichts verändert, aber ich weiß, dass das nicht stimmt.

Von der Tierwelt des Parks haben wir wenig zu Gesicht bekommen, nur Hasen und eine grasende Pferdeherde.

Ein Pferd, fotografiert an den Hängen der Sierra

»Es gibt hier auch Guanakos«, erzählt Paco. »Sie waren ausgerottet worden, und man hatte Tiere aus Patagonien geholt, um eine neue Population aufzubauen. Außerdem trifft man hier den Andenschakal an, den

Patagonischen Skunk, das Braunbors-
ten-Gürteltier sowie einige Vogelarten,
darunter den Karancho und verschiedene Arten von Tyrannen mit sehr langen Schwänzen.«

»Hier kommt auch *Pristidactylus ca-
suhatiensis* vor, der ›Kupferleguan‹«,
fährt Paco fort,»der nur in den höchsten Ebenen der Sierra lebt. Ferner gibt
es da noch die exotischen Tiere, also

Tiere, die aus Europa eingeführt wurden, wie die Hirsche und
der europäische Hase. Neben den wild lebenden Pferden sind
sie die eigentlichen Gebieter dieses Parks. Auch die einge-
führten Pflanzen sind im Vormarsch, darunter die Aleppokie-
fer und der Löwenzahn.«

Ein moderner Gaucho

Es sind also viele Pflanzen und Tiere, die ich auf meiner
ersten Reise sah, inzwischen verschwunden oder sie kämpfen
ums Überleben und gegen die fremden Eindringlinge wie früher die Indianer.

Eine schreckliche Reise

An der Sierra de la Ventana fanden blutige Kriege gegen die
Indianer statt, die hier Zuflucht gesucht hatten. Die Frauen
kämpften ebenso entschlossen wie die Männer. Bei einer Be-
lagerung warfen sie von oben Steine und konnten so zumindest einmal Rosas' Soldaten in die Flucht schlagen.

Doch gerade hier war General Rosas sehr freundlich zu mir.
Er teilte mir mit, dass ein Kontingent Soldaten nach Buenos
Aires aufbrechen würde, und riet mir, mich ihnen anzuschlie-
ßen. Es erschien mir nicht geraten, das Angebot abzulehnen.
So reiste ich also einige Tage lang in Gesellschaft seiner Sol-
daten und Offiziere.

Wir kamen an einer überfallenen Poststation vorbei. Niemand hatte überlebt, und der Befehlshaber war von mindes-

tens elf *chusos*, den langen Lanzen der Indianer, durchbohrt
worden.

Unser Lager schlugen wir bei der nächsten *posta* auf. Eine
Einfassung aus Diestelstängeln sollte die Bewohner vor Angriffen der Indianer schützen.

Unsere Verpflegung bestand aus
Wild, das die Soldaten im Laufe des
Tages erlegt hatten: sieben Hirsche,
drei Nandus, mehrere Gürteltiere
und ein kleiner Berg Rebhühner.
Während die Männer die Tiere
über dem Feuer brieten, beobachtete
ich am Horizont den Widerschein der Pam-
pasbrände.

Bereits damals war es üblich, das Gras der Pampas anzuzünden, um die Indianer in die Enge zu treiben, aber auch um
die zähen Gräser zu beseitigen und die Weiden dadurch nahr-
hafter fürs Vieh zu machen.

Tödliche Waffen

Wir befinden uns wieder in Bahía Blanca, mitten in der Stadt.
Ich hatte Jan erzählt, dass die bevorzugte Waffe der India-
ner und Gauchos für die Jagd auf Nandus und Guanakos die
bolas waren. Heute sind die tödlichen Kugeln ein beliebtes
Souvenir. Jan konnte nicht widerstehen und hat sie in einer
Luxusausführung erstanden.

Rosas Soldaten hätten nicht schlecht gestaunt. Die von Jan
gekauften *bolas* sind aus weißem, vollkommen rund polier-
tem Stein, die geflochtenen Lederbänder sind kunstvoll und
fein gearbeitet. Als exotische Dekoration machen sie sich sicher gut, aber ich glaube nicht, dass sie sich zu Jagdzwecken
eignen würden.

Die *bolas* sind eine indianische Erfindung. Die faustgroßen
Kugeln waren aus Stein gemeißelt und hatten Rinnen, die den

*Jagd mit
bolas auf
Nandus*

Seilen Halt gaben. Die Waffe besteht aus drei gleichgroßen
Kugeln an schmalen Lederseilen, die an einem Punkt miteinander verbunden sind. Zum Werfen hält man eine Kugel in
der Hand, lässt die beiden übrigen über dem Kopf kreisen und
schleudert die *bolas* dann.

Wenn sie die Beine eines Tieres treffen, wickeln sich die
bolas um sie herum und bringen das Opfer zu Fall. Auf diese
Weise kann ein Nandu oder auch ein Mensch aus 35 Metern
Entfernung an der Flucht gehindert werden. Von einem ga-
loppierenden Pferd aus geworfen, sind sie noch gefährlicher.

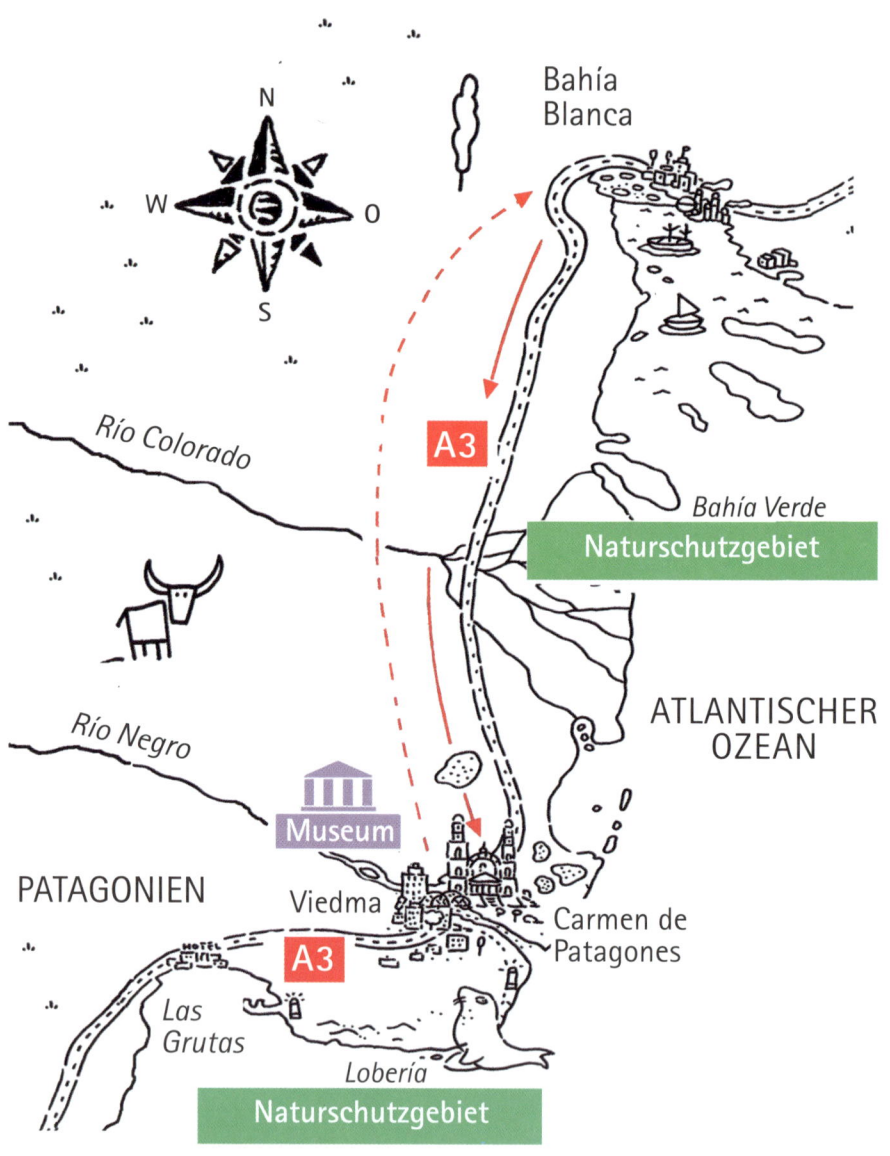

Bahía
Blanca

A3

Río Colorado

Bahía Verde

Naturschutzgebiet

ATLANTISCHER
OZEAN

Río Negro

Museum

PATAGONIEN

Viedma

A3

Carmen de
Patagones

Las
Grutas

Lobería

Naturschutzgebiet

5. Immer weiter nach Süden

17. November

Wieder sitzen wir in einem Bus. Er wird uns von Bahía Blanca nach Carmen de Patagones bringen. Die Strecke von ungefähr 250 Kilometern werden wir in weniger als drei Stunden bewältigen. Die Straße ist vollkommen gerade und bietet kaum Abwechslung. Gemeinsam mit sechs Gauchos und Mr Harris, einem in Patagones wohnhaften Engländer, legte ich seinerzeit die gleiche Strecke in umgekehrter Richtung zurück und brauchte dafür fast drei Tage. Damals sah ich nur einen einzigen Baum. Er stellte eine derartige Seltenheit dar, dass die Indianer ihn als heilig verehrten. Er stand auf einer niedrigen Anhöhe, war klein, verkrüppelt und vom ständigen Wind zerzaust.

Skizze nach einem zeitgenössischen Stich. In Wirklichkeit sahen die Milizen des Generals wesentlich weniger elegant aus.

Rings um diesen Baum lagen Tausende ausgebleichter Knochen und Schädel. Sie stammten von Pferden, die die Indianer ihrem Gott Walleechu geopfert hatten. Heute sehen wir hohe Pappeln, die vor allem bei den Gebäuden der Farmen und an Wasserläufen wachsen. In der Umgebung von Bahía Blanca fielen mir große Birnen-, Pflaumen- und Pfirsichplantagen auf. Wir überqueren den Río Colorado, beziehungsweise sein Delta, da wir über sieben Brücken fahren müssen.

In der Nähe des Río Colorado stieß ich damals auf das Lager von General Rosas. Es bestand aus einem Karree aus Karren und Kanonen, in dessen Mitte man einige Strohhütten aufgestellt hatte.

Den Anblick der Soldaten des Generals fand ich ziemlich beunruhigend. Noch nie hatte ich eine derartige Ansammlung

von Halsabschneidern und Galgenvögeln gesehen. Am ver-
trauenswürdigsten sahen noch die mit Rosas verbündeten Indianer aus. Es waren wohl 600 an der Zahl, alle ausgezeichnete Reiter. Es waren auch Indianerinnen anwesend, die für
das Beladen und Abladen der Pferde zuständig waren und
wie Sklavinnen für ihre Männer arbeiten mussten.
Als der General von meiner Ankunft erfuhr, wollte er mich
unbedingt sehen. Er fragte mich, was ich genau mache und
was »Naturforscher« bedeute. Man hatte mir von ihm furcht-

Seine Tochter Juana

Der Indianerhäuptling Casimiro Bigná um 1860 in der Uniform eines Obersts

bare Dinge erzählt und dass er wie ein Gaucho reite, eine Farm von 300 000 Quadratkilometern Fläche besitze und außerdem 300 000 Stück Vieh und eine Privatarmee. Sein Name und der Passierschein, den er mir gab, sollten mir, wie ich später feststellte, eine große Hilfe sein. Vielleicht retteten sie mir sogar das Leben.

Vor den Toren Patagoniens

Ich hatte erwartet, hier eine Stadt anzutreffen. Stattdessen fand ich an den Ufern des Río Negro zwei Städte, die einander gegenüberlagen. Hinter ihnen beginnt das eigentliche Patagonien. Die erste Stadt, am Nordufer des Flusses, ist Carmen de Patagones. Hier verließ ich die *Beagle*, ging an Land und begann mit meiner Erkundung Argentiniens. Ihr gegenüber liegt Viedma, eine moderne Stadt mit mehrstöckigen Gebäuden, ein Handels- und Verwaltungszentrum, in dem heute mindestens 50 000 Menschen leben.

Carmen de Patagones, von den Hiesigen einfach nur Patagones genannt, ist dagegen klein geblieben und gilt als diejenige Stadt Argentiniens, die die meisten Kolonialgebäude aufweist.

Nicht zuletzt dank der Überreste der Festung wie der Kirche konnte sich Patagones seinen malerischen Charakter erhalten. Dennoch erkenne ich das Dorf, das ich am 3. August 1833 erreichte, kaum wieder. Damals gab es auch noch nicht die Kirche, die man heute bewundern kann. An ihrem Platz stand eine kleine Kapelle, die der Schutzpatronin der Region um Río Negro gewidmet war, der *Virgen del Carmen* (»Jungfrau vom Berg Karmel«). Es gibt auch noch einige der Höhlen (Cuevas de Maragatas) am Fluss. Seinerzeit waren sie bewohnt. Inzwischen aber scheinen sie, ebenso wie die umgebende Landschaft, sehr unter der Erosion gelitten zu haben.

Carmen de Patagones am Río Negro

Später finde ich heraus, dass eine der Ursachen für die
starken Veränderungen das furchtbare Hochwasser war, das
1899 den unteren Teil der Stadt zerstörte. Nur die weiter vom
Río Negro entfernt liegenden Gebäude blieben damals verschont.

Die Kathedrale

Die letzte Stadt der Alten Welt

Als die *Beagle* in der Mündung des Río Negro
vor Anker ging, war Carmen de Patagones
in Argentinien der südlichste Vorposten der
Zivilisation. An der Stadtgrenze begann das
eigentliche Patagonien, ein riesiges, unwirt-
liches Gebiet, dessen einzige menschliche Bevölkerung die umherstreifenden indianischen
Völker der Tehuelche und Mapuche waren.

Wenn man früher der Straße folgte, die
vom Fluss zur Stadt führte, kam man an den
Ruinen zahlreicher Farmgebäude vorbei, die
von den Indianern überfallen worden waren.

Kommunikationsprobleme

Wir bringen unser Gepäck ins Hotel Perdaz. Federico ist von
dem Hotel nicht besonders begeistert, aber es gibt in Patagones nur zwei Hotels und das hier ist das bessere. Außer ihm
sind alle mit der Unterbringung zufrieden, und auch ich be-
klage mich nicht, denn ich weiß noch gut, dass ich auf meiner ersten Reise viele Nächte unter freiem Himmel in den
Pampas verbrachte, mit einer Decke als einzigem Schutz gegen die Kälte.

Wir bummeln durch die Stadt. Elisabeth möchte sich über
das nahe gelegene Naturschutzgebiet informieren. »Anscheinend konnten viele heimische Arten hier überleben«, verkündet sie nach der Lektüre des Reiseführers.

Virginia und Jan haben Probleme mit ihren Handys.

»Hier gibt es kein Netz«, beklagen sie sich.

Sobald sie ein Internetcafé sehen, stürzen sie hinein. »Ehrlich gesagt verstehe ich dieses Bedürfnis nicht, ständig mit anderen in Verbindung zu bleiben«, sage ich später zu Martin. »Auf meiner Reise mit der *Beagle* genügte es mir, meinem Vater und meiner Verlobten Briefe zu schreiben, die ihr Ziel erst nach zwei oder drei Monaten erreichten. Ebenso lange dauerte es, bis die Antwort kam.«

»Und deshalb hat deine Verlobte auch einen anderen geheiratet«, erwidert Jan. Leider hat er recht und deshalb sage ich lieber nichts mehr dazu.

Meine Cousine Emma, die ich schließlich heiratete

6. Endlich in Patagonien

Besuch bei den Seelöwen

Wir fahren zu der *lobería* von Viedma, um uns die *lobos marinos* anzusehen.

Das spanische Wort *lobo* bedeutet »Wolf«, doch wir besuchen keine Seewölfe, sondern eine Kolonie von Seelöwen, deren Paarungszeit jetzt, im hiesigen Frühling, angebrochen ist.

»Sie sehen wirklich mehr aus wie Löwen als wie Wölfe«, stellt Jan fest.

Tatsächlich sind die ausgewachsenen Männchen groß und schwer und besitzen eine dichte, lockige Mähne. Sie herrschen über Harems aus vier bis zwölf Weibchen, die stets kleiner als die Männchen sind, aber ebenfalls nicht wie Wölfe aussehen.

Die Kolonie hält sich an der Küste, ungefähr 60 Kilometer südlich von Viedma, auf.

Von einer Panoramaplattform aus können wir die Kämpfe zwischen Rivalen und auch Paarungen beobachten. Es ist sicherer, sich von diesen kräftigen Meeressäugern fernzuhalten, wenn sie aufgeregt oder in Kampfstimmung sind.

»Sie werden bis zu 3,50 Meter lang und fressen täglich 15 bis 25 Kilogramm Fisch«, erklärt uns ein Angestellter des Naturschutzparks.

»Es ist schwer zu glauben«, sagt Elisabeth, während sie zwei miteinander kämpfende Seelöwenbullen beobachtet, »aber diese Tiere und wir haben einen gemeinsamen Vorfahren.«

Wie ein Blätterteig

Seelöwen sind Säugetiere wie wir und das Ergebnis von Evolution und natürlicher Auslese über Millionen von Jahren.

Ein Strand bei Las Grutas bei Ebbe, kurz nach Sonnenuntergang

Heute kann ich das ganz offen sagen. Hätte ich es aber damals in Gegenwart von Kapitän FitzRoy erzählt, hätte er mich nicht mehr gegrüßt. Er glaubte einzig und allein an die siebentägige Schöpfung und die Sintflut.

Dabei erzählt die Landschaft hier sehr deutlich, was wirklich geschehen ist.

Die endlos scheinende Ebene, über die wir gefahren sind, endet plötzlich an einer Steilküste, die mehrere Dutzend Meter hoch aus dem Meer emporragt. Betrachtet man sie vom Wasser aus, kann man übereinanderliegende Gesteinsschichten erkennen.

Jede von ihnen entspricht einer Episode in der Geschichte Patagoniens und ganz Südamerikas. Tausende von Kilometern Küstenverlauf sehen aus wie dieser Abschnitt. Aus der Nähe betrachtet, zeigt sich, dass manche dieser Schichten aus Muscheln und Überresten anderer Meeresbewohner bestehen, andere dagegen aus angeschwemmten Ablagerungen. Hier ist das Land abwechselnd versunken und aus dem Meer wieder aufgetaucht. Jedes Mal hat sich dabei die Landschaft verändert, wurden Tierpopulationen isoliert. Berge wurden zu Inseln, die dann wieder im Meer versanken. Nur die stärksten Tiere überlebten und passten sich mit der Zeit immer besser an.

Die Strände von San Matías

Wir verlassen die Tierbeobachtungsstation Punta Bermeja wieder. Die Seelöwen kommen gerne hierher, weil eine warme Strömung das Meerwasser erwärmt. Doch nicht nur Seelöwen wissen das zu schätzen. Zwischen Weihnachten und März, im südamerikanischen Sommer, suchen Tausende von Touristen die Strände bei Las Grutas und die Campingplätze zwischen den Dünen von Bahía Creek auf. Bei Ebbe scheinen die Strände Hunderte von Metern breit zu sein, bei Flut bleiben nur schmale Streifen Sand zurück.

Wir müssen weiter. Wir haben Zimmer in einem Hotel in Puerto Madryn auf der Halbinsel Valdés reserviert. Der Chauffeur wird den von uns gemieteten Kleinbus nach Patagones zurückbringen. In Puerto Madryn müssen wir uns ein neues Transportmittel und auch einen ortskundigen Führer suchen, der uns auf dem schwierigsten Abschnitt unserer Reise begleiten wird.

Ein Seelöwe putzt sich. Das Foto zeigt, wie beweglich die Hinterflossen sind. Im Laufe eines langen Prozesses der Anpassung entwickelten sich bei den Vorfahren der Robben aus den Beinen Flossen, da die Tiere zunehmend im Wasser lebten.

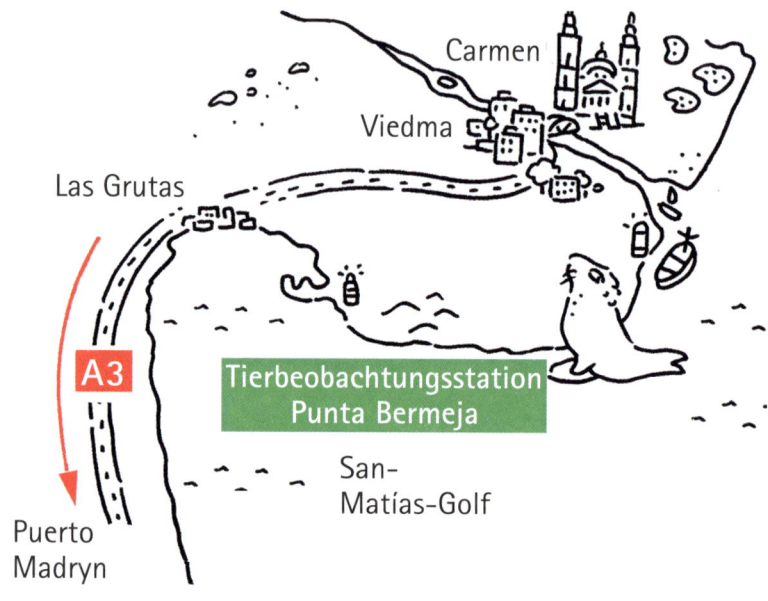

Die Straße in den äußersten Süden

Als ich damals hier an Land ging, gab es noch keine Straßen. Auch die von Rosas eingerichteten Poststationen waren nur schwer zu finden. Um von Buenos Aires nach Carmen de Patagones zu gelangen, war ich auf meinen Kompass angewiesen.

In den Poststationen konnte man gebratenes Fleisch essen, die Pferde wechseln, an einem Feuer schlafen und sich dabei verhältnismäßig sicher vor den Indianern fühlen.

Heute zeigt mir Martin auf der Karte die Straßen, die uns nach Puerto Deseado und Santa Cruz bringen werden, zwei Orte, die ich damals an Bord der *Beagle* erreichte. Allmählich wird mir aber klar, dass sich die Gegend ringsum kaum verändert hat. In westlicher Richtung gibt es Hunderte von Kilometer weit keine Dörfer, die Straßen sind nicht asphaltiert und die Namen auf den Schildern verweisen nicht auf Siedlungen, sondern nur auf Farmen mit wenigen Gebäuden, in denen oft nur eine Handvoll Menschen leben.

»Wenn wir die Straße verlassen«, meint Martin, »kann es uns passieren, dass wir den ganzen Tag keinen Menschen sehen.«

»Ich habe Hunger«, meldet sich Frank. Die Vorstellung, dass es an dieser Straße keine Raststätten oder Geschäfte gibt, macht ihn nervös.

»Wenn wir Hunger bekamen«, erzähle ich meinen Reisegefährten, »fingen wir uns ein Gürteltier und brieten es über dem Feuer. Oder wir suchten Nandu-Eier und machten uns daraus leckere Omeletts.«

»Jetzt würden sie dich dafür verhaften«, wendet Elisabeth ein, »und das mit Recht. Es sind geschützte Arten, die vom Aussterben bedroht sind. Obwohl diese Gegend nur dünn besiedelt ist, wurden ihr doch schwere Schäden zugefügt. Die Naturschutzgebiete wurden eingerichtet, um das Schlimmste zu verhindern.«

»Ich habe Hunger!«, wiederholt Frank.

Der patagonische Wind

»Nada de nada«, sagt Martin, während er sich umschaut: Kilometerweit ist kein Dorf, keine Raststätte, nicht einmal eine Tankstelle zu sehen. Unser Fahrer wusste das und hatte in Las Grutas vollgetankt. Jetzt fährt er nicht gerade langsam die A3 entlang, eine Straße, die praktisch im Zentrum von Buenos Aires beginnt und bis nach Ushuaia führt, in die südlichste Stadt der Welt.

Frank musste sich mit einem Sandwich an einer Tankstelle begnügen.

Die Landschaft ist immer noch so, wie ich sie in Erinnerung habe: unfruchtbar und für den Menschen scheinbar vollkommen nutzlos. Dennoch hat sie sich allen, die sie durchquerten, unauslöschlich eingeprägt.

Eben diese Landschaft und die Tiere, denen ich hier begegnete, waren es, die mich die Einwirkung der Zeit auf die Natur begreifen ließen. Ich spreche nicht von der Zeit, die unsere Uhren oder unsere Kalender messen, sondern von der
geologischen Zeit, die ganze Kontinente, Gebirgszüge, Seen

Die A3, die oder Berge entstehen und wieder verschwinden lässt. Wir
von Buenos sind nicht in der Lage, uns diese Zeitspannen tatsächlich vor-
Aires bis zustellen, und erkennen nur die Spuren, die sie im Gestein
nach Ushuaia hinterlassen: die Fossilien längst ausgestorbener Lebewesen,
führt, in die die von Erdmassen begraben und von Regen und Wind wie-
südlichste der freigelegt werden.
Stadt der
Welt

Ach ja, der Wind. Unablässig fegt und erodiert er diese baumlose, ungeschützte Ebene. Seine Geschwindigkeit beträgt zwischen 60 und 140 Stundenkilometer. Wenn man vergisst, die Jacke zuzuknöpfen, kann er einen mit einer einzigen Böe zu Boden werfen. Er weht den ganzen Tag lang und legt sich erst am Abend.

Nachts ist es stets windstill. An den folgenden Tagen aber wird der Wind unser unermüdlicher Begleiter sein. Der Regen andererseits ist hier ein sehr seltener Gast und die jährliche Niederschlagsmenge übersteigt nie 200 Milliliter.

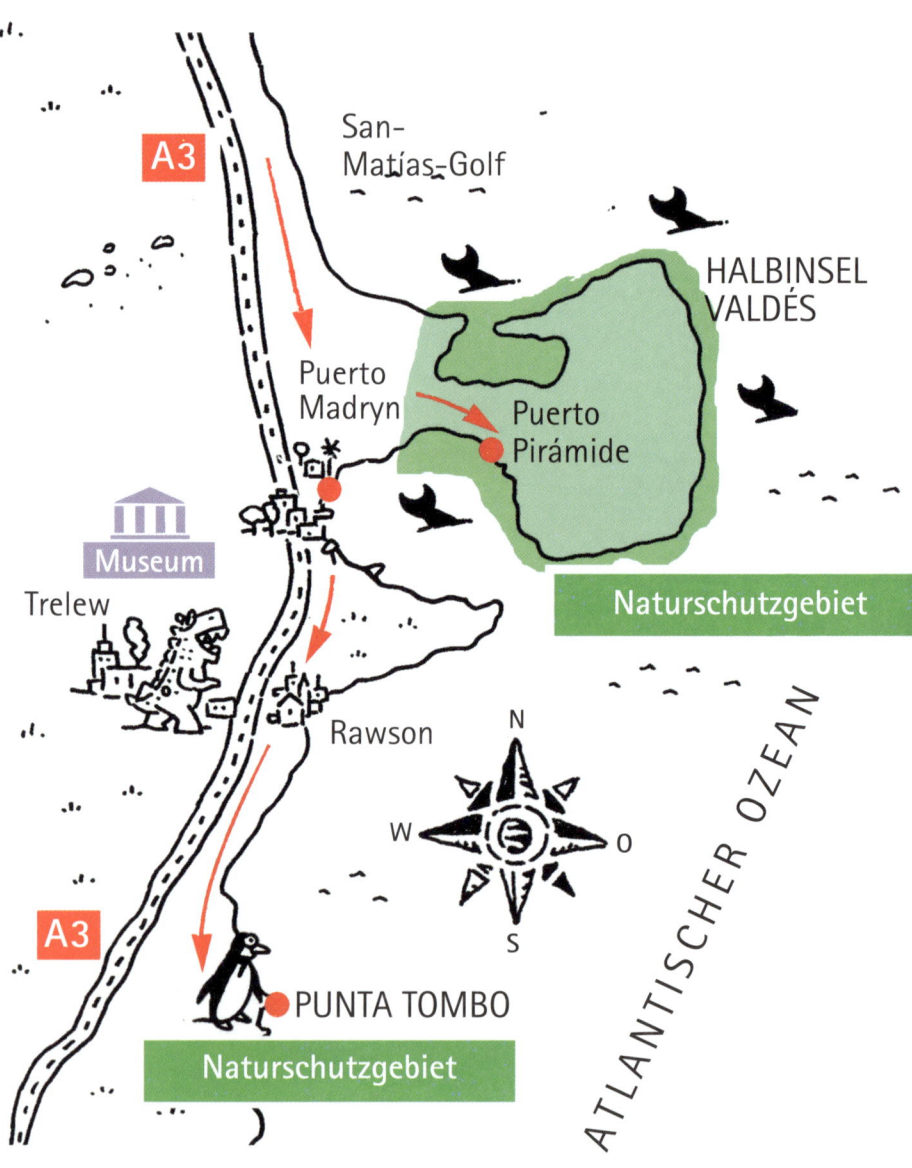

A3

San-Matías-Golf

HALBINSEL VALDÉS

Puerto Madryn

Puerto Pirámide

Naturschutzgebiet

Museum

Trelew

Rawson

ATLANTISCHER OZEAN

N
W   O
S

A3

PUNTA TOMBO

Naturschutzgebiet

7. Die Heimat der Wale

Puerto Madryn

Das Hotel, in dem wir übernachten, ist wirklich ganz reizend. Wenn man im Garten zwischen Blumen und Palmen sitzt, könnte man meinen, in der Karibik zu sein. Der Speisesaal dagegen erinnert an ein walisisches Pub. Das ist kein Zufall: Ebenso wie andere Städte dieser Provinz wurde auch Puerto Madryn 1886 von walisischen Siedlern gegründet. Einige Fotos an den Wänden erinnern an diese Anfänge.

Puerto Madryn ist ein Badeort, doch die Saison hat noch nicht angefangen. Der weitläufige Strand ist menschenleer und sauber. Das Meer scheint heute ganz ruhig zu sein.

Gestern Abend hatten wir uns getrennt: Elisabeth, Frank, Federico, Virginia und Jan sind essen gegangen.

Martin und ich dagegen haben uns mit Kräutertee und Aspirin versorgt und sind früh zu Bett. Wir waren beide erkältet. Zu starke Temperaturschwankungen, zu viel eisiger Wind.

Heute Morgen aber sind wir wieder alle fit und bereit, den Ausflug zur Halbinsel Valdés zu unternehmen, der hier gewissermaßen zum Pflichtprogramm der Touristen gehört.

In Puerto Pirámide werden wir Wale beobachten.

Walbeobachtung in den Gewässern vor Puerto Pirámide

Die letzten Wale

Von heute an und bis Calafate werden wir einen Führer nur für uns haben. Er heißt Bruno und seine Familie stammt aus Italien. Mit einem nagelneuen Minibus holt er uns ab. Aber obwohl das Auto neu ist, hat es schon einen kaputten Scheibenwischer, der von einem Stein beschädigt wurde. Wir werden bald merken, dass beschädigte Scheibenwischer ein typisches Kennzeichen patagonischer Autos sind. Die Straßen sind größtenteils nicht geteert und haben riesige Schlaglöcher. Lose Steine werden von den Reifen hochgeschleudert und landen nicht selten auf den Windschutzscheiben entgegenkommender Autos und Lastwagen.

Einer der vielen Anbieter von Wahlbeobachtungen in Puerto Madryn

Die Straße, die nach Puerto Pirámide führt, ist asphaltiert, während die übrigen Straßen der Halbinsel im Grunde nur Pisten sind. Wenn man einen Lastwagen vor sich hat, sollte man ihn entweder schleunigst überholen oder aber viel Abstand halten, um nicht in einer Staubwolke fahren zu müssen.

»Wenn es regnet«, erzählt Bruno, »ist es noch schlimmer: Die Straße wird zu einem Sumpf. Willkommen in Patagonien!«

Doch heute haben wir herrliches Wetter und erreichen den Kontrollposten des Naturschutzgebiets in nur einer halben Stunde. Fünfzehn Minuten später sind wir schon beim Besucherzentrum. Hier wurde ein kleines Museum eingerichtet. Von außen sieht es wie ein Beobachtungsturm aus und tatsächlich kann man von oben die beiden großen Buchten rechts und links der Halbinsel sehen. In diesen Buchten halten sich im Herbst, Winter und Frühjahr Wale auf.

»Es sind nur noch wenige übrig und bald werden auch sie uns verlassen«, sagt Bruno. »Im Sommer halten sie sich lieber im Nordpolarmeer auf.«

Dicke Vettern

Im Besucherzentrum wird das Skelett eines kleinen Wals der Südhalbkugel ausgestellt. Dafür dass dieser Wahl »klein« ist, ist er ganz schön groß: Sein Skelett nimmt den ganzen Saal ein.

Ein Glattwal, fotografiert im Augenblick des Abtauchens

Oben: Drei Wale vor der Küste bei Puerto Madryn. Sie ziehen sich in diese ruhigen Buchten zurück, um sich zu paaren oder ihre Jungen zur Welt zu bringen.

»Dabei ist auch er mit uns verwandt«, stellt Virginia fest und streichelt das Skelett am mächtigen Kieferknochen.

Auf Schautafeln werden Walknochen mit den Knochen anderer Säugetiere und auch von uns Primaten verglichen.

»Seine Vorfahren liefen ebenso auf dem Land herum wie unsere. Und die Dinosaurier fraßen sie auf.«

Eine Stunde später sitzen wir zusammen mit einem knappen Dutzend weiterer Besucher in einem Boot, das vor Puerto

Pirámide kreuzt. Wir tragen alle orangefarbene Rettungswesten und bieten einen farbenfrohen Anblick.

Sehr langsam nähert sich das Boot einer Stelle, an der Wale öfters auftauchen. Der Steuermann lässt es Runde um Runde im Kreis fahren. Er scheint genau zu wissen, was er da tut. Plötzlich taucht kurz eine gewaltige, mit Muscheln bedeckte schwarze Masse auf. Es ist ein Weibchen, das von seinem Jungen begleitet wird. Als die Schwanzflosse des Wals aus dem Wasser ragt, schreien die Leute auf dem Boot begeistert auf. Manchmal lassen sich die Wale sogar streicheln. Doch vermutlich spüren sie die Berührung kaum, denn die robuste Haut ist mit Krustentieren bedeckt und darunter liegt die dicke Schicht Blubber.

Ein Loch in der Erde

Nach unserer Rückkehr nach Puerto Pirámide finden wir ein Restaurant, bei dem man draußen sitzen kann. Martin bestellt gefüllte Jakobsmuscheln und einen Gemüseauflauf, der hervorragend schmeckt.

Ist der groß!

Es geht ein starker Wind, aber die Sonne brennt heiß vom Himmel. Elisabeth rät allen, sich gut einzucremen.

Etwas später fährt uns Bruno mit dem Kleinbus auf einer ungefähr 200 Kilometer langen Route auf der Halbinsel herum. Er bringt uns zu Salinen, regelrechten Seen von verdunstendem Salzwasser. Er zeigt uns eine große Senke, die bis zu 40 Meter unter Meeresniveau hinabreicht. Es handelt sich um eine geologische Besonderheit, die aussieht, als hätte sich an dieser Stelle in Hunderten von Metern Tiefe unter der Erdoberfläche ein Hohlraum gebildet.

Anschließend fährt er mit uns zu einer weiteren *loberia*. Von oben sehen wir zwei Schwertwale, die die Seelöwen in Unruhe versetzen. Ringsherum erstreckt sich die eintönige patagonische Steppe, eine baumlose Einöde. Gelegentlich sehen wir einen Nandu oder ein Guanako, die vor uns die Flucht ergreifen.

In einigen hundert Metern Höhe über dem Meer hält Bruno an und zeigt uns eine Gesteinsschicht, die aus Riesenaustern besteht. Es handelt sich um eine ausgestorbene Art, die uns einmal mehr daran erinnert, dass sich die Welt schon oft verändert hat und immer weiter verändern wird.

Schwertwal

9,50 m

Schwertwale sind schnelle Schwimmer und sehr intelligent. Es gibt Exemplare, die sich von Fischen ernähren, während die wandernden Schwertwale überwiegend junge Meeressäuger fressen. Zu letzterem Typ gehören auch die Schwertwale, die in den Gewässern vor der Halbinsel Valdés schwimmen.

Der Darwin-Nandu

Bei der Rückfahrt nach Puerto Madryn schaue ich auf die scheinbar endlose Steppe hinaus. Wie seltsam eure Welt doch ist! Zu meiner Zeit machte man Jagd auf Wale, weil man aus ihren Barten Gestelle für Schirme und aus ihrem Fett Lampenöl herstellte. Heute bezahlen die Leute 50 Pesos, um den Walen beim Schwimmen zuzusehen.

Früher war überall Natur, heute kann man sie nur noch auf vorgeschriebenen Wegen besichtigen.

Heute ist die Liste der ausgerotteten oder vom Aussterben bedrohten Arten viele Seiten lang. Dabei, behauptet Elisabeth, stehen auf dieser Liste nur die beliebten Arten, jene nämlich, die sehr bekannt und den meisten Menschen sympathisch sind.

In Wirklichkeit sind wesentlich mehr Arten ausgestorben, gefährdet oder bedroht. Einige darunter sind winzig und kommen uns ekelhaft vor, spielen aber im Haushalt der Natur eine wichtige Rolle.

Unter den bedrohten Arten gibt es auch einen großen Laufvogel, der heute meinen Namen trägt: der Darwin-Nandu. Es ist für mich sehr schmeichelhaft, dass man sich um diesen Vogel kümmert.

Er war bereits selten, als ich zum ersten Mal hierherkam. Ich glaube, dass mir in Puerto Deseado einer dieser Vögel serviert wurde. Er schmeckte sehr gut. Als ich mir nach dem Essen die Knochen genauer ansah, beschlich mich ein Verdacht, aber da war es natürlich zu spät.

Heute wird sein Skelett in einem Londoner Museum ausgestellt.

Darwin-Nandu. Obwohl dieser Vogel dem Strauß ähnelt, ist er nicht mit ihm verwandt. Das Männchen wird über einen Meter hoch. Es brütet die Eier aus und kümmert sich um den Nachwuchs. Nandus erreichen Spitzengeschwindigkeiten von 45 Stundenkilometern.

Darwin-Nandu

8. Tiere, so groß wie Häuser

Das Naturkundemuseum von Trelew

Weil ich in Punta Alta nicht nach weiteren Fossilien suchen konnte, versprach Martin mir, mich an einen Ort zu bringen, an dem unglaubliche Mengen von Fossilien versammelt waren. Trelew liegt ungefähr 60 Kilometer südöstlich von Punta Madryn. Hier steht das schönste naturgeschichtliche Museum von ganz Patagonien: das Museo Egidio Feruglio, kurz MEF, in dem Geschöpfe ausgestellt sind, die ich mir auf meiner ersten Reise nicht im Entferntesten hätte vorstellen können.

Ich hatte das Museum kaum betreten, als ich auch schon Überreste von zwei alten Bekannten erblickte: Ein nahezu vollständiges Skelett von Toxodon und ein Panzer von Glyptodon, einem der möglichen Vorfahren heutiger Gürteltiere. Im gleichen Schaukasten standen außerdem noch ein ausgestorbenes Pferd und eine Säbelzahnkatze. Sämtliche Fossilien wurden in den obersten Erdschichten Patagoniens gefunden und stammen aus einer Zeit, in der auf der Erde schon Menschen lebten.

Der große Saal nebenan dagegen beherbergt Fossilien riesiger Geschöpfe aus wesentlich älteren Epochen. Da gibt es zum Beispiel einen Ammoniten, entstanden aus einer spiral-

Links: Magellanpinguin

Unten: Titanosauride, 2004 in den Anden gefunden. Er gilt derzeit als der größte aller Dinosaurier.

Argentinosaurus huinculensis

Er ist 60 Meter lang.

förmigen Muschel von fast 3 Metern Durchmesser. Ferner das in Angriffspose montierte Skelett eines Gigantosaurus, der vor 100 Millionen Jahren lebte, und die Knochen eines Titanosauriden, eines der größten Landtiere aller Zeiten. Jan und Virginia lassen sich neben seinen riesigen Schienbeinen fotografieren und sehen im Vergleich wirklich winzig aus. Diese Geschöpfe waren zu meiner Zeit fast vollkommen unbekannt. Die Bezeichnung »Dinosaurier« stammte von meinem Freund und wissenschaftlichen Gegenspieler Richard Owen. Er war sehr gut darin, Tiere zu klassifizieren, und benötigte nicht mehr als einen Zahn oder einen kleinen Knochen, um sich das vollständige Tier vorstellen zu können. Er war derjenige, der auch die Fossilien klassifizierte, die ich mit nach London zurückbrachte, und derjenige, der mir große Ehre zuteil werden ließ, indem er Geschöpfe wie den Mylodon nach mir benannte. Allerdings war er auch einer der erbittertsten Gegner meiner Evolutionstheorie.

Die verschollenen Dinosaurier

Wie konnte es sein, dass ich auf meiner ersten Reise mit der *Beagle* keinen einzigen Dinosaurier entdeckte?

»Man kann sie finden«, sagt Bruno, »man muss nur wissen, wo.«

Er erzählt, dass auf einer 300 Kilometer von hier entfernt gelegenen Farm Kinder mit fossilen Dinosauriereiern Boccia spielen.

»Mit Eiern wie diesem«, sagt er und zeigt auf ein schön geformtes steinernes Ei, das in einer Vitrine liegt. Das Ei ist zerbrochen und man kann Eigelb und Eiweiß erkennen, die durch unterschiedlich beschaffene Mineralien ersetzt wurden.

Ich bekomme sofort Lust, diese Farm aufzusuchen. Auf meiner ersten Reise ging es mir auch immer so. Kaum hatte ich vom Fund eines riesigen Schädels oder Knochens gehört, da organisierte ich auch schon eine Expedition und ritt hin, um mich von der Echtheit der Fossilien zu überzeugen und sie gegebenenfalls zu kaufen.

Jan bekommt ganz große Augen und sogar Virginia bie-

Ein Plakat des Museo Egidio Feruglio (MEF) in Trelew

Hier entdeckte ich die Fossilien großer urzeitlicher Säugetiere.

Quartär

Tertiär

Kreidezeit

Jura

Trias

Querschnitt von Westen nach Osten durch die Erdschichten Südamerikas

tet sich an, bei eventuellen Ausgrabungen mitzuhelfen. Doch
Martin nimmt ihnen gleich den Wind aus den Segeln: »Wenn
wir graben, dann gemeinsam mit Paläontologen des Museums, mit geeigneten Werkzeugen und allen erforderlichen
Genehmigungen«, stellt er klar. Und fügt vorsichtshalber
noch hinzu: »Auf der nächsten Reise.«

Dinosaurier-Schichten

Um zu erklären, warum ich damals kein einziges Dinosaurier-
Knöchelchen fand, vergleiche ich die Erdschichten am besten
wieder mit einer Torte. Wenn diese Erdschichten nicht immer
wieder durch die Kontinentalverschiebung, das Vordringen
und Zurückweichen der Gletscher sowie durch Einwirkung
des Wetters durcheinandergebracht und verändert worden
wären, würden sie sich überall auf der Welt so deutlich voneinander abzeichnen wie die Schichten einer Torte. Die oberste
Schicht, auf der wir herumlaufen, ist die des Quartärs. In ihr
finden wir die Überreste von Lebewesen, die zeitgleich mit
uns auf der Erde leben oder aber erst in den letzten 2 Millionen Jahren ausgestorben sind.

Darunter liegt die Schicht des Tertiärs, die sich in über
63 Millionen Jahren ansammelte. Weiter darunter könnte
man die Schichten der Kreidezeit, des Jura und der Trias
finden, in denen Fossilien von Dinosauriern ruhen. Noch
tiefer unten befinden sich die Schichten des Paläozoikums
und unter diesen weitere, ältere, in denen es keinerlei Spuren von Lebewesen gibt.

Wie entsteht eine Erdschicht? Aus den unterschiedlichs-
ten Bestandteilen: Vulkanasche, angeschwemmtem Schlick,
den Überresten abgestorbener Wälder, Meeressediment und
so weiter. Identifizieren und datieren kann man eine Schicht
anhand der Fossilien, die sie enthält. Durch die Auffaltung
von Gesteinsschichten, die zur Entstehung der Anden führte,
drangen in der Nähe der Gebirgskette einige zuvor in großer

Tiefe liegende Erdschichten Patagoniens an die Oberfläche. Andere wurden durch Erosion freigelegt. Auf diese Weise traten Fossilien von Dinosauriern zutage.

Auf meiner ersten Reise blieb ich fast immer in der Nähe der Atlantikküste, wo nur die jüngsten Erdschichten in Oberflächennähe liegen, die des Quartärs und des Tertiärs. Aus diesem Grund fand ich keine Dinosaurier, aber ich muss auch gestehen, dass sie mir nicht fehlten.

Das Meer der Pinguine

Es fällt mir schwer, das Museum von Trelew zu verlassen. Ich würde gerne den Direktor kennenlernen, mit den Kuratoren sprechen und mir die Fundorte der Fossilien zeigen lassen, die im großen Saal ausgestellt sind. Doch Bruno will weiter, zur nächsten Sehenswürdigkeit.

»Ihr könnt unmöglich nach Trelew kommen, ohne Punta Tombo zu besichtigen.«

Also steigen wir wieder in den Kleinbus und fahren nach Süden. Auf einer ungeteerten Straße legen wir ungefähr 70 Kilometer zurück.

Unterwegs sehen wir kein einziges Haus und auch kein einziges bestelltes Feld, sondern nur ein paar Nandus, Guanakos und Schafe, die sich schleunigst aus dem Staub machen, kaum dass sie unser Auto erblicken.

Schließlich halten wir an einer großen Bucht am Atlantischen Ozean.

Während Bruno einparkt, taucht im Gestrüpp ein Pinguin auf. Dann ein zweiter, der uns erstaunt anschaut. Ein dritter wirft uns einen schockierten Blick zu, wie ein vornehmer Herr, der auf seinem Spaziergang gestört wurde, macht kehrt und verschwindet wieder zwischen den Büschen.

Wir sehen uns um: Die kleinen Herren im Frack sind überall.

In Punta Tombo kommen im Frühling und Sommer (von

Oktober bis März) Hunderttausende von Magellanpinguinen zusammen. Hier paaren sie sich, bauen ihre Nester und brüten die Eier aus. Dies ist die größte Pinguinkolonie Südamerikas. Größere findet man nur in der Antarktis.

Die Pinguinkolonie

Wie alle Besucher müssen auch wir auf den ausgewiesenen Wegen bleiben und an einer Stelle über eine kleine Brücke gehen, unter der die scheuesten Pinguine hindurchschlüpfen. Die meisten jedoch überqueren gemütlich die Gehwege für die Touristen und pendeln zwischen ihren Nestern am Ufer und dem Meer, wo sie sich ihr Futter fangen. Die Nester liegen meist zwischen Felsen und Gestrüpp, einige aber mitten auf den Wegen. Sowohl Männchen als auch Weibchen brüten die Eier aus. Abwechselnd gehen Pinguinmutter und Pinguinvater Fische fangen: Das ist der Grund dafür, dass hier so viele Pinguine unterwegs sind.

Ihr watschelnder Gang sieht lustig aus. Beim Brüten wirken sie sehr selbstbewusst. Wenn wir näher kommen, flüchten sie nicht, sondern sehen uns an, als würden sie denken: »Was wollen die denn hier?«

Magellanpinguine. Magellans Begleiter und Chronist Pigafetta bezeichnete sie als Pájaros bobos, was übersetzt »dumme Vögel« bedeutet.

Die Farm am Fluss

Diesen Abend verbringen wir in Trelew und sind bei Guillermo und seiner Frau Mirta zum Essen eingeladen. Sie haben von unserem Projekt erfahren und uns in ihr Haus am Río Chubut gebeten. Es ist eine schöne Farm, eingerahmt von hohen Pappeln und Weiden. Sie erzählen uns, dass das Vorhandensein von Süßwasser die Ansiedlung von Kolonisten begünstigt hat. Tatsächlich liegen entlang des Flusses, der für kleinere Boote schiffbar ist, zahlreiche Farmen. In einigen von ihnen kann man einkehren und hiesige Spezialitäten kosten. Hie und da stehen auch kleine anglikanische Kirchen, die Ende des 19. Jahrhunderts erbaut wurden.

Von Guillermo und Mirta erfahren wir, dass man auf einer Reise von hier zu den Anden sehr unterschiedliche und ungewöhnliche Landschaften zu sehen bekäme. Doch Martin lässt sich nicht erweichen. Das nächste Ziel steht schon fest: Puerto Deseado.

Bei strömendem Regen kehren wir ins Hotel zurück. Alle erzählen uns, dass Regen hier ein ungewöhnliches Ereignis ist und dass die jährliche Niederschlagsmenge nur 200 Milliliter beträgt, ungefähr so viel wie in der Sahara.

An Land bewegen sich Pinguine ungeschickt und watschelnd. Ihr Element ist das Wasser: Sie sind ausgezeichnete und sehr schnelle Schwimmer.

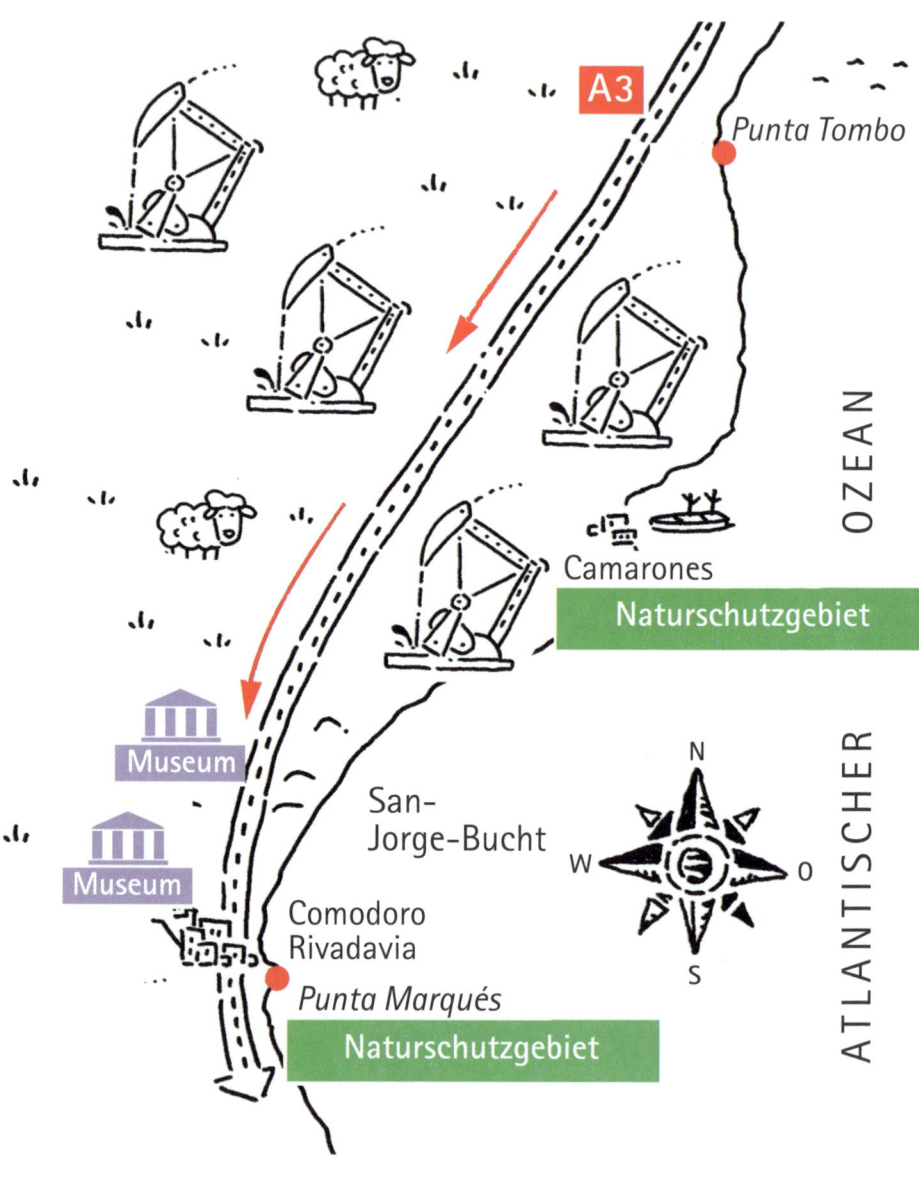

A3

Punta Tombo

OZEAN

Camarones

Naturschutzgebiet

San-
Jorge-Bucht

Museum

Museum

Comodoro
Rivadavia

Punta Marqués

Naturschutzgebiet

ATLANTISCHER

N

W   O

S

9. Tausend Kilometer, drei Kreuzungen

Die längste Straße der Welt

Wieder fahren wir auf der A3, der 3063 Kilometer langen Ruta Nacional, die vom Obelisk im Zentrum von Buenos Aires bis zur Südspitze des amerikanischen Kontinents verläuft. In nördlicher Richtung verbindet die gleiche Autobahn Buenos Aires mit dem 17 848 Kilometer entfernten Alaska.

Die Straße zwischen Trelew und Puerto Deseado ist asphaltiert, aber nur zweispurig. An vielen Stellen ist das Überholen verboten. Links und rechts der Straße erstreckt sich die patagonische Steppe, in der nur Grasbüschel, aber keine Bäume wachsen. Martin hat eine aktuelle Karte dabei, und Bruno erklärt uns, dass es hier außer den Siedlungen, die auf der Karte eingetragen sind, nichts gibt, *nada de nada*.

Auf einer Strecke von 1000 Kilometern sehen wir drei oder vier Kreuzungen und drei Straßen, die nach Westen führen. Nur eine davon ist geteert.

Sicher, auch hier steht vieles im Begriff, sich zu verändern. Bis jetzt aber gibt es nur alle 200 Kilometer eine Raststätte mit Tankstelle.

Auf der Karte sind einige Farmen so eingezeichnet, dass man sie für Dörfer halten könnte. Tatsächlich aber handelt es sich um landwirtschaftliche Unternehmen mit Hunderten von Hektar Land. Allerdings misst man Grundstücke hier nicht nach Hektar, sondern nach *leguas*. Eine *legua* entspricht gut 5 Kilometern. Eine Farm von einigen Quadrat-*leguas* (entspricht 10 000 Hektar) gilt hier als klein. Viele *Estancias* haben eine Fläche von Hunderten von Quadrat-

Förderanlage im Erdölmuseum

leguas und sind damit so groß wie Kleinstaaten.

Die Großgrundbesitzer ziehen es vor, die Größe durch die Zahl von Tieren anzugeben, die ihr Land ernähren kann: 20 000 Schafe, 30 000 Schafe und so weiter. Rinderzuchten sind in Patagonien eine Seltenheit. Meistens weiden auf dem Farmland frei lebende Schafe. Nur einmal im Jahr werden sie zusammengetrieben und geschoren und einige Pechvögel unter ihnen beenden ihr Leben als *asado* (Grillbraten).

Denkmäler und Helden

Als ich an Bord der *Beagle* Patagonien erreichte, war hier keine einzige Straße, und auch die Stadt, in der wir gerade ankommen, gab es damals noch nicht: Comodoro Rivadavia.

Die Ansiedlung wurde erst 1901 gegründet und erreichte einige Jahre später eine gewisse Bedeutung, als sich herausstellte, dass unter ihr bedeutende Erdölvorkommen lagerten. Es ist so viel, dass Argentinien seinen eigenen Bedarf damit decken kann.

Vor der Stadt fielen uns die zahlreichen Erdölpumpen auf, deren Köpfe sich unaufhörlich auf und ab bewegten, und wir sahen auch ein dem Erdöl gewidmetes Freiluftmuseum. Bei Caleta Olivia fotografierten wir an der Straße eine blaue Statue, die so hoch wie ein vierstöckiges Haus und dem *obrero petrolero*, dem Arbeiter der Ölförderanlagen, gewidmet war.

Aber das war nicht das einzige Denkmal, das wir hier antrafen. Außerdem kamen wir am Denkmal für den Piloten, für den Soldaten, für den General, für die Gefallenen des Falkland-Kriegs und vielen anderen Monumenten für die Helden dieses Landes vorbei.

Spuren einer verdrängten Kultur

Auch in Comodoro gibt es ein Erdölmuseum. Hier wird sehr anschaulich erklärt, wie die einzelnen Erdschichten entstanden und jene Organismen einschlossen, die zu Erdöl wurden. Leider ist dieses Museum nachmittags geschlossen.

Dafür ist das kleine Heimatmuseum geöffnet, das im Jugendstil-Gebäude eines Volksbads aus dem 19. Jahrhundert untergebracht ist. Der Kurator empfängt uns.

Unser Gastgeber ist sehr freundlich. Er zeigt uns ausgestopfte Kondore und Pinguine und Bruchstücke von Knochen von Dinosauriern und Riesenlaufvögeln. Er gesteht auch, dass seine Arbeit hier nicht leicht ist, da das Museum nur über wenig Mittel verfügt. Als er merkt, dass wir uns für die indianischen Kulturen interessieren, ist er Feuer und Flamme.

Der Kurator zeigt uns eine Sammlung von Tonstatuetten, Vasen und Stoffen mit schönen, komplizierten Mustern. Derartige Zeugnisse indianischer Kulturen hatte ich bisher noch nie zu sehen bekommen.

Sie gehen auf eine vergessene präkolumbianische Kultur zurück, die in diesen Tagen von Geschichtsinteressierten allmählich wiederentdeckt wird.

Schafe auf der Weide; im Hintergrund eine Saline

Nur gerade Linien

Wir fahren auf der A3 weiter nach Süden.

»Rechts ist nichts und links auch nichts«, murmelt Federico.

»Jetzt verstehe ich, was Guillermo meinte, als er sagte: Ihr werdet in eine Gegend kommen, wo der Horizont die einzige Linie ist, die nicht gerade verläuft.«

Elisabeth, die Botanikerin ist, findet hier dennoch einiges, was sie interessiert: Kräuter und niedrige Sträucher, die einzigen Pflanzen, die trotz des patagonischen Winds überleben.

Wenn es hier Tiere gibt, dann haben sie sich gut versteckt. Sogar Schafe sind hier eine Seltenheit.

Wir überholen eine Gruppe Radfahrer.

»Es gibt viele, die Patagonien mit dem Fahrrad bereisen wollen«, erzählt Bruno, »aber sie haben sich vorher nicht über den Wind informiert. Es wäre sinnvoller, im Süden zu starten und nach Norden zu fahren. Stattdessen strampeln sie alle gegen den Wind.«

Heilige und Selige in der Wüste

»Und was ist das?«

Jan zeigt auf ein kleines Häuschen am Straßenrand, um das herum rote Fahnen in den Boden gesteckt sind. Wenn ich

Einer der vielen Schreine, die dem Gaucho Antonio Gil gewidmet sind

Denkmäler für die Gefallenen des Falkland-Kriegs

mich richtig erinnere, haben wir seit unserem Aufbruch von Buenos Aires schon ungefähr ein Dutzend davon gesehen.

»Es ist ein kleiner Schrein zu Ehren des Gauchos Antonio Gil«, antwortet Bruno.

»Er wurde von einem Fernfahrer aufgestellt, und Kollegen von ihm, die vorbeifahren, fügen Fahnen hinzu und bitten den heiligen Gil, ihnen zu helfen.«

Den Gaucho Gil hat es wirklich gegeben. Er weigerte sich zu kämpfen und widmete sein Leben stattdessen den Armen. Schließlich wurde er an einem Baum aufgehängt. Er ist kein offizieller Heiliger, soll aber Wunder wirken. Sogar die Mitglieder der Fußballmannschaft von Corrientes, die Mandiyú, verehren ihn.

»Wenn ihr Schreine seht, um die herum Wasserflaschen stehen«, fährt Bruno fort, »dann sind das Schreine der Difunta Correa. In Vallecito in der nördlichen Provinz San Juan hat sie ein großes Wallfahrtzentrum. Alljährlich wird es von Hunderttausenden von Gläubigen besucht. Difunta Correa verdurstete, doch das kleine Kind, das sie bei sich hatte, überlebte, weil es an ihren Brüsten saugte. Sie ist zwar keine richtige Heilige, aber doch eine Selige, die Wunder vollbracht hat. Wenn die Fernfahrer sie um etwas bitten, bringen sie ihr eine Flasche Mineralwasser als Opfer dar, und wer dringend Wasser braucht, darf davon trinken.«

Stelzenläufer

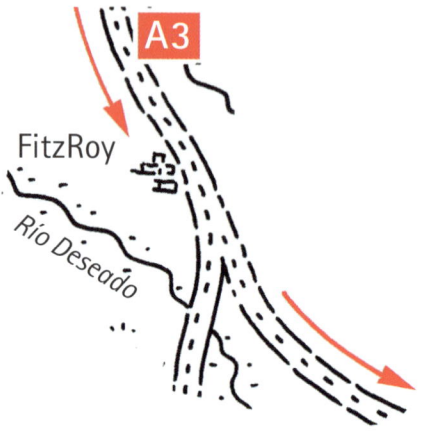

FitzRoy

Río Deseado

Der Mirador de Darwin *oberhalb von Puerto Deseado*

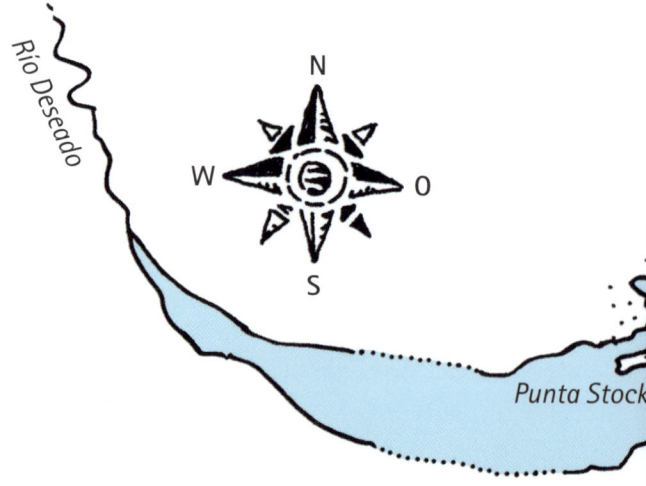

Río Deseado

Punta Stock

10. FitzRoys Abzweigung

22. November

Gestern haben wir die Hauptstraße nach Süden verlassen und sind auf eine Nebenstraße abgebogen, die in östlicher Richtung zur Küste verläuft. An der Abzweigung hat sich eine winzige Siedlung gebildet. Sie besteht nur aus einigen armseligen, einstöckigen Häusern, aber sie trägt einen bedeutsamen Namen: Sie wurde nach meinem Kapitän FitzRoy benannt.

Das Ortseingangsschild von Puerto Deseado

Eine Stunde später, bei Sonnenuntergang, haben wir Puerto Deseado erreicht.

Als ich das erste Mal hier ankam, traf ich keine Menschenseele an. Es war Dezember und sehr mild, doch alles, was ich sah, waren die Ruinen von Gebäuden, die die Spanier zurückgelassen hatten. Das außergewöhnlich trockene Klima verhinderte jeglichen Anbau von Nutzpflanzen. Die India-

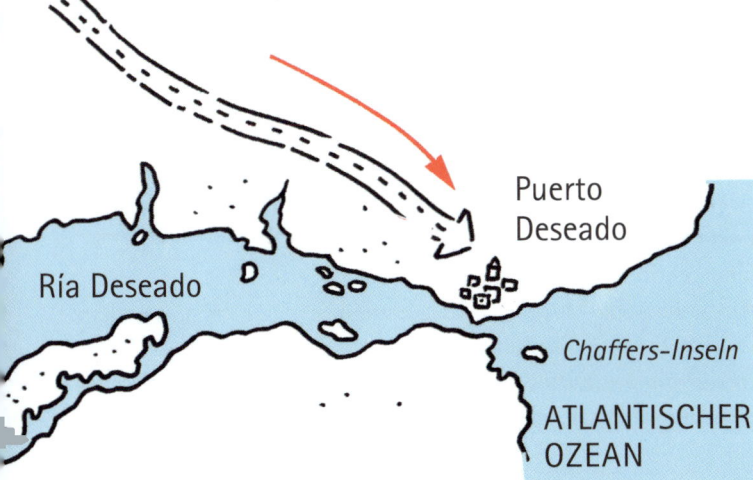

Links: Die Bucht und das Tal, die ich auf meiner ersten Reise erkundete

Ría Deseado

Puerto Deseado

Chaffers-Inseln

ATLANTISCHER OZEAN

Das Fels-
türmchen am
Südufer der
Ría Deseado
ner hatten das Dorf angegriffen und die europäischen Siedler hatten es aufgegeben. Alles, was ich hörte, war das Rauschen des Windes.

Heute ist Puerto Deseado ein nettes Städtchen mit ungefähr 10 000 Einwohnern. Es liegt an der Ría Deseado, dem ehemaligen Mündungstrichter des Flusses Deseado, der inzwischen vom Atlantischen Ozean überspült wurde. Im Hafen ankern mehrere große Fischereischiffe. Eines davon fährt unter japanischer Flagge.

Wir sind im Hotel Acantilados abgestiegen. Von meinem Zimmer aus hat man einen schönen Blick auf die Flussmündung sowie auf die andere Seite der Küste. Dort erhebt sich inmitten einer wüstenartigen Ebene ein seltsam geformter Felsen, der einem Spitztürmchen ähnelt. Er sieht genauso aus, wie ich ihn in Erinnerung habe: unwirklich, surreal.

»Wie eine Skulptur von Salvador Dalí«, meint Federico.

Eine Lektion in Sachen Darwinismus

Am nächsten Morgen unternehmen wir gleich nach dem Frühstück einen Stadtbummel. Für Bruno ist das etwas Neues: Gewöhnlich erkundet er die Schluchten und Täler Patagoniens. Doch Martin will ausgerechnet hier nach Spuren meiner

ersten Reise suchen. Deshalb führt er uns zuerst
in eine Bibliothek. Wir haben Erfolg und finden
Bücher und Karten. Vor allem aber lernen wir
Marcos kennen. Er ist Vorsitzender einer Stiftung, die sich mit der Geschichte der Stadt be-
fasst und sie ihren jungen Bewohnern näher-
bringen will.

Er geht mit uns in eine Schulklasse, in der
kurz zuvor zwei Schüler einen Vortrag über
mich gehalten haben. Sie haben auf die Tafel
die Route aufgezeichnet, die ich an Bord einer
Schaluppe unter dem Kommando von Mr Chaf-
fers zurücklegte. Auf dieser Expedition wollte
ich nach Süßwasserquellen suchen, die auf
einer alten spanischen Karte eingezeichnet waren. Mit der *Schüler vor*
Schaluppe kamen wir so weit, wie die Flut reicht. Dann ging *ihrer Schule*
ich wie immer alleine weiter. Ich folgte dem Fluss mehrere
Kilometer weit landeinwärts und lernte so eine wahre Mondlandschaft kennen, die mich faszinierte und begeisterte.

Deshalb habe ich an Puerto Deseado ausschließlich gute
Erinnerungen. Ich weiß aber, dass andere hier weniger Glück
hatten.

*Der Hafen
von Puerto
Deseado*

Kapitän
George
Farmer

Kan

Die gekenterte Cousine der *Beagle*

Es war alles andere als leicht, mit der *Beagle* hier anzulegen. An dieser Stelle sind die Meeresströmungen tückisch und der Gezeitenunterschied beträgt sechs bis acht Meter. Außerdem verbergen sich unter der Wasseroberfläche gefährliche Riffe. Eines davon wurde einem Segelschiff, das der *Beagle* sehr ähnlich war, zum Verhängnis: der *Corbeta Swift*, einem Kriegsschiff der britischen Marine, das von Kapitän George Farmer befehligt wurde. Von den Falklandinseln kommend, ging es am 13. März 1770 in der Ría Deseado unter, gut 60 Jahre vor unserer Ankunft.

Die *Corbeta Swift* war 28 Meter lang und damit nur einen Meter länger als die *Beagle* und verfügte ebenso wie die *Beagle* über drei Masten. Sie war mit 14 Kanonen bestückt und hatte ungefähr 100 Mann Besatzung, Offiziere mit eingerechnet. Ihre Mission hatte darin bestanden, diese damals noch unbekannte Region zu erkunden.

Leichte Geschütze

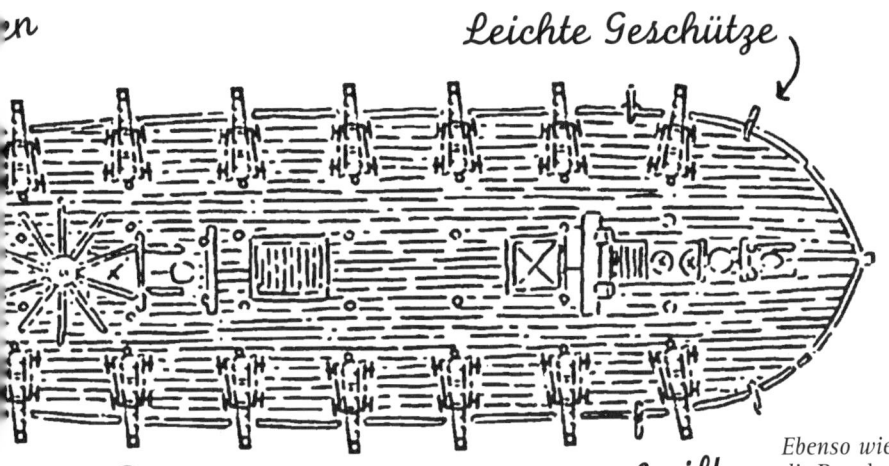

Die Bestückung der Corbeta Swift

Bei dem Unglück starben drei Menschen. Die Übrigen konnten sich ans Ufer retten. Das Schiff mit seinen Kanonen und dem größten Teil seiner Fracht sank auf den Meeresboden.

Eine beachtliche Leistung

»Die Schiffbrüchigen der *Corbeta Swift* hatten weder Lebensmittel noch Waffen«, erzählt Marcos. »Ihre Aussichten, den Winter zu überleben, standen schlecht. Deshalb sandte Kapitän Farmer einige Männer in einem Rettungsboot zu den Falklandinseln, auf denen eine englische Einheit stationiert war. Den Männern gelang es, die Inseln zu erreichen und Hilfe zu holen.

In ihrem kleinen mit Rudern und einem Segel ausgestatteten Boot, einer wahren Nussschale, legten sie auf einem der gefährlichsten Meere der Welt eine Strecke von 900 Kilometern zurück. 1982 wurde das Wrack der Korvette entdeckt und konnte geborgen werden.«

Ebenso wie die Beagle *trug die* Corbeta Swift *die Bezeichnung »HMS«, denn beide waren »His Majesty's Ships«, Schiffe seiner Majestät des englischen Königs.*

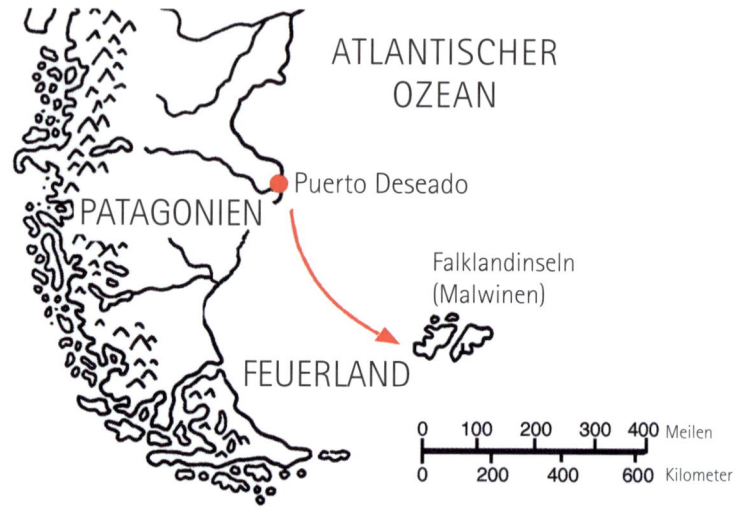

ATLANTISCHER
OZEAN

Puerto Deseado

PATAGONIEN

Falklandinseln
(Malwinen)

FEUERLAND

| 0 | 100 | 200 | 300 | 400 | Meilen |
| 0 | 200 | 400 | | 600 | Kilometer |

Oben links:
Die Stadt
Puerto Dese-
ado, vom
Hotelfenster
aus gesehen
Mitte: Der
Leuchtturm,
der gleich-
zeitig als
Kirchturm
dient
Rechts: Das
Haus des
Arztes

Heute werden die Gegenstände, die man beim Wrack fand, im Heimatmuseum von Puerto Deseado ausgestellt. Marcos hat sie uns gezeigt. Ihr Anblick ging mir sehr nahe. Die Teller, Gläser, Flaschen und Teekannen ähnelten denen, die wir auf der *Beagle* benutzten. Ich hatte auf meiner Reise großes Glück und es dauerte die ganzen fünf Jahre an. Auf der Route der *Beagle* waren viele andere Schiffe spurlos verschwunden.

Ein schreckliches Ereignis

Der Untergang der *Corbeta Swift* ist nicht das einzige Unglück in der Geschichte von Puerto Deseado. Marcos geht mit uns zum alten Bahnhof, an dem keine Züge mehr vorbeifahren. Sogar die Gleise hat man entfernt. Das im englischen Stil gehaltene Gebäude ist jedoch in gutem Zustand. Davor steht nur noch ein einziger Waggon. Er erinnert an eine Reihe blutiger Ereignisse der 1920er-Jahre.

Der Waggon diente einem gewissen Oberst Héctor Benigno Varela als Hauptquartier. Von hier aus leitete er die Niederschlagung des Anarchistenaufstands von 1921.

Seine Truppen richteten Tausende von Menschen hin und er selbst erschoss den Rebellenanführer Facon Grande, nachdem er behauptet hatte, dieser sei zwei Tage zuvor im Kampf gefallen.

Später sollte der Waggon entfernt werden, doch die Bevölkerung protestierte und blockierte sämtliche in die Stadt führenden Straßen.

Deshalb steht der Waggon immer noch vor dem Bahnhof und wird dort bleiben, solange es Puerto Deseado geben wird.

»Mir gefällt diese Stadt«, sagt Virginia. »Sie ist so trotzig wie ihre Bewohner.«

Der Bahnhof

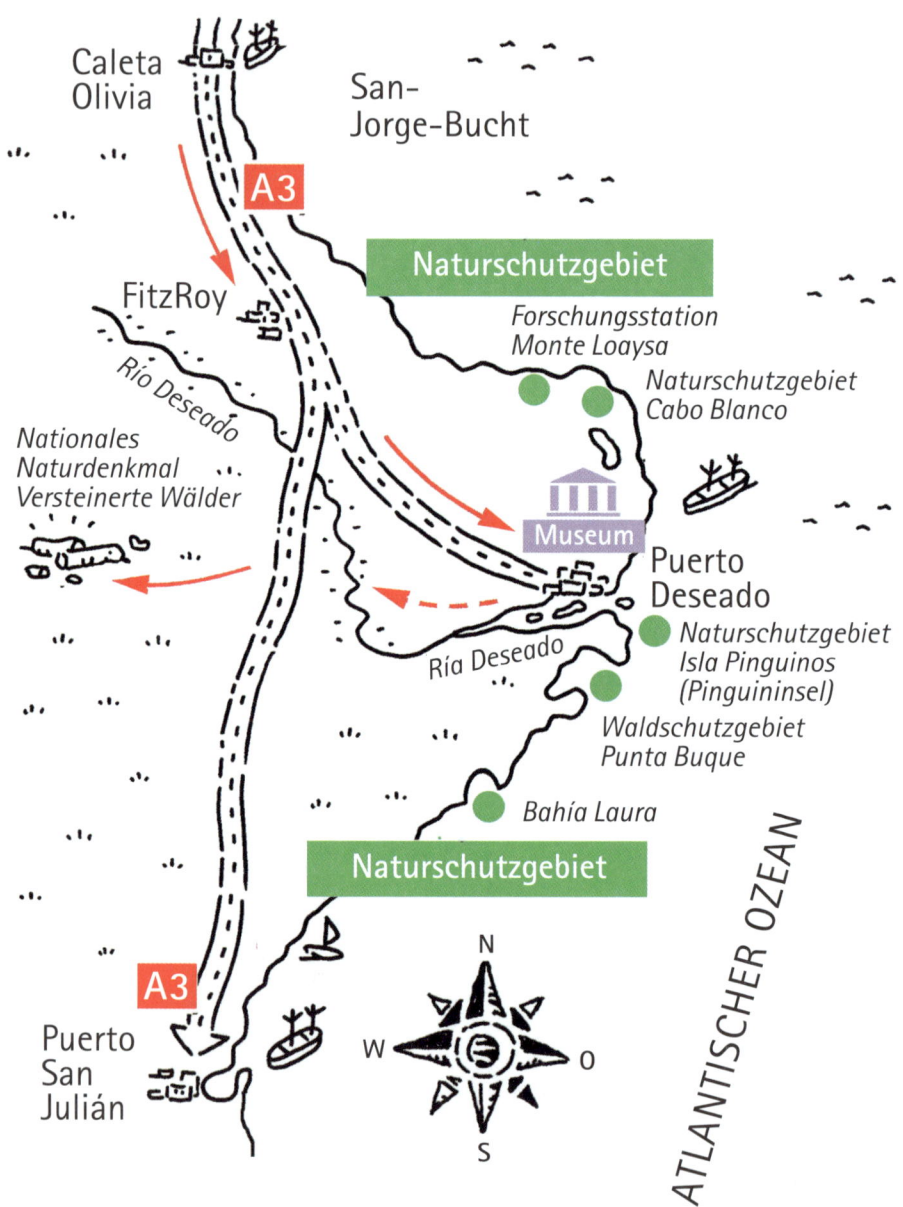

Caleta
Olivia

San-
Jorge-Bucht

A3

FitzRoy

Río Deseado

Nationales
Naturdenkmal
Versteinerte Wälder

Naturschutzgebiet

Forschungsstation
Monte Loaysa

Naturschutzgebiet
Cabo Blanco

Museum

Puerto
Deseado

Naturschutzgebiet
Isla Pinguinos
(Pinguininsel)

Ría Deseado

Waldschutzgebiet
Punta Buque

Bahía Laura

Naturschutzgebiet

A3

Puerto
San
Julián

N

W   O

S

ATLANTISCHER OZEAN

11. Am Río Deseado

23. November

Martin ist wütend. Heute Morgen wollten wir früh aufstehen und mit einem Motorboot den Río Deseado bis zu dem Punkt hinauffahren, den ich auf meiner ersten Reise erreicht hatte.

Doch Frank hat sein Zimmer noch nicht verlassen, während Federico ausgegangen ist und wir nicht wissen wohin. Elisabeth klagt über Kopfschmerzen.

Frank hatte uns zu einer Erkundung der argentinischen Weine überredet, und es kann gut sein, dass der eine oder die andere dabei ein bisschen zu viel getrunken haben.

»So etwas ist auf der *Beagle* auch manches Mal passiert«, sage ich zu Martin, um ihn zu trösten.

Allerdings erzähle ich ihm nicht, was Kapitän FitzRoy tat, als wir Plymouth nicht verlassen konnten, weil einige seiner Matrosen in den Hafenkneipen hängen geblieben waren.

Er ließ sie alle abholen, in Ketten legen und, nachdem wir die Segel gesetzt hatten, vor versammelter Mannschaft auspeitschen. Es war ein furchtbarer Anblick, und ich war so angewidert, dass ich am liebsten zurück an Land geschwommen wäre. In diesem Moment bereute ich, den Auftrag angenommen zu haben.

Pinguine am Río Deseado

Ein brütender Pinguin

Flut um 8.30 Uhr

»Wir haben die Flut verpasst«, schimpft Martin, während wir ins Motorboot steigen. Tatsächlich ist es ratsam, den Gezeiten und Strömungen des Río Deseado Beachtung zu schenken. Ich kann mich noch erinnern, dass wir seinerzeit aufgrund der Flut mehrere Stunden lang blockiert waren und ich die Gelegenheit nutzte, um einige Kilometer weit ins Landesinnere zu gehen.

Eine richtige Expedition können wir heute nicht mehr unternehmen. Die Zeit reicht nur für einen Ausflug.

Wir verlassen den Hafen und fahren zu den kleinen Inseln, die der Stadt vorgelagert sind. Ein Stück weit werden wir von zwei schwarz-weißen Delfinen begleitet. Sie scheinen Boote gewohnt zu sein. Sie springen um uns herum, verstecken sich immer wieder, und als wir davonfahren, tauchen sie gemeinsam wieder auf, als wollten sie sich von uns verabschieden.

See-Elefant

An einer der Inseln gehen wir an Land. Hier gibt es eine Kolonie von Magellan-Pinguinen. Ich möchte ein Experiment wiederholen, das ich vor langer Zeit machte. Ich weiß noch, dass damals kein Pinguin zuließ, dass ich zwischen ihm und dem Wasser stand. Ich probiere es aus, indem ich mich ganz langsam nähere. Aber auch dieses Mal geht es nicht: Die gesamte Kolonie, die sich bei unserer Ankunft am Strand aufhielt, zieht es vor, ins Wasser zu springen, anstatt sich von uns den Weg zum Meer versperren zu lassen.

Grau-kormorane

Die Pinguine aber, die im Gebüsch auf ihren Eiern sitzen, rühren sich nicht.

Sie schauen uns nur verärgert an, mit dem gleichen Ausdruck wie ihre Artgenossen von Punta Tombo, so als wollten sie sagen: »Was wollen die denn hier?«

Tierische Lektionen

»Können wilde Tiere auch etwas lernen?«, fragt Jan, nachdem er meinen Versuch mit den Pinguinen beobachtet hat.

»Ich glaube ja. Diese Pinguine hier haben zum Beispiel gelernt, so große Zweibeiner wie uns nicht zu fürchten. Sie fliehen nicht, sie machen nur Platz und gehen ins Wasser.«

Als ich damals nach Patagonien kam, konnte man Hirsche oder Guanakos aus nächster Nähe schießen, ohne dass sie das Weite suchten. Sie beobachteten uns neugierig, und wenn man seltsame Bewegungen machte, näherten sie sich interessiert. Sie hatten zuvor niemals ein Gewehr gesehen oder

Basaltfelsen

Felsenpinguin

einen Schuss gehört. Wenn Tiere aus ihrer Herde zu Boden
stürzten, dachten sie, die Schüsse seien Teil eines eigens für
sie aufgeführten Schauspiels. Nur die verletzten Tiere brachten den Knall mit dem Schmerz in Verbindung.

Ich glaube, dass die Guanakos gelernt haben, den Menschen mehr zu fürchten als den Puma. Bis jetzt sind alle, die
wir gesehen haben, beim Anblick des Autos geflohen.

Zu zart und zu flauschig

»Gibt es hier in der Gegend noch Pumas?«, frage ich Ricardo,
der das Motorboot steuert. Ja, antwortet er, es gibt sie. Sie
sind inzwischen geschützt.

Abgesehen vom Menschen, ist der Puma der einzige natürliche Feind der Guanakos.

*Möwen und
Pinguine
teilen sich
den Strand.*

*Bruno hat uns von
diesen Pinguinen
erzählt.*

*Wir werden sie weiter
unten im Süden sehen.*

Rechts:
Junges
Guanako

In den letzten Jahrzehnten wurden die Guanakos wegen ihres warmen, weichen Fells beinahe ausgerottet. Die Indianer, die hier ja auch nicht viel Auswahl hatten, fertigten ihre Kleidung überwiegend aus diesen Fellen.

Sie jagten die Tiere mit Pfeil und Bogen und später, als ihnen Pferde zur Verfügung standen, mit *bolas*. Dann kamen die Weißen mit ihren Gewehren und das Massaker an den Guanakos begann.

Ihr Fleisch ist zart und ihr Fell ist wunderbar flauschig, und beides wurde den Guanakos beinahe zum Verhängnis. Heute sind Guanakos geschützt und an einigen Orten züchtet man sie nach, um die jungen Tiere auszuwildern.

Es sind sehr scheue Geschöpfe. Ihre sanften Augen erinnern an Rehe und sie verhalten sich ähnlich wie Schafe.

Seelöwen-
Kolonie am
Río Deseado

Ich weiß noch, dass sie früher auf einigen Farmen gehalten wurden, weil sie sich an die Gegenwart des Menschen gewöhnen können. Bruno erzählt mir, dass es auch heute Guanako-Farmen gibt.

Auf meiner ersten Reise sah ich Herden von rund 500 Tieren.

Auf dieser Reise haben wir bisher nur wenige von ihnen zu Gesicht bekommen.

Perfekte Tarnung

Auf der Rückfahrt nach Puerto Deseado kommen wir an einer Steilküste aus Basaltfelsen vorbei. An einigen Stellen ist das rötliche Gestein vulkanischen Ursprungs vollkommen vom weißen Kot der Vögel bedeckt, die hier nisten. Ricardo zeigt mir einen Kormoran mit schwarzem Hals, eine Königsscharbe. Frank fotografiert gerade ein Nest, als sich von der weiß überzogenen Felswand plötzlich flügelschlagend ein Lebewesen löst, das bis dahin unsichtbar gewesen ist: eine riesige weiße Eule, die von ihrem Gefieder in dieser Umgebung perfekt getarnt wird. Keiner von uns hatte sie vorher bemerkt.

Wir entdecken auch eine kleine Seelöwenkolonie. Das Männchen beobachtet uns ruhig. Es weiß, dass wir harmlos sind, anders als die Schwertwale, die von Zeit zu Zeit diesen Ruheplatz der Seelöwen angreifen.

12. Wo das Meer in der Wüste versickert

24. November, vormittags

Wir stehen am Rande der Schlucht, die der Río Deseado in den Fels gegraben hat. Auf meiner ersten Reise kam ich nicht weiter als bis zu dieser Stelle. Obwohl kein Schild es anzeigt, weiß ich, dass dieser Ort nach mir benannt ist: Mirador de Darwin, »Darwin-Aussichtspunkt«.

Links: Das Tal des Río Deseado

Auch bei diesem Besuch fällt es mir schwer zu beschreiben, was ich beim Anblick der mich umgebenden Einöde empfinde. Damals hatten wir unser Lager im Kiesbett des schlammigen Bachs aufgeschlagen, der zwischen Steilufern und Basalttürmchen dahinfließt. Ich weiß noch, dass ich seinerzeit schrieb: »Noch nie sah ich einen Ort, der von der übrigen

Unten: Skizze nach einer alten Karte

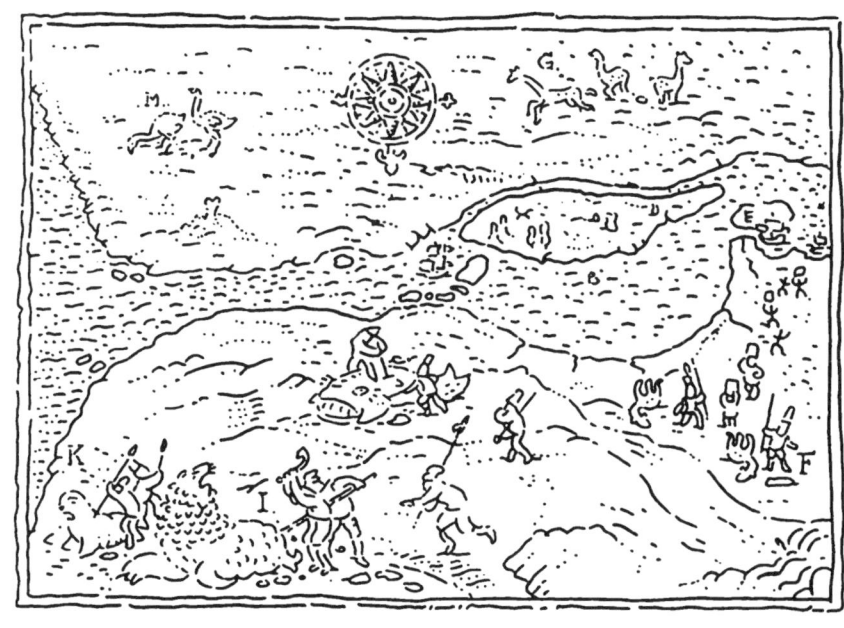

Welt abgelegener erschien.« Die turmartigen Felsen sind noch
ebenso hoch wie damals.

Federico hat seine Zeichenmappe ausgepackt und versucht,
trotz des höllischen Winds die Mondlandschaft zu unseren
Füßen zu zeichnen.

Wir sind mit einem Kleinbus hergefahren und mussten,
um diese Stelle zu erreichen, einige Dutzend Kilometer Wüste
durchqueren.

Derzeit sind wir zu Gast auf der Estancia einer Señora Ma-
tilde. Außer ihrem Verwalter, der uns zum Mirador begleitete, haben wir unterwegs keinen einzigen Menschen getroffen und kein einziges Tier gesehen.

Ein tödliches Tal

Der schmale, schlammige und nicht schiffbare Wasserlauf
unten im Tal ist der Río Deseado beziehungsweise das, was
von ihm übrig ist. Vor langer, langer Zeit, vor Millionen von

Jahren, war er ein mächtiger Fluss, der in den Anden entsprang, möglicherweise im Hunderte von Kilometern westlich von hier gelegenen Buenos-Aires-See.

Inzwischen ist seine Mündung vom Atlantischen Ozean überschwemmt und das Meer dringt kilometerweit in sein Bett vor. Ich weiß noch, dass mich bei meinem ersten Aufenthalt hier jemand fragte, wie lange dieser Zustand wohl schon andauerte und wie viele Jahrhunderte er noch weiterbestehen würde. Ich antwortete ihm mit einem Vers von Shelley (aus: Shelley, *Zeilen an den Mont Blanc*):

> *Niemand kann antworten – alles scheint nun ewig.*
> *Die Wildnis spricht in geheimnisvoller Sprache,*
> *die furchtbare Zweifel lehrt.*

»Früher war das Klima hier vollkommen anders«, sagt Martin und reißt mich dadurch aus meinen poetischen Erinnerungen.

Der Río Deseado ist im Grunde ein fossiler Fluss.

»Es war feucht und mild, das genaue Gegenteil von heute. In der Ebene lebten große, seltsame Tiere inmitten eines üppigen Waldes.«

»Den Wald gibt es heute noch«, wirft Bruno ein, »nur dass er inzwischen versteinert ist. Später werden wir ihn uns ansehen.«

24. November, 16 Uhr

Ich hätte nie erwartet, in 70 Kilometern Entfernung von der Schlucht des Río Deseado konkrete Antworten auf viele der Fragen zu finden, die meine Reisegefährten und mich damals beschäftigten.

Ich glaube allerdings, dass es Kapitän FitzRoy selbst heute schwergefallen wäre, meine Frage zu beantworten, obwohl sie doch ganz einfach ist. Sie lautet: Welche Sintflut kann einen tropischen Regenwald in Steinsäulen verwandeln?

Genau diese Steinsäulen habe ich jetzt vor mir. Es sind die umgestürzten, fossilen Reste eines tropischen Regenwalds, die auf einer Fläche von über 15 000 Hektar Wüste verstreut herumliegen. Wir befinden uns im Nationalen Naturdenkmal Versteinerter Wald, das 1954 zum Naturschutzgebiet erklärt wurde.

Bruno erzählt uns, dass es hier vor der Ernennung zum Naturschutzgebiet wesentlich mehr steinerne Bäume gab, aber dass die schönsten von ihnen gestohlen wurden.

Unten: Die bodennahen Pflanzen, die heute hier wachsen; im Hintergrund Reste des versteinerten Waldes

ria,
ff, das die
segelte

Es handelt sich um Vorfahren der heutigen Araukarien, die bis zu 35 Meter hoch wurden und deren Stämme einen Durchmesser von bis zu drei Metern erreichten. In diesem Wald lebten die Tiere des patagonischen Jura. Viele von ihnen waren Dinosaurier, wie etwa der Pflanzen fressende Tehuelchesaurus, dessen Länge ungefähr 15 Meter betrug. Zu diesem Zeitpunkt, vor 150 Millionen Jahren, bildeten Südamerika und Afrika noch einen großen Kontinent. Dann begrub Vulkanasche den gesamten Wald unter sich. Die

Das Stadt-zentrum von Puerto San Julián

mächtigen Stämme versteinerten und Millionen von Jahren später förderte die Erosion sie wieder zutage.

Die erste Weltumsegelung

Nach Sonnenuntergang treffen wir in Puerto San Julián ein. Entlang der Allee zum Meer sind Kanonen und andere militärische Ausrüstungsgegenstände aufgestellt. Sie dienen allerdings nur der Dekoration, ähnlich wie die zahlreichen Denkmäler von Comodoro Rivadavia. Am Ende der langen Allee erinnert ein Schild an die erste Landung von Europäern und zugleich auch an die erste Weltumsegelung von Ferdinand Magellan.

Ein Stück weiter vorne nähert sich ein eigenartiges Monument seiner Vollendung. Es handelt sich um eine Kopie eines der fünf kleinen Schiffe, aus denen Magellans Flotte bestand: die *Victoria*, das einzige Schiff, das mit 18 Überlebenden an Bord die Reise um die Welt abschließen konnte.

Rekon-struktion von Magellans Schiff Victoria *in San Julián*

Magellan landete am 31. März 1520 und beschloss, hier zu überwintern. Doch die Vorräte mussten rationiert werden und

im Frühjahr kam es zu einer Meuterei. Sie endete blutig mit der Enthauptung ihrer Anführer, der Kapitäne Luis Mendoza und Gaspare de Quesada. Ein Schiffsgeistlicher und ein weiterer Kapitän wurden an der Küste ausgesetzt. Doch sein schlimmstes Abenteuer stand Magellan erst noch bevor.

Magellans Tod

»Eine interessante Geschichte«, sagt Frank, während er die nachgemachte Galeone im Licht der untergehenden Sonne fotografiert. »Aber ich weiß nicht mehr, wie sie ausgegangen ist.«

Ein heftiger Wind peitscht uns ins Gesicht.

»Magellan verlor nach und nach all seine Schiffe. Die *Santiago* wurde vorausgeschickt, um nach einer Passage zu suchen, doch sie kenterte, noch bevor sie Feuerland erreichte. Die *San Antonio* machte nach etlichen Meutereien kehrt und fuhr wieder nach Hause. Dann wurde Magellan von den Kriegern der Philippineninsel Matan getötet und seine Soldaten mussten die *Concepción* versenken, damit sie nicht in die Hände der Inselbewohner fiel.

Bei dem Versuch, auf der gleichen Route zurückzukehren, auf der sie gekommen war, verirrte sich die *Trinidad* im Pazifischen Ozean. Einzig der *Victoria* gelang es, das Kap der Guten Hoffnung zu passieren und nach Spanien zurückzukehren. Am 6. September 1522 traf sie mit einer Ladung Gewürzen und den 18 Überlebenden an Bord wieder in der Heimat ein. Die Weltumseglung hatte am 10. August 1519 begonnen. Auf den fünf Schiffen waren 234 Mann Besatzung gewesen.«

Der Strand, an dem Magellan 1520 an Land ging

»Hoffentlich geht unsere Reise besser aus«, scherzt Jan. »Aber vielleicht sollten wir lieber ins Hotel gehen, bevor wir hier erfrieren.«

Es ist neun Uhr abends. Erst jetzt merken wir, dass außer uns kein einziger Einwohner von Puerto San Julián mehr draußen ist.

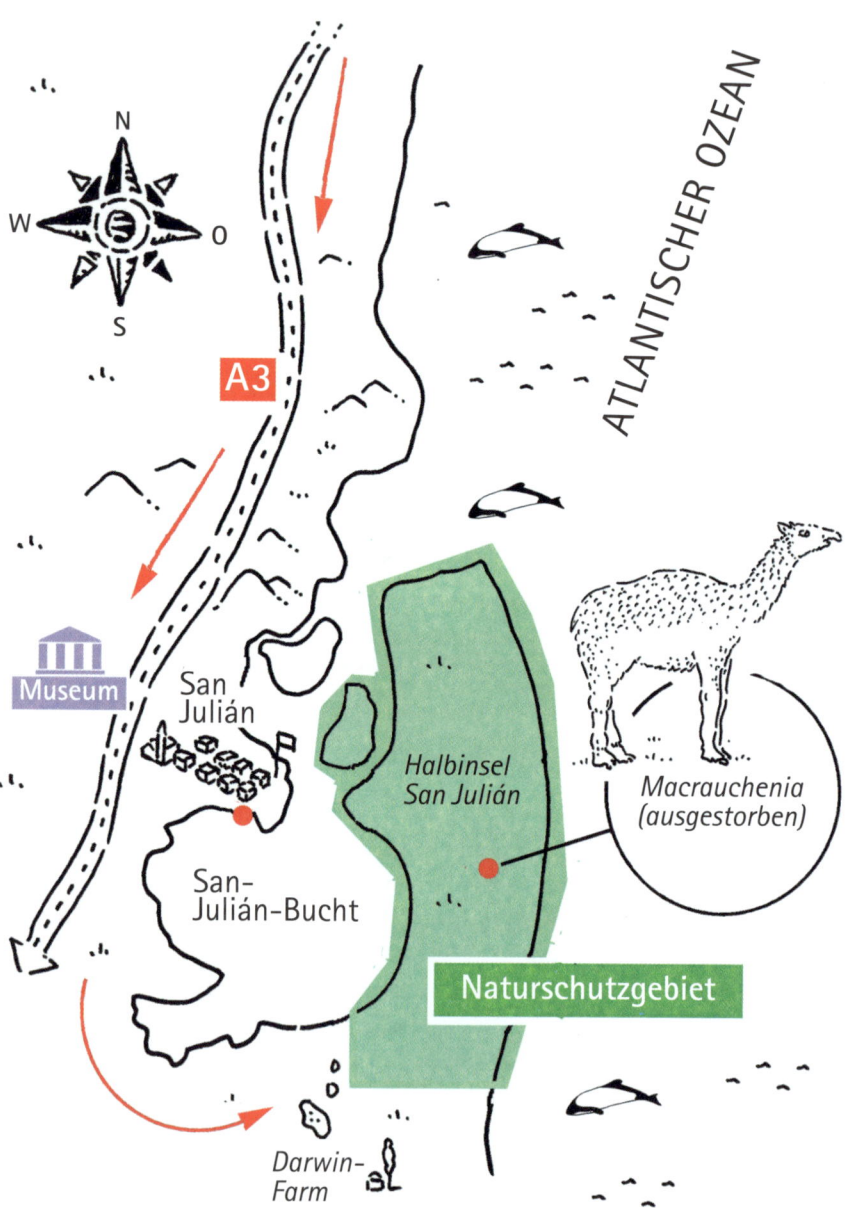

N
W · O
S

A3

ATLANTISCHER OZEAN

Museum

San
Julián

Halbinsel
San Julián

Macrauchenia
(ausgestorben)

San-
Julián-Bucht

Naturschutzgebiet

Darwin-
Farm

13. In der San-Julián-Bucht

25. November, 8 Uhr
Wir haben im Hotel Bahía übernachtet. Es ist ein Backsteinhaus, das Martin gut gefällt. Ich weiß, dass Elisabeth und Virginia ihr Zimmer und die Bettwäsche gründlich durchsuchen werden, bevor sie sich hinlegen. Nachdem sie in ihrem Zimmer in Puerto Deseado einen kleinen Skorpion gefunden hatten, sind sie sehr vorsichtig geworden. Dabei besteht keine Gefahr, denn in Patagonien gibt es keine wirklich gefährlichen Insekten. Auch die dicken Bremsen, denen ich hier begegne, sind nur lästig, nichts weiter.

Ein Schweinswal. Diese freundlichen, ungefähr 1,50 Meter langen Zahnwale leben in den flachen Küstengewässern und den Flussmündungen des südlichen Südamerikas.

Wir frühstücken.
»Was machen wir heute?«

Ich weiß noch, dass wir auf meiner ersten Reise acht Tage lang hierblieben. Wir suchten nach Süßwasser, fanden aber nichts. Was wir zuerst für einen Süßwassersee gehalten hatten, erwies sich als Salzsee. Wir hatten elf Stunden lang nichts zu trinken. Es war schlimm.

»Wir fahren zur Küste«, entscheidet Martin, »und suchen die Stelle, wo Charles den Macrauchenia fand.«

Durcheinandergeratene Schichten
Als ich die Überreste des Macrauchenia fand, merkte ich sofort, dass diese Knochen Fossilien glichen, die ich in Punta Alta entdeckt hatte. Auch die Anordnung der Erdschichten war ähnlich und ist in dieser Form an der gesamten patagonischen Küste anzutreffen. Doch hier, an der San-Julián-Bucht, dachte ich gründlicher darüber nach.

Die gesamte Oberfläche des Kontinents wurde erst nach dem Auftreten der Schnecken, die heute die Meere bewohnen, angehoben.

Diese Bewegung wurde von Ruhezeiten unterbrochen, die mehrere Tausend Jahre andauerten. In diesen Phasen drang das Meer tief ins Land ein und erodierte Teile der Ebenen, sodass eine Landschaft von gewaltigen Terrassen entstand.

Hier liegt die unterste Ebene 27 Meter über dem Meer, die höchste 280 Meter. Dringt man weiter ins Landesinnere vor, so gelangt man auf immer höhere Plateaus, bis man sich am Fuße der Anden auf 900 Metern Meereshöhe befindet. Diese stufenartige Landschaftsform deutet auf noch ältere Hebungen und Absenkungen hin.

Ein Dromedar (oben) und ein Zweihöckriges Kamel oder Trampeltier (unten). Diese beiden sind afrikanische beziehungsweise asiatische Vertreter der Familie der Kamele, der auch die Guanakos und die von ihnen abstammenden Lamas angehören.

Auf einer erdgeschichtlich jungen Ebene bei San Julián, die in 27 Metern Höhe über dem Meer liegt, fand ich in Kies und roten Lehm gebettete fossile Überreste des eigenartigen Tieres, das man später Macrauchenia nannte.

Eine kleine Guanako-Herde. Auf seiner ersten Reise begegnete Darwin wesentlich größeren Herden von mitunter 500 Tieren.

FitzRoys fixe Idee

»Die Erdschicht, auf der wir hier stehen«, erzähle ich meinen Reisegefährten am Fundort der Knochen, »lag vor 18 000 Jahren auf Meeresniveau. Die Vegetation war anders als heute, und diese Geschöpfe grasten auf den patagonischen Ebenen, wie es heute die Guanakos tun.«

Warum war Macrauchenia ausgestorben? Was wurde den riesigen Säugetieren zum Verhängnis? Warum leben hier an ihrer Stelle heute Tiere, die ihren Vorfahren ähneln, verglichen mit ihnen aber wie Zwerge wirken?

Jetzt kann ich »Vorfahren« sagen, an Bord der *Beagle* aber hätte ich dieses Wort, wie schon erwähnt, niemals aussprechen dürfen: FitzRoy wäre auf mich losgegangen.

Für ihn waren Arten unveränderlich und deshalb konnten verschiedene Arten auch nicht voneinander abstammen.

Da er nicht einmal die Vorstellung von einer Veränderung

der Arten akzeptierte, die immerhin von einigen meiner Kollegen diskutiert wurde, war die Idee der Evolution für ihn natürlich unannehmbar.

Dabei stößt man hier immer wieder auf unübersehbare Spuren der Evolution. Die Erdschichten Patagoniens legen Zeugnis von einer langen, abwechslungsreichen Geschichte ab, von einschneidenden, wenn auch nur ganz allmählich vonstatten gegangenen Klimaveränderungen. Diese Veränderungen stellen eine vernünftige Erklärung für das Aussterben zahlreicher Arten dar, die immer seltener wurden, bis sie schließlich ganz aufhörten zu existieren. Dies geschah, weil sich die Umwelt schneller veränderte, als sich die betreffende Art anpassen konnte.

Und so gediehen die heutigen Arten, die von den am besten

Das Tal des Río Santa Cruz unweit der Mündung

angepassten Individuen der ausgestorbenen Arten abstammen.

Magellangans

Die Katastrophentheorie

»Wie sich die Zeiten ändern!«,
meint Frank, während er seine Kamera den Film zurückspulen lässt.

»Jetzt wird meine Theorie ak-
zeptiert«, schließe ich, »aber damals war das nicht der Fall.
FitzRoy war von seinem Glauben an die Arche Noah nicht
abzubringen. Und er war nicht der Einzige. Selbst heute noch
gibt es moderne Naturforscher, die der Ansicht sind, dass
große Artensterben ganz plötzlich und infolge von Naturka-
tastrophen passierten.«

Auch heute noch hat das Wasser des Río Santa Cruz eine ganz eigenartige Farbe.

»Wie zum Beispiel durch den Absturz von Meteoriten?«

»Sicher hat es derartige Katastrophen gegeben. Doch die Idee, dass Artensterben im großem Umfang immer durch große Katastrophen ausgelöst wird, erscheint mir fragwürdig.«

Wir kehren zu dem Kleinbus zurück, den wir am Straßenrand zurückgelassen hatten.

Das Naturschutzgebiet Reserva Provincial de San Julián nimmt einen großen Teil der Halbinsel ein, aber wir befinden uns jetzt südlich davon. Die Landschaft ist trocken und ganz flach.

Zwei Guanakos weiden das dürre Gras ab.

Seit meinem letzten Aufenthalt hier ist der Boden, auf dem wir jetzt laufen, vermutlich um einige Zentimeter höher geworden.

Der Unterschied, der im Laufe von knapp zwei Jahrhunderten entstand, ist winzig. Doch geologische Veränderungen brauchen ihre Zeit: Millimeter um Millimeter, Jahr um Jahr, Ära um Ära entstanden Gebirge und Ebenen. Auf diese Weise änderte sich das Aussehen der Erde und ihrer Bewohner abertausend Male.

Der berühmte Mate-Tee

Wieder sind wir auf der A3. Die nächste Etappe ist Puerto Santa Cruz. Bruno fährt sehr besonnen. Dafür, dass dies die wichtigste Verbindungsstraße in den Süden ist, begegnen wir nur sehr wenigen Autos und Lastwagen. Ringsherum ist weiterhin Steppe, die aber immer öder aussieht.

Elisabeth versucht, Mate-Tee zu machen. Jan und Virginia schauen neugierig zu. An seinem ersten Tag mit uns hatte Bruno uns *Yerba Mate*, den Grundstoff für den Mate-Tee, in einer Kalebasse geschenkt. Als Elisabeth begonnen hatte, den Inhalt der Kalebasse umzurühren, hatte Bruno entsetzt weggeschaut. Inzwischen aber hat Elisabeth gelernt, den Mate-

Warmes Wasser

Kalebasse

bombilla (Trink-
röhrchen aus Metall)

YERBA MATE

Yerba Mate
(Mate-Teeblätter)

Tee korrekt zuzubereiten: Sie legt das silberne *bombilla* (Trink-
röhrchen) in die Kalebasse und füllt in diese eine Schicht
Teeblätter ein. Dann fügt sie etwas Zucker und warmes Wasser hinzu, dann Teeblätter, anschließend wieder warmes Wasser, bis die Kalebasse voll ist. Dann trinkt sie den Tee durch
das *bombilla*. Gelegentlich gießt sie warmes Wasser nach.
Mate ist für die Argentinier nicht nur ein Getränk, sondern
auch ein wichtiges Ritual.

Im Hotel hat sich Elisabeth für den Tee eine Thermoskanne
mit heißem Wasser füllen lassen. Jetzt reicht sie die Kalebasse herum.

Nach mehreren Runden Mate-Tee erreichen wir die kleine
Stadt Piedra Buena. Gleich dahinter überqueren wir einen
breiten Fluss.

Es ist der Río Santa Cruz. Ich erkenne ihn an der Farbe seines Wassers wieder: Es ist türkis und milchig.

Hier, an diesem Fluss, begann seinerzeit eine sehr anstren-
gende Exkursion, die viele Fragen aufwarf.

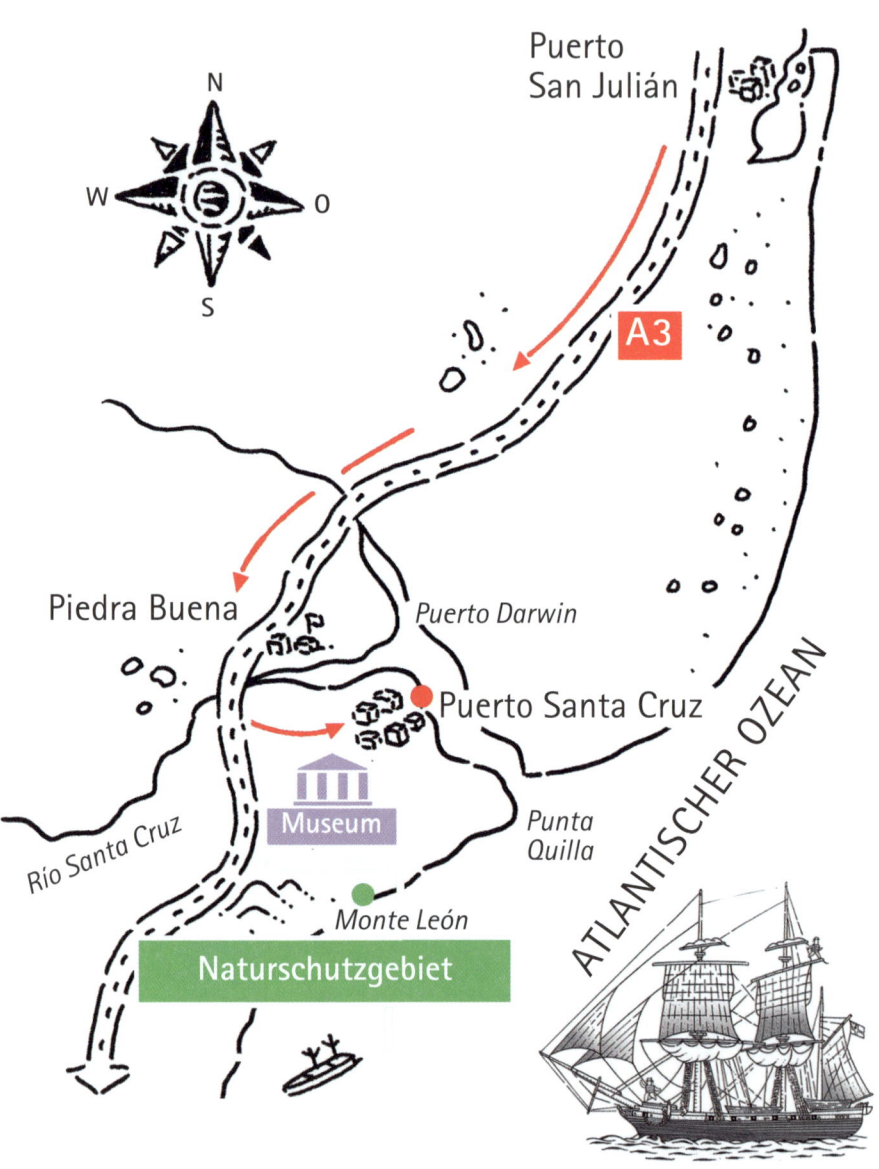

Puerto
San Julián

N

W   O

S

A3

Piedra Buena

Puerto Darwin

Puerto Santa Cruz

Museum

Río Santa Cruz

Punta
Quilla

Naturschutzgebiet

Monte León

ATLANTISCHER OZEAN

14. Patagonische Luft

26. November, morgens

Puerto Santa Cruz empfing uns gestern Abend mit einem mörderischen Wind. Es gelang uns nicht einmal, vor dem Hotel unser Gepäck abzuladen. Der Wind riss eine Tür des Kleinbusses aus ihrer Verankerung. Bruno war wütend. Aber in Patagonien passiert so etwas eben.

Aufgelaufen: Ein Boot am Strand von Puerto Santa Cruz

Das Hotel ist nicht gerade luxuriös, aber es ist das einzige am Ort. Der erste Eindruck der Zimmer war etwas beunruhigend.

Aber noch etwas anderes ist seltsam: Puerto Santa Cruz wird in unserem ansonsten sehr ausführlichen Reiseführer überhaupt nicht erwähnt. Anscheinend hat der Autor es einfach vergessen.

Sobald sich der Wind nach Sonnenuntergang gelegt hatte, bummelten wir durch die leeren Straßen. Es war noch hell genug, um Fotos zu machen. An interessanten Motiven herrschte kein Mangel: ein alter Pick-up, ein vom Wind zerzauster Chevrolet aus den 1940er-Jahren, nette kleine Häuser mit Wellblechdächern, winzige, gepflegte Gärten voller Lupinen, ungewöhnlich geformte Wolken am kobaltblauen Himmel. Und schließlich mehrere gestrandete Wracks, Erinnerungen an Schiffbrüche in vergangenen Zeiten.

»Genauso hatte ich mir Patagonien immer vorgestellt«, murmelte Frank, während er die Wracks fotografierte.

Als die *Beagle* die Mündung des Río Santa Cruz erreichte, gab es hier noch keine Stadt und im Umkreis von mehreren hundert Kilometern auch kein einziges Haus. *Nada de nada.* Heute gibt es den Hafen und die kleine Siedlung, aber man hat das Gefühl, sich an einer unsichtbaren Grenze zu befinden.

Vor uns der Ozean

An diesem Morgen ist das Meer unserem Hotel wesentlich näher als am vergangenen Abend. Der Unterschied beträgt mindestens sechs oder sieben Meter. Es ist gerade Flut und vom Sandstrand ist nur ein schmaler Streifen übrig. »Hier badet niemand im Meer«, sagt die junge Frau, die das Frühstück serviert. »Nicht einmal im Sommer.«

Sie erzählt uns, dass die Strömung hier extrem stark ist. Heute ist der Himmel bedeckt und die zierlichen Bäume an der Promenade biegen sich unter dem heftigen Wind. Bei diesem Anblick kommt wohl niemand auf die Idee, ins Wasser zu wollen.

Graukormoran

Elisabeth war schon vor dem Frühstück losgezogen und hatte ein kleines Naturkundemuseum entdeckt. »Platz haben sie nicht viel«, berichtet sie, »aber alles wird sehr sorgfältig instand gehalten. Es gibt da einen ausgestopften Puma, eine Sammlung von Schallplatten aus dem frühen 20. Jahrhundert, ein Grammofon, das noch funktioniert, ein altes Radio und vieles andere aus dem Besitz der ersten Siedler von Santa Cruz, aus der Zeit also, als es als Verladehafen für Wolle an Bedeutung gewann.«

Wir würden gerne hingehen, doch Bruno erinnert uns daran, dass noch 250 Kilometer Wüste vor uns liegen. Es ist besser, sie in Ruhe und bei Tageslicht hinter uns zu bringen.

Also laden wir unser Gepäck in den Bus, holen Jan und Virginia aus dem Internetcafé, in dem sie sich verkrochen hatten, und verlassen die Stadt.

Die *Beagle* auf dem Trockenen

Bevor wir die Atlantikküste hinter uns lassen, möchte Martin die Stelle fotografieren, an der die *Beagle* für eine Reparatur am Kiel ins Trockene gezogen wurde.

Es war ein eindrucksvolles Bild: Das beschädigte, auf der Seite liegende Schiff auf dem weitläufigen, rötlich grauen Kiesstrand. Heute gibt es hier einen Hafen, in dem kleinere Schiffe repariert werden. Dieser Strand befindet sich kurz vor der Landspitze, die den Eingang zur Ría Santa Cruz markiert, die tief eingeschnittene Bucht, in die der Río Santa Cruz mündet.

Die Stelle lässt sich anhand einer Zeichnung von Conrad Martens identifizieren, der sich uns damals angeschlossen hatte.

Mein Freund Augustus Earle, der sich mit mir als Kartograf und Zeichner auf der *Beagle* eingeschifft hatte, war krank geworden und hatte die Reise in Montevideo abbrechen müssen. Er war schon mehr als einmal um die Welt gereist und

Der Strand hatte in Brasilien, Australien und Neuseeland herrliche Land-
kurz vor der schaften auf Papier gebannt.
Bucht Santa
Cruz »Hinter dieser Landspitze gibt es eine große Pinguinkolonie«, sagt Bruno. »Und dahinter kommt der Nationalpark von
Monte León. Bei Ebbe kann man zu Fuß gewaltige, vom Meer
geschaffene Höhlen besichtigen. Dort lebt auch eine Kolonie
von Hunderten von Kormoranen. Früher waren es noch wesentlich mehr. Zu Hause habe ich ein Buch, in dem ein Foto
aus dem Jahre 1935 abgebildet ist. Damals waren es Millionen von Vögeln.«

Die erste Fahrt auf dem Santa Cruz
In der Nähe seiner Mündung ist der Fluss Santa Cruz
300 bis 400 Meter breit und bis zu fünf Meter tief.
Er hat sich in der Ebene ein breites Bett gegraben.
 Die Strömung ist stark und das
Wasser von ungewöhnlicher, milchig türkiser Farbe.
 Martin möchte gerne
auf der Straße, die pa-
rallel zum Fluss verläuft,

ins Landesinnere fahren. Es ist eine ungeteerte Straße voller Schlaglöcher, aber im Vergleich mit meiner ersten Fahrt den Santa Cruz hinauf wird dies wohl ein gemütlicher Ausflug werden. Am 18. April brachen wir mit drei Booten und Proviant für drei Wochen auf. Wir waren 25 Männer und damit zu viele, als dass die Indianer gewagt hätten, uns anzugreifen. Den ersten Abschnitt unserer Reise legten wir dank der aufsteigenden Flut mühelos zurück. Dann mussten wir gegen die Flussströmung ankämpfen. Wir banden die Boote zusammen und zogen sie von Land aus flussaufwärts, wobei wir einander abwechselten.

Die Beagle, die für die Reparatur des beschädigten Kiels auf den Strand gezogen worden war

Ein Mara, auch Pampashase genannt

Rechts oben: Eine weitere Ansicht des Río Santa Cruz

Als die Sonne unterging, suchten wir uns eine ebene Stelle, an der etwas Gestrüpp wuchs. Die Köche machten Feuer, andere Männer kümmerten sich um die Zelte, wieder andere suchten Feuerholz. Nachts wurden Wachen aufgestellt.

Es gelang uns täglich, in Luftlinie gemessen, 16 Kilometer zurückzulegen.

Wir stießen auf frische Spuren berittener Indianer. Ich bin mir sicher, dass sie uns von oben beobachteten. Obwohl wir in ständiger Gefahr schwebten, schlief ich wie ein Baby.

Fliehende Guanakos

»Heute leben hier keine Indianer mehr«, erklärt Bruno.

»Ich glaube, hier lebt überhaupt niemand mehr«, erwidert Frank.

Tatsächlich haben wir seit geraumer Zeit nur ein paar vereinzelte Guanakos, Nandus und – vielleicht – einen Andenschakal gesehen. Außerdem noch ein paar verschreckte Schafe.

»In diesem Gebiet wurden die Indianer Ende des 19. Jahrhunderts in einem zweiten Indianerkrieg ausgerottet, der so ähnlich verlief wie der von General Rosas. Ein zweites Massaker«, berichtet Bruno und fährt fort: »Eine zweite Welle von Siedlern war hier eingetroffen und begann mit der Schafzucht. Sie fühlten sich von den Indianern belästigt, den eigentlichen Herren dieser Ebenen.«

»Warum sind in die Straße immer wieder diese Metallstäbe eingelassen?«

»Das ist eine australische Erfindung. Wenn ihr darauf achtet, seht ihr, dass sie dort verlaufen, wo an die Straße Zäune angrenzen, die die einzelnen *estancias* (Farmen) voneinander trennen. Innerhalb der Umzäunungen laufen die Schafe frei herum. Damit man die Straße nicht durch Tore absperren muss, hat man diese Gitter eingegraben. Die Schafe laufen nicht darüber, weil ihre Hufe zwischen den Stäben hängen *Der Río* bleiben könnten.« *Santa Cruz,*

Die Guanakos dagegen springen mühelos über die Gitter. *einige Dut-*

Es ist gut, dass sie gelernt haben, Menschen zu meiden. *zend Kilo-*
Hier ist nämlich kein Naturschutzgebiet. *meter vor der*
Mündung

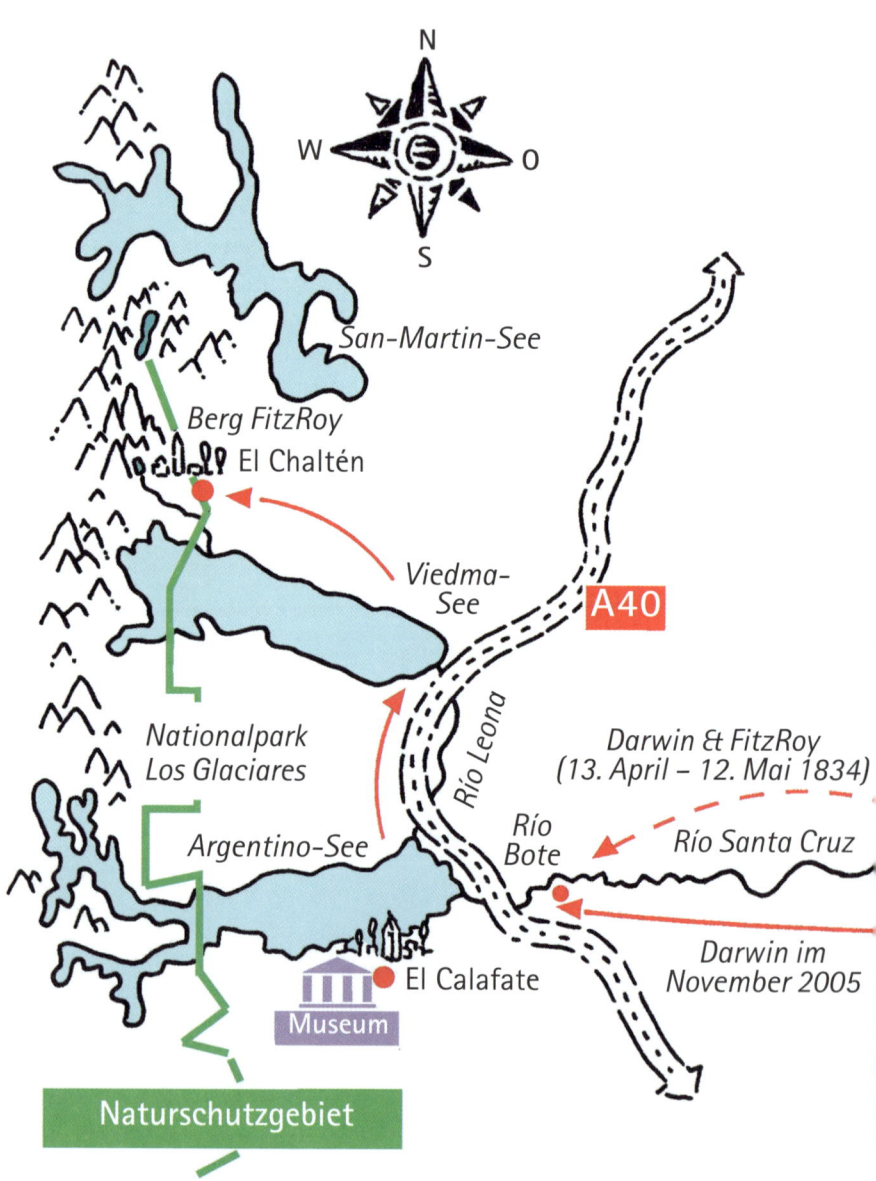

N
W   O
S

San-Martin-See

Berg FitzRoy
El Chaltén

Viedma-
See

A40

Nationalpark
Los Glaciares

Río Leona

Darwin & FitzRoy
(13. April – 12. Mai 1834)

Argentino-See

Río
Bote

Río Santa Cruz

Darwin im
November 2005

Museum

El Calafate

Naturschutzgebiet

15. Auf dem Río Santa Cruz

26. November, vormittags
Von der ungeteerten Straße biegen wir auf eine staubige Piste
ab, die ins Tal des Río Santa Cruz führt.

Mir kommt es vor, als hätte sich hier nichts verändert. Der
Fluss schlängelt sich durch eine weitläufige Kies- und Lehm-
ebene.

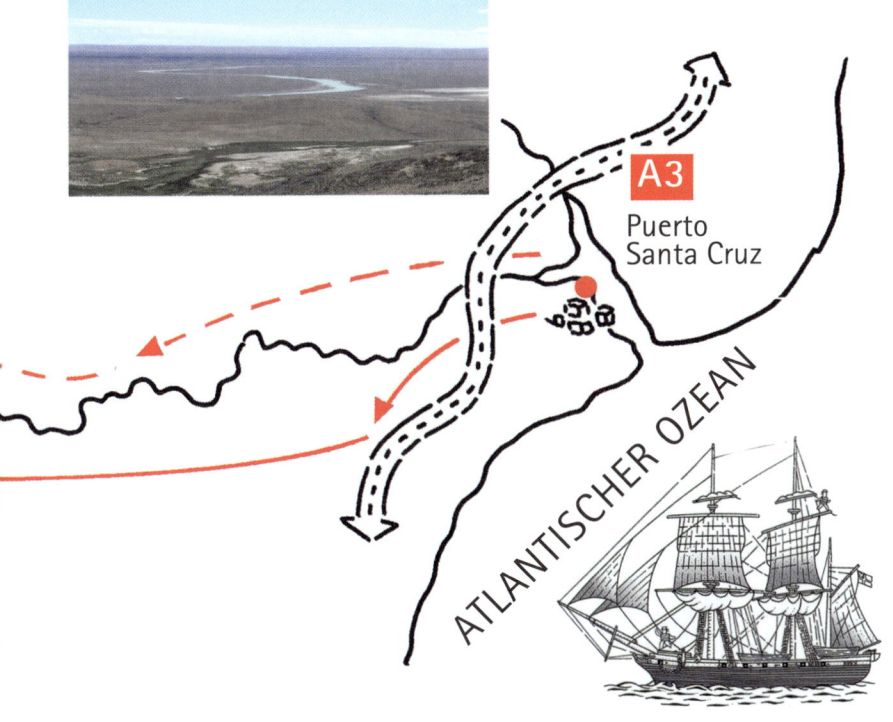

A3
Puerto
Santa Cruz

ATLANTISCHER OZEAN

Pflanzen wachsen hier nur spärlich, die Sträucher haben Dornen. Zwischen ihnen huschen »Kannibalenmäuse« herum.

Wenn eine von ihnen in unseren Fallen landete, stürzten sich ihre Artgenossen auf sie, um sie zu zerfleischen. Deswegen nannte ich sie damals so.

Wohl in der Hoffnung, dass es sich lohnen könnte, uns im Auge zu behalten, zieht ein großer Geier hoch oben am Himmel seine Kreise, vielleicht ein Kondor.

An einer lehmigen Stelle zeigt Bruno mir Pumaspuren. Ich weiß, dass diese Gegend wie alle Wüsten in Wirklichkeit von Hunderten verschiedenartiger Geschöpfe bewohnt wird. Dennoch kommt sie mir leer und beunruhigend vor.

»So könnte ein Kanal auf dem Mars aussehen«, meint Jan, dem es hier nicht besonders zu gefallen scheint.

Ich kann ihn gut verstehen. Als wir damals dem Lauf des Santa Cruz flussaufwärts folgten, war sogar FitzRoy unbehaglich zumute. Die Landschaft verändert sich nur ganz allmählich, und häufig bekamen wir den Eindruck, mehrmals an der gleichen Stelle vorbeizukommen. Ich weiß noch, dass einer der Männer dieses Tal »das Tal der Geheimnisse« taufte.

Für mich war es eher ein Tal der Fragen: Wo kam dieses milchige Wasser her? Welche Kraft konnte ein dermaßen breites Tal in derart altes Gestein meißeln? Die Schichten von Basaltgestein türmten sich immer höher auf. Die Hoffnung, etwas Neuem und Wichtigem näherzukommen, gab uns die Kraft, unsere Erkundungsfahrt weitere sieben Tage lang fortzusetzen.

Rechts: Ein Andenschakal und ein Puma

Eine herrliche Landschaft

Basalt ist ein Gestein, das durch Lava entstand, die vor unendlich langer Zeit aus den Tiefen der Erde direkt ins Meer quoll. Es müssen enorme Ausbrüche gewesen sein, da sich die Schichten bis in 900 Meter Höhe über dem Meer erheben.

In der Nähe der Atlantikküste bestehen die untersten Schichten Patagoniens aus Basalt, der hie und da an die Oberfläche kommt. In der Nähe der Anden haben sich die Basaltschichten aufgefaltet und Berge und Hochebenen gebildet.

Oben: Ein Abschnitt des Río Santa Cruz, 100 Kilometer von der Mündung entfernt

Links: Eine der wenigen Pflanzen, die an diesem Flussabschnitt wachsen

Doch jene Berge sollten wir, die Männer von der *Beagle*, niemals erreichen.

Am 4. Mai beschloss FitzRoy, dass wir nicht mehr weiter flussaufwärts fahren würden. Es wurde immer schwieriger und mühsamer, die Boote zu schleppen. Mittlerweile hatten wir 225 Kilometer zurückgelegt.

»Ihr hattet Río Bote erreicht«, sagt Martin und zeigt auf einen kleinen Wasserlauf auf der Karte.

Der Name sagt mir nichts. Ich weiß nur noch, dass wir keinen Proviant mehr und kaum noch Hoffnung hatten. Das Tal

Geschützte Art   Geschützte Art

wurde breiter, doch die Landschaft blieb wüstenartig. Traurig
sah ich zu den Bergen hinüber. Mir wurde klar, dass ich sie
niemals erreichen würde. FitzRoy ordnete die Rückkehr an.

Schnell und ohne dass wir viel dafür hätten tun müssen,
trieb die Strömung unsere Boote in nur vier Tagen zur Atlantikküste zurück. Die Expedition hatte mir einzigartige Anbli-
cke der patagonischen Erdschichten ermöglicht, doch ich war
Je weiter nicht zufrieden, ebenso wenig wie FitzRoy und meine ande-
man den ren Begleiter.
Santa Cruz
hinauffährt,
desto höher ## Eine Überraschung
werden die
Basalthänge »Nur ein paar Kilometer weiter hätte eine Überraschung auf
an seinen euch gewartet«, erzählt Bruno. Er ist bester Laune, denn end-
Ufern. lich kann er wieder auf einer asphaltierten Straße fahren.

»Dort hättest du auch Antworten auf deine Fragen gefunden.«

»Jetzt sind wir auf der legendären Ruta 40«, fährt er fort. »Es ist die Straße, die an den Anden entlangführt, aber wir fahren nur ein kurzes Stück auf ihr. Bald werden wir in El Calafate sein. Bis vor ein paar Jahren war das nur ein kleiner Weiler, doch inzwischen wurde eine Stadt daraus, die immer voller Touristen ist.«

Auf einmal kommen wir an einer Baustelle nach der anderen vorbei, sehen Autos, Lastwagen und Bagger, die riesige Staubwolken aufwirbeln. Wir sind in die Zivilisation zurückgekehrt.

Dann wird das Tal immer breiter, und plötzlich erstreckt sich vor uns ein großer See, der die gleiche Farbe hat wie der Río Santa Cruz.

»Das ist die erste Überraschung, der Argentino-See«, erklärt Bruno, »aus dem der Río Santa Cruz entspringt. Und gleich wirst du etwas sehen, was du dir niemals hättest erträumen können.«

Der Argentino-See, aus dem der Río Santa Cruz entspringt

Noch eine Überraschung

Martin und die anderen hatten es gewusst. Ich dagegen bin vollkommen verblüfft. Ich entdecke eine neue Welt.

Wir fahren durch El Calafate, vorbei an Hotels, Restaurants und Banken, lassen die Stadt hinter uns und fahren weiter, am Ufer des Sees entlang. Über uns kreisen ein Dutzend Kondore.

»Für sie hat die romantischste Zeit des Jahres begonnen«, sagt Bruno. »In den warmen Monaten verabreden sie sich in den Anden, um sich zu paaren und Nester zu bauen.«

Ich werde nicht müde, mich umzusehen, und langsam beginne ich zu begreifen. Noch immer sind wir von Wüste umgeben, doch die Hänge zu beiden Seiten der Straße sind sanfter geworden und von Findlingen übersät.

»Es sind sogenannte erratische Blöcke, also Felsbrocken, die von Gletschern verschleppt wurden«, erklärt Elisabeth. »In England nannte man sie früher ›Teufelssteine‹, weil man sich nicht erklären konnte, wie sie an ihre jeweiligen Standorte gekommen waren.«

»Aber wir wissen, wie sie dorthin kamen, nicht wahr, Charles?«

Ich bin sprachlos. Mir fällt auf, dass die Sträucher hier zahlreicher und grüner sind. Dann sehe ich ein paar Bäume und kurz darauf einen Wald, einen richtigen grünen Buchenwald. Schließlich liegt zu unseren Füßen, von Wäldern und schneebedeckten Bergen umgeben, ein scheinbar unendliches, unglaublich weißes Meer.

Ich bin über die Maßen erstaunt.

»Willkommen im Nationalpark Los Glaciares«, sagt Bruno. »Und das hier ist der Gletscher Perito Moreno.«

26. November, 20 Uhr

Wir haben unser heutiges Etappenziel erreicht und uns schon ein bisschen ausgeruht. Das Hotel ist modern, sehr komfor-

tabel und liegt in einem Buchenwald. Ein Stück weiter unten verläuft die Straße, die zu der Stelle führt, an der sich im Nationalpark die Eisberge vom Gletscher Perito Moreno lösen.

Die Zimmer sind mit Jacuzzi-Pools, Fernseher und Klimaanlagen ausgerüstet – Dinge, die ich für überflüssig halte, aber sie haben auch große Fenster, die einen unvorstellbar schönen Ausblick bieten.

Die Sonne ist gerade hinter den Anden versunken und das Meer aus Eis scheint von innen heraus zu leuchten.

An diesem Tag ist die Erdgeschichte Patagoniens wie in einem Film an uns vorübergezogen.

Aus meinem Fenster blicke ich jetzt auf den Gletscher, der für viele Veränderungen verantwortlich war: die Kraft, die die Felsblöcke verschleppte und auf der Ebene verstreute, die Täler schuf, durch die wir fuhren, die Basalthänge abschliff, an denen wir vorbeikamen, und gleichzeitig der geheimnisvolle Ursprung des milchig türkisen Wassers ist.

Der Gletscher Perito Moreno, der von der UNESCO zum Weltkulturerbe erklärt wurde

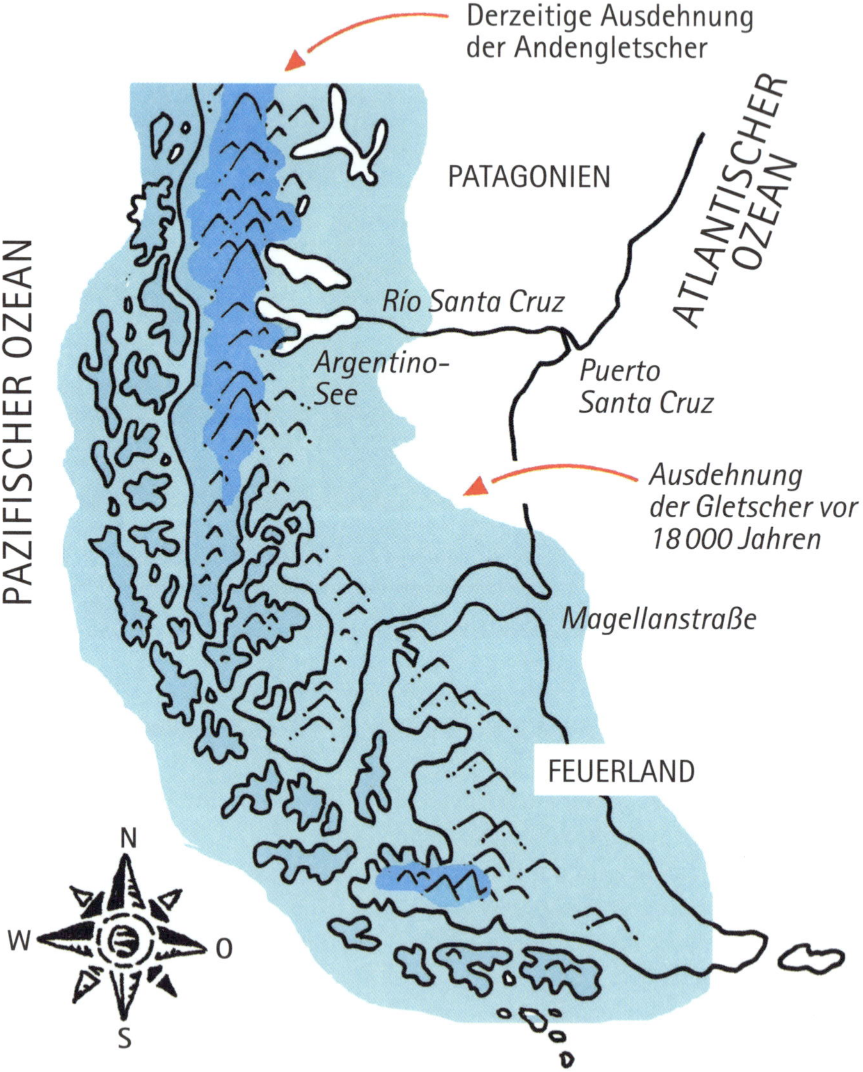

Derzeitige Ausdehnung
der Andengletscher

PATAGONIEN

ATLANTISCHER
OZEAN

PAZIFISCHER OZEAN

Río Santa Cruz

Argentino-
See

Puerto
Santa Cruz

Ausdehnung
der Gletscher vor
18 000 Jahren

Magellanstraße

FEUERLAND

N

W   O

S

16. Gottes große Pflugschar

27. November, 10 Uhr

Ich befinde mich unter einem Gletscher. Ich hätte nie gedacht, dass so etwas überhaupt möglich ist. Gemeinsam mit meinen Reisegefährten stehe ich in einer Höhle, die in eine Seite des Gletschers Viedma gegraben wurde. Von unten sieht das Eis wie blaues Kristall aus. Es lässt ein schwaches Licht durch, das die Grotte ausreichend erhellt, den Eindruck des Unwirklichen aber beträchtlich erhöht. Die künstliche Höhle reicht ungefähr 50 Meter weit unter den Gletscher.

Je weiter man hineingeht, desto niedriger wird die Decke. Die Eisschicht über uns ist mindestens 30 bis 40 Meter dick. Die Eismasse reicht bis auf den Boden des Sees, der 100 bis 120 Meter tief sein dürfte. Von der leuchtenden Decke tropft Wasser. Mein Notizbuch ist schon ganz nass. Ich sollte es lieber wegstecken.

Die Eishöhle unter dem Viedma-Gletscher

Louis Agassiz, Vater der Gletscherkunde

Die Farbe des Wassers

Die Front des Viedma-Gletschers ist 500 Meter lang und überragt den See um etwa 50 Meter. Die Front des Perito Moreno ist knapp 2 Kilometer lang. Die Front des Upsala-Gletschers ist 100 Meter hoch, wie ein 30-stöckiger Wolkenkratzer. Alle Gletscher dieser Region haben ihren Ursprung im Campo de Hielo Patagónico, dem »Patagonischen Eisfeld«, einem Meer aus ewigem Eis, das auf 17 000 Kilometern Länge entlang der Anden verläuft und eine Fläche von der Größe Israels bedeckt.

Ich kann zusehen, wie sich von der Gletscherfront immer wieder kleinere und größere Eisberge ablösen, die talwärts treiben. Die Basaltfelsen ringsum sind vollkommen glatt, die untersten glänzen wie poliert. Ein Gletscher ist wie ein Fluss: Er hat sein Bett, seine Zuflüsse, verfügt über eine beträchtliche Erosionskraft und schiebt sich in der Mitte schneller voran als an seinen Seiten. Doch er verhält sich anders als Wasser, denn er bildet eine elastische Masse, die aufgrund ihrer Dichte und Festigkeit schwere Felsbrocken verschleppt, um sie später irgendwo im Tal abzulegen. Durch das Abschleifen der Felsen entsteht mikroskopisch feiner Mineralstaub, dessen Teilchen im Wasser schweben. Diesem Mineralstaub verdanken die Gletscherseen und der Río Santa Cruz ihre milchig türkise Farbe.

Die Wissenschaft von den Gletschern

Auf die Fragen, die ich mir im Tal des Río Santa Cruz stellte, gibt es mittlerweile wissenschaftlich belegte, einleuchtende Antworten. Die heutigen Gletscher sind von beeindruckender Größe, aber wesentlich kleiner als vor 18 000 Jahren. Die Findlinge, die wir in der Ebene sahen, wurden von Gletscherzungen dorthin getragen. Das bedeutet, dass die Gletscher damals 150 Kilometer weiter in die Ebene hineinreichten.

Im Laufe der Geschichte Patagoniens sind diese Gletscher unzählige Male vorgedrungen und zurückgewichen und haben dabei Täler gegraben, Seen geschaffen, Sediment abgelagert und auf diese Weise die Landschaft geformt.

Könnte FitzRoy angesichts dieser Tatsachen immer noch behaupten, dass sich all dies in nur 6000 Jahren abspielte?

Sicher wäre der von mir sehr geschätzte Louis Agassiz jetzt gerne mit mir hier. Er war der Vater der Gletscherkunde und mein Zeitgenosse. Er stammte aus der Schweiz und ich

Einer der kleineren Eisberge, die sich vom Gletscher ablösen und auf dem Viedma-See treiben. Seine Höhe über dem Wasser entspricht der eines dreistöckigen Hauses, unter Wasser reicht er zehnmal so tief hinunter.

Das Tal des Roca-Sees, aus dem die Gletscher sich in jüngerer Zeit zurückgezogen haben

habe ihn nie getroffen, aber ich weiß, dass diese Reise auch ihm Freude gemacht hätte. Er war derjenige, der auf die Idee kam, dass ein Großteil der Landschaften Europas, wie zum Beispiel seine Täler und Alpenseen, von Gletschern geformt worden sein könnten, die sich während der Eiszeiten weiter vorschoben und danach wieder zurückzogen. Er nannte sie »die große Pflugschar Gottes«.

Ich habe einen Kondor erschossen

Ja, ich gestehe es: Ich habe einen dieser riesigen Vögel getötet. Seine Spannweite betrug 2,65 Meter, von der Schnabelspitze bis zur Spitze der Schwanzfedern war er 1,20 Meter lang. Ich erlegte ihn am Río Santa Cruz, am 27. April vor über 170 Jahren. Heute ist der Andenkondor bedroht und steht unter Schutz.

Oben: Ein Andenkondor

»Mörder«, murmelt Elisabeth, und ich ahne, dass es nicht scherzhaft gemeint ist.

Ich versuche, mich zu entschuldigen. Ich hatte es im Interesse der Wissenschaft getan. Außerdem hatte er sich, aus Neugierde oder Hunger, zu nahe an unsere Expedition herangewagt. Damals genügte ein Kadaver, um sie anzulocken. Heute würde ein Kondor auf solch einen Köder nicht mehr hereinfallen.

»Auf dieser Reise ist uns kein einziger Kondor so nahe gekommen, dass ich ein gutes Foto hätte machen können«, beklagt sich Frank.

Sie haben gelernt, sich vom Menschen fernzuhalten, gleichgültig ob dieser ein Gewehr dabeihat oder nicht.

In Calafate hat Elisabeth ein Buch gekauft, in dem die urzeitlichen Tiere abgebildet sind, die einst in Patagonien lebten. Darunter ist auch ein entfernter Verwandter des Kondors. Er hat den gleichen Raubvogelblick und wird *Ave argentina magnífica* genannt. Seine Spannweite betrug zehn Meter, die Körperlänge sechs Meter.

»Der hätte Jagd auf *dich* gemacht«, stellt Elisabeth spöttisch fest.

Die Kehrseite des Windes

Diese Nacht verbringen wir in einer schönen Berghütte über dem Viedma-See. Direkt unter uns sind eine leuchtend grüne Wiese und ein Steg, der in das eiskalte türkise Wasser des Sees hineinragt, in dem nur sehr wenige Lebensformen vorkommen.

Die Gegend hier wirkt sehr nordisch, fast wie in Skandinavien.

Wir bekommen ein ausgezeichnetes Essen vorgesetzt. Als es dunkel wird, entdecken wir, dass Bruno am Nachmittag den Hausbesitzern geholfen hat, ihr Windrad zu reparieren. Starke Böen hatten es beschädigt. Der Umstand, dass es hier elektrisches Licht gibt und Radio und Plattenspieler funktionieren, ist dieser Vorrichtung zu verdanken. Der Wind bewegt die Blätter des Windrads und dadurch die Dynamos. Die auf diese Weise erzeugte Elektrizität wird in eine Reihe von Akkus geleitet und dort gespeichert.

Der manchmal etwas lästige patagonische Wind ist ein wichtiger Energielieferant.

Ein Windrad. In Patagonien gibt es sie überall. Sie dienen der Erzeugung von elektrischem Strom oder treiben, wie dieses hier, Pumpen an, die Grundwasser für das Vieh an die Oberfläche holen.

17. Die Quellen des Santa Cruz

28. November

Früh am Morgen fährt Bruno uns nach El Chaltén, eine winzige Siedlung, die zwischen den Anden und dem Viedma-See liegt. Von hier aus geht es weiter zu den Quellen des Santa Cruz, die ich auf meiner ersten Reise vergeblich zu erreichen suchte.

Letzte Nacht hat es geregnet, aber heute ist der Himmel wieder wolkenlos. Zwischen Basaltbrocken und baumlosen Hängen, Findlingen und anderen Hinterlassenschaften einiger erst vor Kurzem zurückgewichener Gletscher legen wir ein Dutzend Kilometer zurück.

Bevor wir zu einer Siedlung gelangen, müssen wir einen Wasserlauf überqueren.

Ein Schild lässt mich zusammenzucken: Der Bach ist nach meinem Kapitän FitzRoy benannt.

Martin schaut auf die Karte: »Er mündet in den Viedma-See, dessen Wasser wiederum gemeinsam mit dem des Río Leona in den Argentino-See fließt, aus dem dann der Río Santa Cruz entspringt.«

Bruno hält den Bus an, um uns zu zeigen, was uns erwartet: Ein beeindruckender Gebirgszug mit spitzen Gipfeln, die ein bisschen an die Alpen erinnern.

»Dort unten ist die Quelle des Bachs, den wir soeben durchquert haben. Der höchste Gipfel wird Berg FitzRoy genannt. Jetzt bist du dort, wo du hinwolltest, Charles.«

Der Río FitzRoy bei El Chaltén

Ein bedeutender Forscher
Der Gipfel wurde nicht während unserer Expedition nach FitzRoy benannt, sondern viele Jahre später von einem argentinischen Forscher: Perito Moreno. »Perito« ist nicht, wie man meinen könnte, ein ungewöhnlicher Vorname, sondern ein Titel, der so viel wie »Experte« oder »Techniker« bedeutet. Francisco Pascasio Moreno, wie er eigentlich hieß, wurde von der Regierung in Buenos Aires beauftragt, bei der schwierigen Festlegung der Grenze zwischen Chile und Argentinien zu helfen.

Links: Das Massiv des FitzRoy

Zu diesem Zeitpunkt hatte sich Moreno bereits einen Namen als Naturforscher und abenteuerlustiger Entdeckungsreisender gemacht. Als Erster stieg er bis zur Quelle des Santa Cruz, und er war es auch, der dem Argentino-See seinen Namen gab. Moreno folgte dem Wasserlauf, der den Argentino-See mit dem Viedma-See verbindet, und taufte ihn auf den Namen La Leona, »die Löwin«, weil er an seinem Ufer von einem Pumaweibchen angegriffen worden war. Anschließend durchquerte Moreno mit seiner kleinen Expedition die Hochebene von El Chaltén und stieß auf einen weiteren, höher im Norden gelegenen See. Diesen nannte er San-Martín-See, nicht nach einem Heiligen, sondern nach einem Helden der Unabhängigkeitskriege Argentiniens, Chiles und Perus.

Eine Büste Francisco Pascasio Morenos, genannt Perito Morenos

Der Pfad des Pumas
Jetzt fährt Bruno mit uns auf Morenos Route, die auch ich eingeschlagen hätte, wenn es mir damals

Das Gletschertal, das zum kleinen Desierto-See führt

möglich gewesen wäre. Wir lassen den Argentino-See, den Viedma-See und die Hochebene von El Chaltén hinter uns, folgen einem großen Tal, das von einem Gletscher geformt wurde, und kommen durch einen herrlichen Wald hoher Buchen.

Plötzlich stehen wir vor einem kleinen See, an dessen hinterem Ende wieder ein Gletscher zu sehen ist.

»Das sieht hier ja aus wie in der Schweiz«, meint Virginia.

»Das ist der Desierto-See«, erklärt Bruno. Der Name bedeutet »verlassener See« und wirklich sind nirgendwo Spuren menschlicher Besiedlung zu entdecken.

Nur ein einsamer Angler steht am Ufer.

»Hier wimmelt es nur so von Forellen«, sagt Bruno.

Im seichten Wasser können wir sie sehen. Einige sind 40 Zentimeter lang.

»Manche Leute hier fangen sie mit der Hand.«

Dann treffen wir drei junge Männer und ein Mädchen, die von der anderen Seite des Sees kommen. Sie sind einem über 20 Kilometer langen Weg gefolgt, den nur Lamas, Pumas, Pferde und junge Entdeckungsreisende wie sie benutzen. Hinter diesem See kommen der San-Martín-See, Chile und schließlich der Pazifische Ozean.

Der Desierto-See: Darin tummelt sich eine eingeführte Forellenart.

Ein Hut mitten in den Anden

Draußen ist es dunkel geworden. Wir essen in einer netten Gaststätte in El Chaltén. Über dem offenen Kamin hängt das Fell eines Pumas. Auch im Büro der Parkaufsicht hing so ein Fell, zusammen mit dem eines Andenschakals. Man erzählt uns, dass man hier noch Pumas begegnen könnte, doch dass diese Raubtiere inzwischen gelernt haben, den Menschen zu meiden.

Vor zehn Jahren gab es El Chaltén noch gar nicht. Es war nur ein kleiner Posten an der Grenze zu Chile. Ihren Namen verdankt die Siedlung dem Berg FitzRoy, den die Indianer wegen seiner Form El Chaltén nannten, »der Hut«.

Unser Abendessen besteht größtenteils aus Fleisch, aus *asado*, doch Virginia und Elisabeth bekommen auf ihre Bitte hin eine Gemüsesuppe.

Federico und Martin lassen sich einen Wildschweineintopf schmecken. »Diese Art ist nicht geschützt«, stellt die Wirtin fest.

»Das wollen wir auch hoffen«, entgegnet Elisabeth. Sie hat herausgefunden, dass in einer benachbarten Estancia, die Touristen aufnimmt, Gürteltiere auf dem Menü stehen. So etwas kann sie nicht dulden. Und obwohl ich aus einer Zeit stamme, in der man noch nicht auf den Artenschutz achtete, finde ich es richtig, dass sie diese Dinge ernst nimmt.

Der Wald an den Hängen der Anden

Zwei Zeichner reisen um die Welt

Heute hat Federico hervorragende Zeichnungen angefertigt: Skizzen vom Desierto-See, von dem Buchenwald unter dem Gletscher, vom Gipfel des FitzRoy und den

Conrad Martens, der auf der Reise mit der Beagle ab Montevideo als Zeichner dabei war.

ihn umgebenden Bergspitzen. Seit wir die Städte hinter uns gelassen haben, zeichnet und fotografiert er unermüdlich. Anhand der Fotos und Skizzen wird er in seiner besonderen Technik Gemälde malen. Nach unserer Reise plant er eine Ausstellung.

Er erinnert mich an meinen Freund Augustus Earle, der als Zeichner und Kartograf damals mit dabei war. Er hatte an der Royal Academy, der Königlichen Akademie in London, bildende Kunst studiert und im Alter von 13 Jahren seine erste

eigene Ausstellung gehabt. Zu meiner Zeit gab es noch keine
Fotografie und seine Gemälde stellten die damalige Wirklich-
keit dar: das Auspeitschen von Sklaven, Begegnungen mit
Ureinwohnern, Szenen der Reise, unberührte Landschaften.
Auch Conrad Martens war ein guter Maler, aber sowohl
von seiner Art als auch von seinen Fähigkeiten her wesent-
lich bescheidener. Während des zweiten Teils der Reise fehlte
Augustus mir sehr.

Was mich betrifft, so bin ich in dieser Richtung keineswegs
begabt, und doch fertigte ich einmal in meinem Leben eine
sehr wichtige Zeichnung an: einen kleinen, verästelten Baum,
der die Evolution darstellte. Manchmal kann so eine kleine
Zeichnung komplizierte Gedankengänge viel besser verdeut-
lichen als ausgewählte Worte.

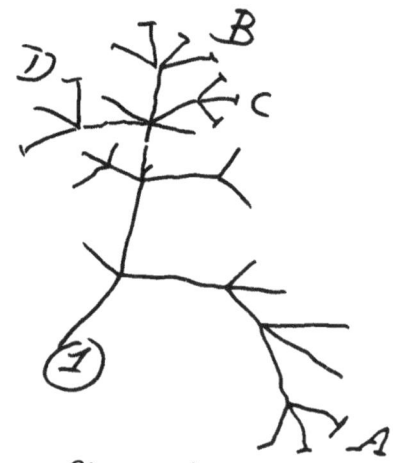

*Eine meiner
wenigen Zeichnungen,
aber wohl die
wichtigste meines
Lebens*

*Federico beim Zeichnen des FitzRoy am Ufer des Río de las Vueltas, fotografiert
von Francisco Balladore*

Unten: Die fertige Skiz...

Ein atemberaubendes
Foto des Sucia-Sees
am Berg FitzRoy.
Aufgenommen wurde
es von Francisco
Balladore von einem
Hubschrauber aus in
4000 Meter Höhe.

Gegenüber dem
Cerro Torre

*Martin und
Elisabeth genie-
ßen den Anblick
des Cerro Torre
(Bildmitte).*

*Im Torre-See
schwimmen
kleinere und
größere Eisberge.*

*Oben: Ansicht
des Granit-
massivs des
Cerro Torre, vom
Torre-See aus
gezeichnet
(Federico
Canobbio Codelli)*

Der Cerro Torre gilt unter Berg-steigern als einer der am schwersten zu besteigenden Gipfel der Welt.

Skizze des vom FitzRoy teilweise verborgenen Cerro Torre, von El Chaltén aus gesehen

DAS DARWIN-PROJEKT

Dossier »Die Quellen des Santa Cruz«

*Hier geht es um den geheimnisvollen Fluss, den Charles Darwin
und Kapitän FitzRoy nicht ganz hinauffahren konnten.*

18. Die letzte Ona

29. November

In einer Boeing 707 überfliegen wir die Magellanstraße. Für mich ist es ein einmaliges Erlebnis, aber
meine Reisegefährten sind mit dem großen Metallvogel
nicht besonders zufrieden.

»Es ist ein altes Flugzeug. Es hat mindestens 40 Jahre auf
dem Buckel.«

Frank kennt sich offenbar aus. »Ich hätte nicht gedacht,
dass die 707 heute noch fliegen.«

Martin scheint beunruhigt zu sein. Die Sitze sind ziemlich
ausgesessen.

Der Bogen war die bevorzugte Waffe der Feuerländer. Später weigerten sie sich, die Feuerwaffen der Europäer zu übernehmen.

In Calafate waren wir in einen Streik der Angestellten der
Aerolinas Argentinas geraten und hatten nicht wie vorgese-
hen starten können. Diese Gesellschaft hätte neue Flugzeuge
gehabt.

Die alte Boeing 707, in der wir jetzt sitzen, gehört einer
Fluggesellschaft der Luftwaffe, die einsprang, um die Tausende von wartenden Fluggästen an ihre Ziele zu bringen.

Der Flug verläuft reibungslos. Und so gelangen wir schließlich doch noch nach Ushuaia, in die südlichste Stadt der
Welt.

Wie anders verlief doch meine erste Ankunft in Feuerland!

Beinahe ein Schiffbruch

In der Nacht brach ein furchtbares Unwetter aus und heftige
Windstöße fegten über uns hinweg. Auf offener See wäre es
fast zu einer Katastrophe gekommen.

Zum Glück befanden wir uns zu diesem Zeitpunkt in der Bahía Buen Suceso, der »Bucht des guten Erfolgs«. Es war der 17. Dezember 1832. Nach dem Mittagessen hatten wir das Kap San Diego und die Le-Maire-Straße passiert und auch die Staaten-Insel zu unserer Linken hinter uns gelassen.

Nach den Wüsten und Steppen Patagoniens fand ich die Landschaft, die ich von der Bucht aus sehen konnte, unglaublich schön: ein dunkler Wald, der bis zum Meer reichte.

Eine Gruppe von Ureinwohnern war auf Bäume geklettert und machte sich mit Rufen bemerkbar.

Als wir an Land gingen, kamen sie auf uns zu, und ich dachte, dass dies die am wildesten aussehenden Menschen seien, die ich bis dahin getroffen hatte. Es waren mindestens 1,80 Meter große Männer, bekleidet mit Überwürfen aus Guanakofell, die eine Schulter unbedeckt ließen.

Ihre Haut war kupferfarben, das Haar rabenschwarz, und über das Gesicht hatten sie zwei waagrechte Striche gezogen,

der eine leuchtend rot, der andere weiß. Sie sahen ziemlich bedrohlich aus, und doch war es leicht, sich mit ihnen anzufreunden. Ich schenkte ihnen etwas rotes Tuch, und der Älteste der Gruppe, der vielleicht ihr Anführer war, gab mir einen Klaps auf die Brust. Das sollte »Wir sind Freunde« bedeuten.
Ich erwiderte die Geste.

Das Etikett des Beagle-Biers

Die Insel der Feuer

Ich habe Feuerland ganz anders in Erinnerung, als es heute ist. In den Wäldern am Meer gab es Unmengen von totem, trockenem Holz, und die Lieblingsbeschäftigung der Feuer-

Der alte Flughafen von Ushuaia

länder bestand darin, Lagerfeuer zu machen und sich an ihnen zu wärmen. Nachts sah man in den Bergen am Meer Dutzende, wenn nicht gar Hunderte solcher Feuer. Dieser Anblick bot sich auch Magellan, der die große Insel deshalb Feuerland nannte.

Als ich auf meiner ersten Reise hierherkam, gab es keine Häfen und nicht einmal ein einziges Haus. Jetzt aber befinde ich mich in Ushuaia, einer am Beaglekanal gelegenen Stadt mit 60 000 Einwohnern, und einem Hotel, das sich Hotel *Beagle* nennt. Frank sitzt mir gegenüber und trinkt ein Bier der Marke *Beagle*.

Virginia liest aus der Werbebroschüre für ein Theaterstück vor, das ich nur zu gerne sehen möchte. Es trägt den Titel: *Das Abenteuer der Beagle.*

Hinter der Stadt liegt ein Tal, in dem man im August Ski fahren kann. Dahinter erhebt sich ein Gebirge, das meinen Namen trägt: die Cordillera Darwin.

Eine Hütte aus Fellen. Die Feuerländer stellten aus Tierhäuten sowohl Kleidung als auch Abdeckungen für ihre einfachen Häuser her.

Straßenverkehr in Ushuaia, im Hintergrund ein soeben im Hafen eingetroffenes Kreuzfahrtschiff

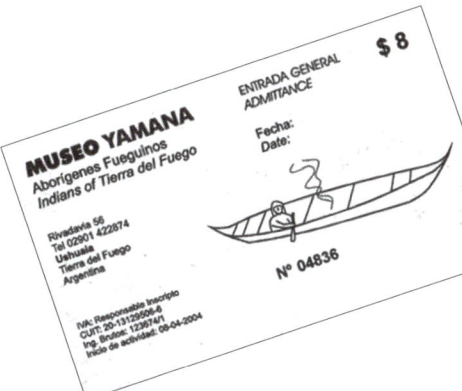

Wo heute Restaurants, Banken und Geschäfte sind, gab es damals nur Wald und einige wenige Hütten der Ureinwohner. Ich glaube auch, dass auf den Bergen damals mehr Schnee lag, obgleich es so wie jetzt Sommer war.

Auch gab es damals einen richtigen Gletscher zwischen den Gipfeln, nicht nur ein bisschen übrig gebliebenen, gefrorenen Schnee. Aber die Einheimischen erzählen, dass hier im August mehr Schnee liegt, als ihnen lieb ist.

Ureinwohner sehe ich keine mehr, nur hin und wieder Leute, die ihnen ein bisschen ähnlich sehen.

Mehr Schriftsteller als Onas

Die Ureinwohner Feuerlands, die Feuerländer, sind offiziell ausgestorben. Sie gehörten vier großen Völkern an, den Alakaluf, den Yámana oder Yaghan, den Haush oder Manek'enk und den Selk'nam oder Ona.

Die letzte Ona hieß Virginia Choquintel, lebte in Río Grande und starb im Juni 1999 mit nur 56 Jahren. Ihre Heimatstadt

Río Grande, ein 100 Kilometer von hier entferntes Zentrum der Erdölindustrie, widmete ihr ein kleines Museum. Doch vor ihr gab es eine andere »letzte Ona«, vor der wiederum eine andere hochbetagte Frau diesen Titel trug. Sämtliche Schriftsteller, die hier vorbeigekommen sind, leben in dem Glauben, die letzte Ona getroffen zu haben.

Jan und Virginia haben ein paar Stunden damit verbracht, mit dem Hotelcomputer im Internet nach der »letzten Ona« zu suchen. Sie haben gemerkt, dass mich das neugierig machte und mir erklärt, wie es funktioniert. Ich fand es beeindruckend, dass mein Name zu diesem Zeitpunkt auf 3 580 000 Nennungen kam.

»Wenn man eine DNS-Analyse machen würde«, sagt Martin, »würde man eine ganze Reihe von ›letzten Onas‹ finden.«

Gezähmte Wilde

Ich muss gestehen, dass die Feuerländer bei unserer ersten Begegnung nicht den besten Eindruck bei mir hinterließen. Nach meiner Rückkehr nach England sprach ich sehr schlecht von ihnen. Vielleicht hatte ich mich von FitzRoys Vorurteilen beeinflussen lassen. Dazu kam, dass wir drei Feuerländer an Bord hatten, die aber vollkommen anders aussahen. Sie kleideten und benahmen sich wie englische Adelige. Ihre Namen waren Jemmy Button, York Minster und Fuegia Basket.

Jemmy Button

York Minster

Mit den Feuerländern, die wir hier antrafen, hatten sie nur den Kupferton der Haut und die mandelförmigen Augen gemeinsam.

Sie waren auf der vorangegangenen Fahrt der *Beagle* verschleppt worden. Ursprünglich waren sie zu viert gewesen, doch einer von ihnen starb unmittelbar nach der Ankunft in England an den Folgen einer Pockenimpfung.

Sie waren bei Hofe vorgestellt und dann auf Kosten von FitzRoy erzogen und ausgebildet worden. Er hatte vorgehabt, sie in ihre Heimat zurückzubringen. Dort sollten sie als Vorbild für die anderen Ureinwohner dienen, damit diese die europäische Kultur übernahmen. Es war für uns damals ein interessantes Experiment, das jedoch einen katastrophalen Verlauf nahm. Heute stehe ich dieser ganzen Sache sehr kritisch gegenüber.

*Ein Küsten-
abschnitt,
der früher
von Feuer-
ländern aus
dem Volk
der Selk'nam
bewohnt
wurde*

*Die drei in England erzogenen Feuer-
länder. Skizze nach einer Zeichnung
von Kapitän FitzRoy.*

*Fuegia
Basket*

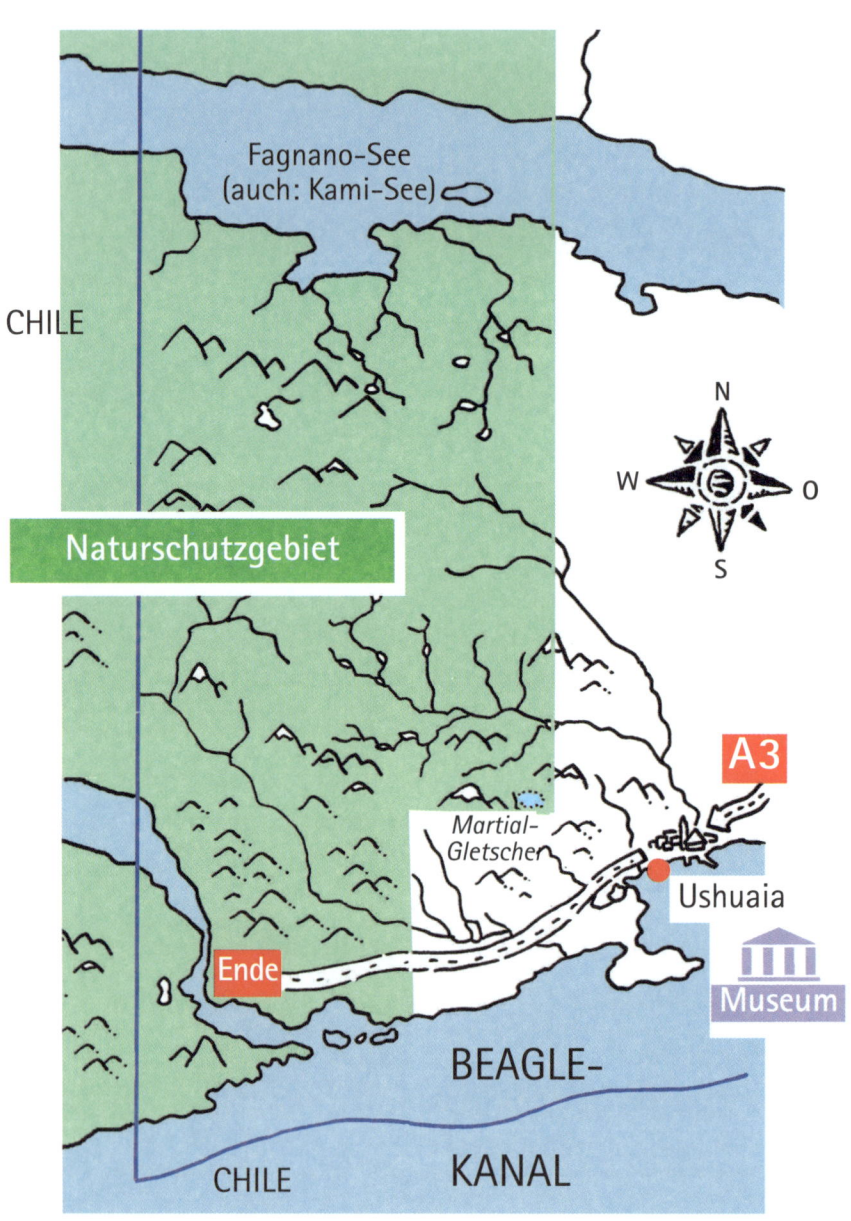

CHILE

Fagnano-See
(auch: Kami-See)

Naturschutzgebiet

N

W   O

S

A3

Martial-
Gletscher

Ende

Ushuaia

Museum

BEAGLE-

CHILE

KANAL

19. Gefährliches Gewässer

1. Dezember

Wir sind unterwegs zu Feuerlands Nationalpark und lassen die Stadt rasch hinter uns.

»Die Ankunft des weißen Mannes war damals eine ziemliche Katastrophe für die Einwohner von Feuerland«, sage ich.

Die Weißen zwangen sie, ihr Leben umzustellen, sich so zu bekleiden und so oft zu waschen, wie sie selbst es taten. Viele Patagonier erkrankten und starben an den Krankheiten, die die Europäer eingeschleppt hatten. Schließlich entdeckten sie den Alkohol, der ihnen zum Verhängnis wurde. Als ich hierherkam, lebten allein in diesem Gebiet 10 000 Patagonier. Sie besaßen durchdachtes Holzwerkzeug und bauten hochseetüchtige Boote. Die Männer rasierten sich mit geschliffenen Muschelschalen. Sie wohnten in Hütten, die mit Laub und Tierhäuten abgedeckt waren und ernährten sich von Krustentieren, Fischen, Vögeln und kleinen orangefarbenen Pilzen, die in Büscheln an den Bäumen wuchsen und die man hier *pan de indios*, »Indianerbrot«, nennt. Sie führten ein friedliches Dasein im Einklang mit der Natur. Ihre Kultur war mindestens 6000 Jahre alt. Dann kam FitzRoy mit seinem Teeservice, seinem viktorianischen Krempel und seinen Feuerländern, die wie englische Adelige angezogen waren und sich auch so benahmen.

Links: Der Teil Feuerlands, der von Argentinien zum Nationalpark erklärt wurde (grün). Daran grenzt ein etwa gleich großes chilenisches Gebiet an, das ebenfalls unter Naturschutz steht.

Das Kap der Stürme

Feuerland ist eine große Insel. Eine lange und gewundene Meerenge, die den Atlantischen Ozean mit dem Pazifischen

Ozean verbindet, trennt sie vom Festland: die Magellanstraße.
Südlich von Feuerland liegt ein ganzer Schwarm von Inseln
und Inselchen, die eine weitere Wasserstraße einrahmen: den
Beaglekanal, dem FitzRoy auf seiner ersten Reise diesen Na-
men gab. Die größte der südlich davon liegenden Inseln heißt
Hornos und ihre südlichste Spitze ist das sagenumwobene
Kap Hoorn. Jenseits davon liegt die Antarktis.

GESUNKENES SCHIFF

Die Gewässer rings um Feuerlands Inseln sind die gefähr-
lichsten der Welt. Hier drohte eine Welle, die so hoch wie ein
Berg war, die *Beagle* zu verschlingen. Unser Schiff verlor ein
Rettungsboot und bekam eine ordentliche Ladung Wasser ab,

*Der Berg
Olivia im
Hinterland
von Ushuaia.
Dahinter das
Massiv der
Cinco Her-
manos (»Fünf
Brüder«).*

konnte sich aber in die Einmündung des Kanals retten, in
dem die See wesentlich ruhiger war.

»Alle meine Freunde, die segeln, haben eine fixe Idee«, erzählt Frank. »Sie träumen davon, Kap Hoorn zu umsegeln.«

Für mich ist das schwer nachzuvollziehen. Ich habe Kap
Hoorn einmal mit der *Beagle* umrundet und das hat mir ge-
reicht.

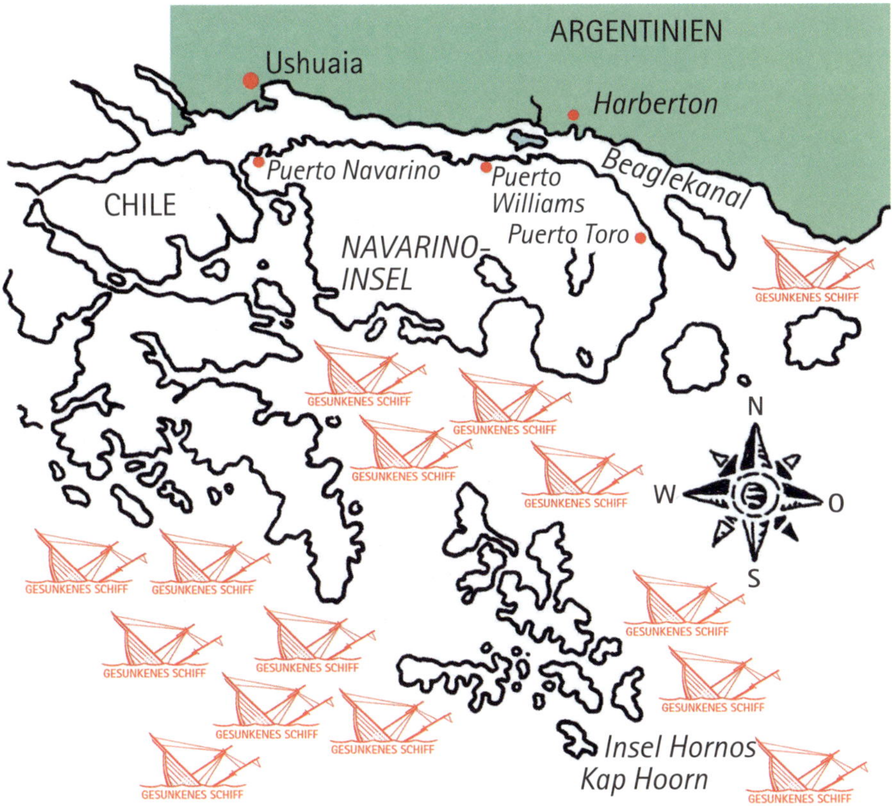

ARGENTINIEN

Ushuaia

Harberton

Puerto Navarino

Puerto
Williams

Beaglekanal

CHILE

NAVARINO-
INSEL

Puerto Toro

GESUNKENES SCHIFF

N

W

O

S

GESUNKENES SCHIFF

GESUNKENES SCHIFF

GESUNKENES SCHIFF

GESUNKENES SCHIFF

GESUNKENES SCHIFF

GESUNKENES SCHIFF

GESUNKENES SCHIFF

GESUNKENES SCHIFF

GESUNKENES SCHIFF

GESUNKENES SCHIFF

GESUNKENES SCHIFF

GESUNKENES SCHIFF

GESUNKENES SCHIFF

GESUNKENES SCHIFF

Insel Hornos
Kap Hoorn

GESUNKENES SCHIFF

Ein Rekord an Schiffbrüchen

Martin zeigt mir eine Karte, auf der
die Schiffbrüche um Kap Hoorn
verzeichnet sind: 84 Segelschiffe
und ein Dampfschiff. In der Umgebung der Staaten-Insel, vor der
Bahía Buen Suceso, waren es ein
paar weniger: ungefähr 40 Segelschiffe und moderne Schiffe. Sogar in dem Beaglekanal, der sehr
ruhig zu sein scheint, verunglück-
ten etwa zehn Schiffe, darunter

*Ein Wrack
an der
Magellan-
straße. In den
Gewässern
um Kap
Hoorn sind
ungefähr
90 Schiffe
unterge-
gangen.*

Der Zug, die *Monte Cervantes*, die 1930 zusammen mit ihrem Kapitän
der frühere Dreyer vor Ushuaia unterging. Zum Glück konnten Hunderte
Zwangs- von Passagieren und Besatzungsmitgliedern gerettet werden.
arbeiter
transpor-   Mittlerweile haben wir den Nationalpark erreicht. Wir stei-
tierte, wurde gen aus und zahlen die Eintrittsgebühr, wie es bei allen Nati-
zu einer onalparks des Landes üblich ist. Dieses Mal aber erleben wir
Bummel- eine Überraschung.
bahn für die
Besucher   Wir werden von einem kleinen Orchester empfangen, das
des Nati- Tangos und andere argentinische Musikstücke spielt, und von
onalparks einer Miniatureisenbahn, in die gerade Scharen von Touris-
umfunktio- ten einsteigen. Frank murmelt etwas von »Disneyland«, einem
niert. Land, von dem ich noch nie gehört habe.

         Jan steigt vergnügt in einen der bunten Waggons ein. Alle
anderen folgen ihm. Unsere Gruppe füllt einen ganzen Waggon.

Der Bahnhofsvorsteher ist eine blonde Frau in Uniform, die freundlich lächelt und in ihre Pfeife bläst. Dann fährt der kleine Zug ab und bringt uns ins Herz des wichtigsten Naturschutzgebietes von ganz Feuerland. Der Zug trägt den bezeichnenden Namen *El Tren del Fin del Mundo*, »Der Zug vom Ende der Welt«.

Der Zug vom Ende der Welt

Heutzutage wird der Zug von einem Dieselmotor angetrieben.

Die weißen Rauchwolken, die die Lokomotive ausspuckt, bestehen aus Wasserdampf und dienen der Belustigung der Fahrgäste. Doch der nette kleine Zug hat eine traurige Vergangenheit. Jahrzehntelang beförderte er Tausende von Sträflingen aus dem Gefängnis von Ushuaia zu ihren Arbeitsstellen und wieder zurück. Manche dieser Sträflinge waren Kriminelle, die furchtbare Verbrechen begangen hatten. Andere waren politische Gefangene.

Der Zug hält inmitten einer Ebene an, die in dieser Jahreszeit und unter sonnigem Himmel wie ein kleines Paradies aussieht. Doch die gelegentlich über uns dahinwehenden eisigen Böen erinnern daran, dass es hier jederzeit schneien kann. Buchenwälder bedecken die Hänge der umliegenden Hügel. Ein Wasserfall ergießt sich in den gemächlich dahinfließenden Bach, der die Ebene durchquert. An seinen Ufern wurden für die Touristen Hütten der Yámana nachgebaut.

Wortlos macht mich Martin auf ein Foto in einem Buch aufmerksam, das er in Ushuaia

Cyttaria darwinii, auch pan de Indios genannt: ein Speisepilz, der in Feuerland auf Bäumen wächst

gekauft hat. Es stammt aus dem Jahr 1886 und zeigt einen Jäger, zu dessen Füßen ein nackter Feuerländer mit einem Bogen in der Hand neben den Überresten seiner Hütte leblos am Boden liegt.

»Sie sind nicht nur durch Krankheiten und Alkoholismus gestorben«, sagt Martin.

Die ausgebrochenen Biber

Rechts: Abgestorbene Bäume an den Ufern eines Wasserlaufs, den sich kanadische Biber als neuen Lebensraum auserwählt haben

»Unser Park«, erzählt der Touristenführer, »wurde 1960 geschaffen und umfasst 63 000 Hektar. Hier lebten ungefähr 3000 Yámana. Das Gebiet ist dreigeteilt. Ein Teil verfügt über eine touristische Infrastruktur, mit Campingplätzen und Restaurants, und man kann hier auch angeln. Durch einen anderen Teil des Parks darf man wandern oder im Boot fahren, aber nicht anhalten. Ein dritter Teil ist für Besucher gesperrt und wird nur zu Forschungszwecken betreten.«

»Endlich bleibt die Natur hier sich selbst überlassen«, meint Martin.

»Nicht ganz«, widerspricht Elisabeth. »Auch dort, wo die Zivilisation scheinbar nicht hinreicht, richtet der Mensch Schäden an. Schaut nur.«

Vor uns verläuft ein Damm aus dünneren und dickeren Baumstämmen. Er ist einige hundert Meter lang und staut den Bach auf, sodass ein kleiner künstlicher See entstand. Die Bäume ringsum sind abgestorben. Wie sich herausstellt, ist das jedoch nicht direkt das Werk von Menschen, sondern von Bibern aus Kanada.

Die Biber sind nicht freiwillig hierhergewandert, erklärt unser Touristenführer, sondern aus Pelzfarmen ausgebrochen. Sie haben sich vermehrt und bauen hier, 17 000 Kilometer von ihrem natürlichen Verbreitungsgebiet entfernt, einen Damm nach dem anderen. Die Bäume, die durch ihre Aktivitäten absterben, wachsen langsamer als die kanadischen Arten, und so zerstören die Biber hier ganze Waldgebiete.

ARGENTINIEN

Ushuaia

BEAGLEKANAL

Puerto Navarino

CHILE

NAVARINO-INSEL

N

W ⊕ O

S

CHILE

Caleta
Wulaia

Button-
Insel

Ponsonby-Sund

0 1 2 3 4 5 6 7 8 9 10 km

Hier wurde Jemmy
Button hingebracht.

20. Eine Musikshow auf der *Beagle*

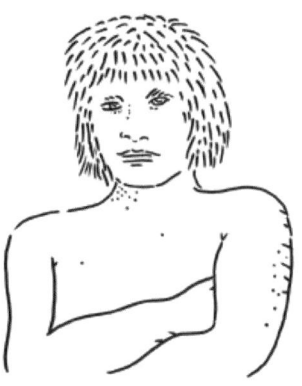

2. Dezember

Gestern Abend waren wir im Theater. Die Vorstellung fand in einem Hangar des alten Flughafens nahe dem Hafen von Ushuaia statt. Draußen wehte ein eisiger Wind und am Himmel rasten niedrige Wolken dahin. Drinnen war es nicht nur angenehm warm, sondern es wurde auch einiges geboten: ein Restaurant, das wie ein Dorf der Yámana aussehen sollte, eine Bar, in der Cocktails à la FitzRoy serviert wurden, und schließlich eine Multimediashow, bei der ein junger Mann... mich darstellte.

Porträt eines jungen Feuerländers aus dem Volk der Yámana oder Alakaluf

Das Theater war auf ganz besondere Weise eingerichtet: Man musste in einem von zwei Rettungsbooten Platz nehmen, um die herum die Aufführung stattfand. Das Stück hieß *Das Abenteuer der Beagle.* Anstelle einer Eintrittskarte erhielten die Zuschauer einen »Heuervertrag«, unterzeichnet von dem Schauspieler, der FitzRoy darstellte. Bald ging es los und ich sah mich selbst an Bord der *Beagle.* Die Matrosen sangen im Chor Seemannslieder, und zwischendurch diskutierte ich immer wieder mit FitzRoy darüber, wo die Bibel recht haben könnte und wo nicht, und durchlebte so abermals meine schlimmsten Albträume.

Ich fand mich in dem Unwetter wieder, das unser Schiff beinahe zum Kentern gebracht hatte, stand einem sprechenden Eisberg gegenüber, unterhielt mich mit einer Megatherium-Puppe und begegnete zum zweiten Mal Jemmy Button, dem Feuerländer, den FitzRoy nach England verschleppt hatte.

Ich fand, dass Jemmy die sympathischste Figur in dem

Stück war. Er war wie ein Dandy gekleidet und trank den Tee so vornehm wie die Königin von England.

Zylinderhüte und Teeservice

In Wirklichkeit ging es nicht so unbeschwert zu wie in dem Theaterstück. Wir brachten die drei Feuerländer Jemmy, York und Fuegia auf eine Insel südlich von Ushuaia. Heute gehört sie ebenso wie zwei Drittel des Territoriums von Feuerland zu Chile. Dort luden wir auch all das ab, was ihnen die Londoner Missionsgesellschaft für ihre Rückkehr in die Heimat mitgegeben hatte und wohl für sinnvoll erachtete: Nachttöpfe,

Der Feuerländer Jemmy Button in dem Stück

Das Abenteuer der Beagle

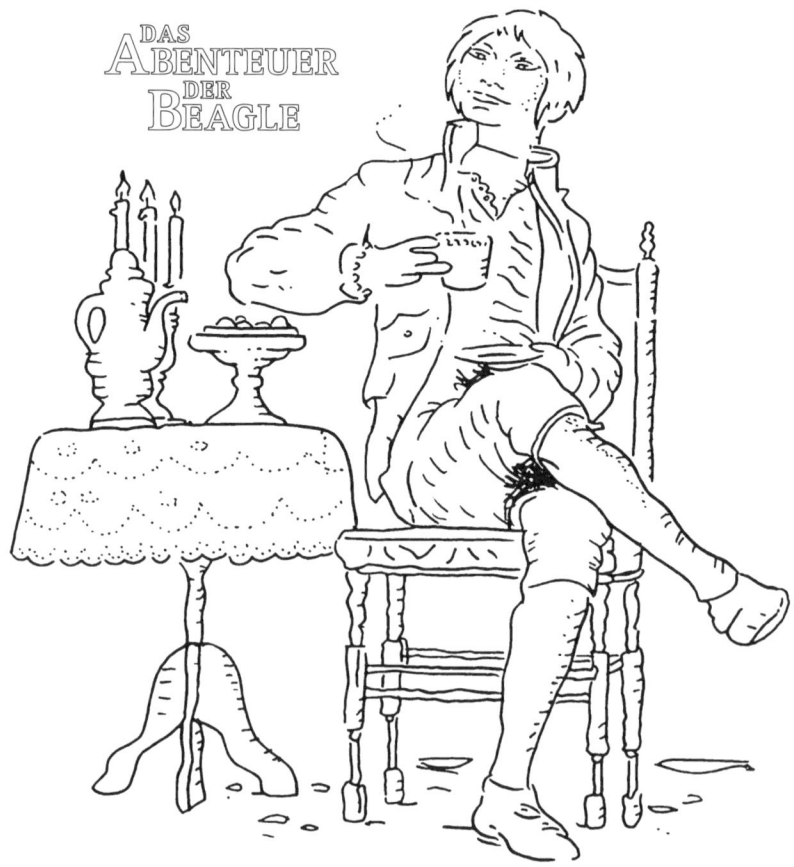

Suppenschüsseln, Zylinderhüte und Teeservice aus Porzellan. Außerdem noch verschiedene Sämereien und Geräte für den Garten- und Feldbau.

Die Matrosen stellten vier Hütten auf, die mehr wie Heuhaufen aussahen. Zwei davon waren für die Feuerländer und eine für den sie begleitenden jungen Missionar Pater Matthews gedacht, dem die ganze Sache ziemlich peinlich zu sein schien. Ein Feld wurde angelegt und Kohl gesät, zum großen Erstaunen der Ureinwohner, die herbeigekommen waren und neugierig zusahen. Auch Jemmy, der es inzwischen gewohnt war, sich sorgfältig zu frisieren und Handschuhe und auf Hochglanz polierte Schuhe zu tragen, schien sich in seiner Haut nicht wohlzufühlen.

Nachdem wir FitzRoys Experiment aufgebaut hatten, überließen wir die kleine Kolonie sich selbst.

Als wir nach einigen Monaten dorthin zurückkehrten, war Jemmy nicht mehr er selbst. Er war zu einem mageren, nur mit einem Lendenschurz bekleideten Wilden mit zerzaustem Haar geworden. Sein Gefährte York Minster hatte ihn all seiner Habseligkeiten beraubt und war zu seinem Stamm auf einer anderen Insel geflohen. Dennoch wollte Jemmy nicht in die Zivilisation zurückkehren. Er hatte geheiratet und be-

Küstenabschnitt am Beaglekanal, an dem früher das Volk der Yámana lebte

schlossen, zu blei-
ben und so wie die
anderen Menschen
seines Volkes zu le-
ben.

Rechts: Eines   Und Pater Mat-
der Kostüme,   thews? Er hatte so-
die bei den
Initiationsfei-   fort darauf verzich-
ern für junge   tet, in Feuerland
Selk'nam   weiterhin missiona-
(Ona) getra-   risch tätig zu sein.
gen wurden
Erst hundert Jahre
später sollte es dort
wieder Missionare
geben.

Jemmy
Ich habe später nie
wieder von ihm ge-
hört. Vielleicht ha-
ben seine Nach-
fahren einigen der
zahlreichen Schiff-
brüchigen geholfen,

Ein aus Buchenholz geschnitztes Guanako

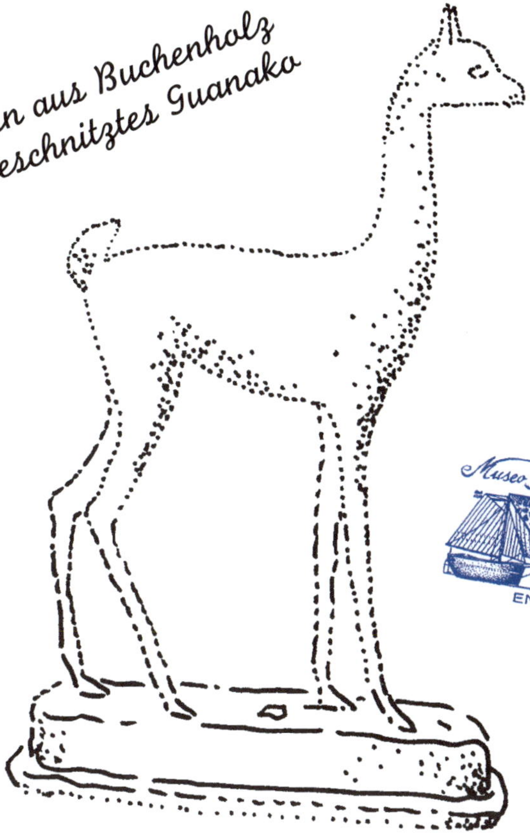

Stempel der Museen am Ende der Welt

die an den Küsten Feuerlands strandeten. Vielleicht laufen mir hier immer wieder Ururururenkel von Jemmy über den Weg. Heute würde er hier wohl nicht mehr als Yámana leben können. Das Leben auf Feuerland war hart, aber sie hatten, wie er zu sagen pflegte, immer genug zu essen.

Früher gab es hier wesentlich mehr Tiere als jetzt. Oft begleite-

Feuerland im dritten Jahrtausend. Das Schild erinnert daran, dass das Anzünden von Feuern verboten ist.

ten Dutzende von Delfinen unser Schiff. Im Beaglekanal sichteten wir häufig Wale. Es war leicht, Guanakos zu fangen und deshalb trugen die Feuerländer ihre Felle. Viele Hütten waren mit Robbenfellen abgedeckt. Anders als heute konnte man Muscheln bedenkenlos roh essen. Das Jagen ist hier inzwischen verboten, obwohl das gesamte Gebiet unter einer Überbevölkerung durch europäische Kaninchen leidet, die sich unmäßig vermehren und der einheimischen Tier- und Pflanzenwelt beträchtlichen Schaden zufügen.

Während die Wälder früher bis zur Küste reichten, gibt es jetzt viele baumlose Flächen, da man Bäume fällte, um Weiden für die Viehzucht zu schaffen. Außerdem wurde in Feuerland Gold und vor Kurzem, bei Río Grande, auch Erdöl gefunden. Ich glaube aber, dass Jemmy dies alles nicht interessieren würde.

Die Natur erkennt Verbote nicht an

Heute ist es in Feuerland verboten, Feuer anzuzünden. Überall an den Rändern der verbliebenen Wälder kann man die Verbotsschilder sehen. Natürlich ist es wichtig, die Wälder zu schützen, aber dennoch erscheint es absurd, dass Feuer in Feuerland verboten ist. Lachend fotografiert Frank die Schilder.

Ich muss meinem Ärger über diese verrückte Welt Ausdruck verleihen. »Eure Welt ist voller Verbote. Ihr sagt, dass ihr die Natur liebt und doch schließt ihr sie weg. Ihr verbietet die Jagd und tötet täglich Millionen von Zuchttieren. Ihr wollt saubere Luft und lebt auf engstem Raum in Städten zusammen, in denen man eigentlich nicht leben kann. Ihr arbeitet acht Stunden am Tag in winzigen Kämmerchen und kommt dann hierher nach Feuerland, um Entdeckungsreisende zu spielen.«

»Ihr bringt in allen Räumen Klimaanlagen an und erwärmt dadurch die Atmosphäre«, nimmt Jan meine Schimpftirade auf.

Ich schweige einen Augenblick lang und spreche dann weiter. »Ihr verändert die Landschaften, die Luft und das Klima. Ihr vermehrt euch wie die europäischen Kaninchen und die kanadischen Biber in einem patagonischen Wald. Und ihr

Feuerland. Hier musste der Wald einer Weide weichen.

vergesst, dass vor nur 18 000 Jahren dieses Land, auf dem wir jetzt stehen, von Eis bedeckt war. Und dass das Eis früher oder später zurückkehren wird.«

»Du übertreibst«, sagt Frank und macht ein Foto von mir.

Auf Wiedersehen

Wir reisen nur ungern ab. Martin und Elisabeth wollen bald wieder in diese Gegend kommen und den chilenischen Teil Feuerlands erkunden. Auch ich möchte gerne die Gletscher wiedersehen, von denen sich ständig Eisberge ablösen, die dann im Pazifischen Ozean treiben. Federico will vom Meer aus den Berg Sarmiento malen. Virginia hat sich in den Kopf gesetzt, um Kap Hoorn zu fahren. Sie hat ein Schiff ausfindig gemacht, das von der chilenischen Stadt Punta Arenas aus das Kap umrundet.

Beim Einsteigen in das Taxi, das uns zum Flughafen bringen wird, macht Martin mich auf einen Spruch aufmerksam, der an einer Hauswand steht:»Das Ende der Welt ist der Anfang von allem.«

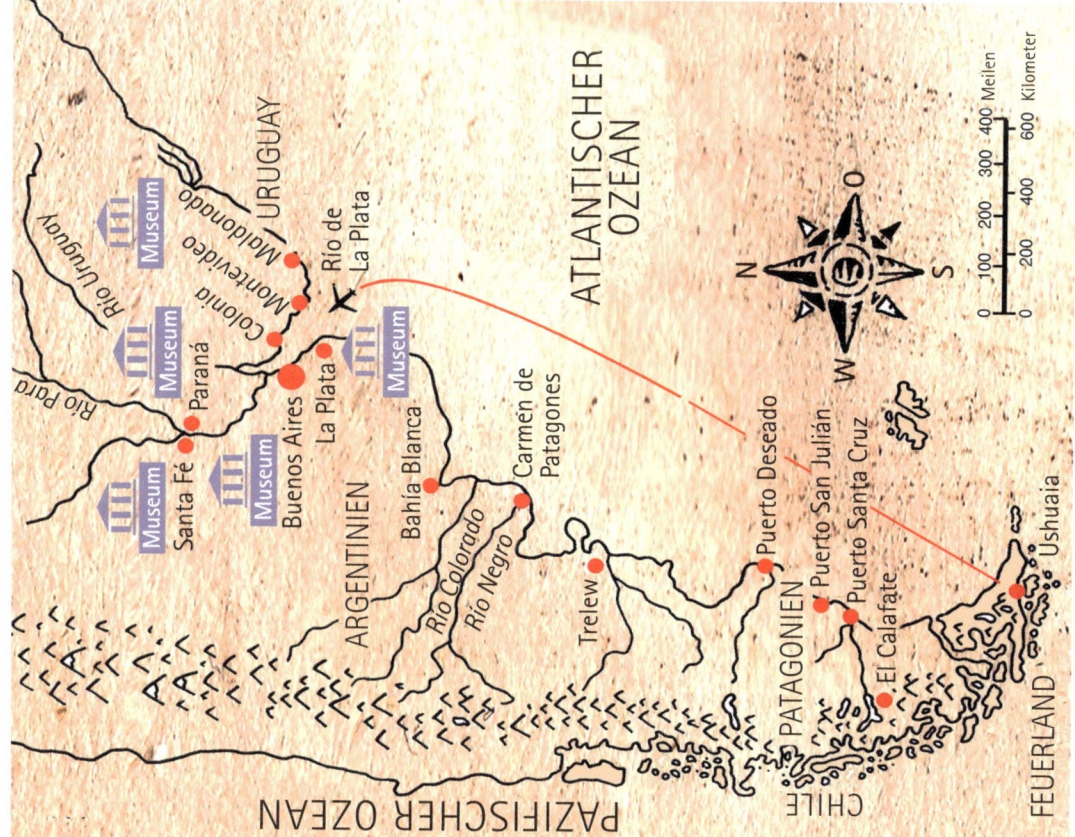

DAS DARWIN-PROJEKT

Dossier »Völker Feuerlands«

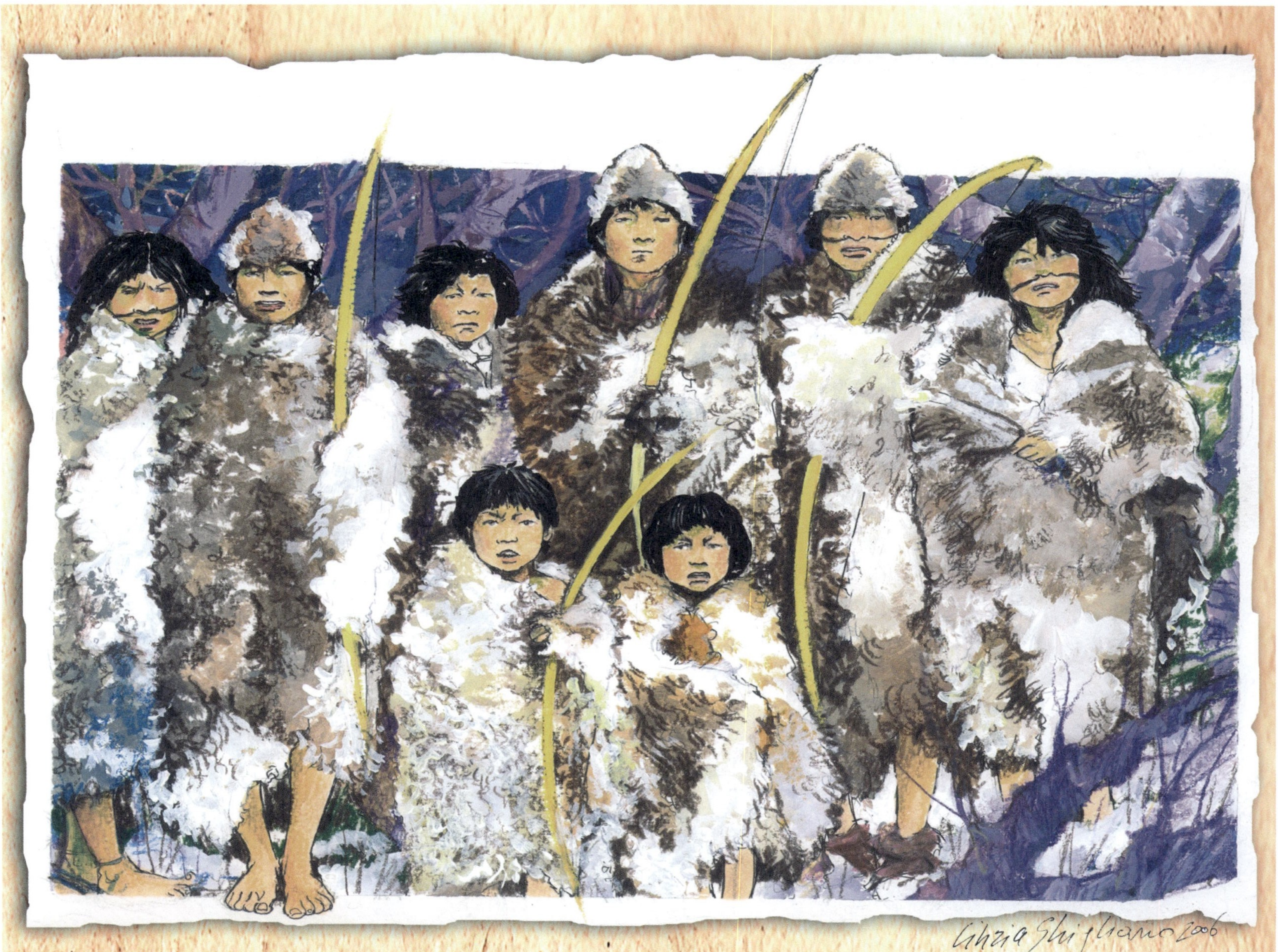

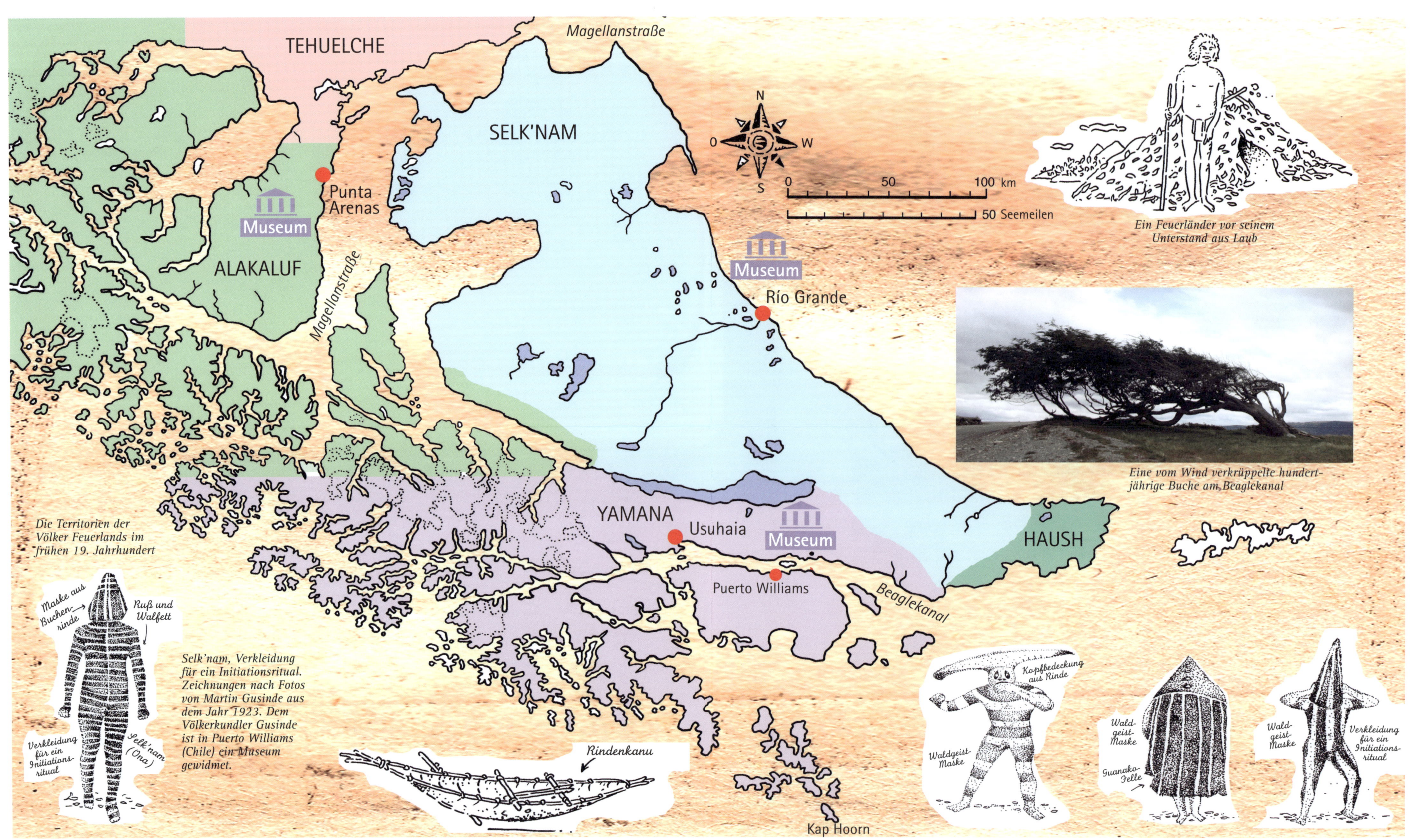

TEHUELCHE

SELK'NAM

Magellanstraße

ALAKALUF

Punta Arenas

Museum

Magellanstraße

N
O — W
S

0   50   100 km

50 Seemeilen

Museum

Río Grande

Ein Feuerländer vor seinem Unterstand aus Laub

Eine vom Wind verkrüppelte hundertjährige Buche am Beaglekanal

YAMANA

Usuhaia

Museum

HAUSH

Die Territorien der Völker Feuerlands im frühen 19. Jahrhundert

Puerto Williams

Beaglekanal

Maske aus Buchenrinde

Ruß und Walfett

Verkleidung für ein Initiationsritual

Selk'nam (Ona)

Selk'nam, Verkleidung für ein Initiationsritual. Zeichnungen nach Fotos von Martin Gusinde aus dem Jahr 1923. Dem Völkerkundler Gusinde ist in Puerto Williams (Chile) ein Museum gewidmet.

Rindenkanu

Kap Hoorn

Kopfbedeckung aus Rinde

Waldgeist-Maske

Waldgeist-Maske

Guanako-Felle

Waldgeist-Maske

Verkleidung für ein Initiationsritual

Zwischen den Reiseabschnitten

Charles Darwin und seine Reisegefährten vom Darwin-Projekt kehren mit dem Flugzeug nach Buenos Aires zurück, wo sie ein paar Tage bleiben. Hier besuchen sie das von Perito Moreno gegründete Naturkundemuseum und auch den Parque Centenario. In diesem Park kann man Darstellungen der großen Säugetiere bewundern, die Darwin entdeckte und Owen klassifizierte. Sie besichtigen den Friedhof Recoleta, wo Charles Darwin das Grab von General Rosas findet, und sie streifen durch Buenos Aires' Viertel Palermo, El Boca und San Telmo. Anschließend fährt die Expedition Darwin den Fluss Paraná bis Santa Fé hinauf. Dort, wo Darwin einst nur Ödland sah, gibt es heute riesige Rinderzuchten. Nach der Rückkehr nach Buenos Aires überqueren sie mit einem Tragflächenboot den Río de la Plata, gehen in Colonia an Land und setzen ihre Reise über Montevideo, Maldonado und Punta del Este fort.

Ein Drusenkopf genannter Leguan von den Galapagosinseln

Nun warten Chile, Peru und die Galapagosinseln auf sie und gleichzeitig der schwierigste Abschnitt der Reise: Die Tausende von Kilometern, die vor ihnen liegen, werden sie nicht nur in Flugzeugen, Schiffen und Autos zurücklegen, sondern auch im Sattel und zu Fuß.

Charles Darwin schreckt das nicht ab. Er steckt voller Neugier und Energie, genau wie damals, als er seine erste Weltreise antrat.

Luca Novelli

Das Darwin-Projekt
Charles Darwins Reise um die Welt

2. Teil: Chile, Peru, Galapagosinseln

»Nur in den seltensten Fällen sind die Schwierigkeiten und Gefahren, auf die ein Naturforscher unterwegs stößt, wirklich so schlimm, wie er vor Antritt der Reise befürchtet haben mag. In moralischer Hinsicht wird ihn eine derartige Reise lehren, Geduld und guten Willen zu zeigen, verantwortlich zu handeln und aus jeder Situation das Beste zu machen. Mit anderen Worten sollte er sich die typischen Eigenschaften der meisten Seeleute zu eigen machen. Das Reisen sollte ihn auch lehren, misstrauisch zu sein. Gleichzeitig wird er aber auch entdecken, wie viele wahrhaft gutherzige Menschen es gibt – Menschen, denen er zuvor noch nie begegnet war und denen er nie wieder begegnen wird, die ihm aber dennoch bereitwillig und uneigennützig ihre Hilfe anbieten.«

Charles Darwin, *Die Fahrt der Beagle*, 1839

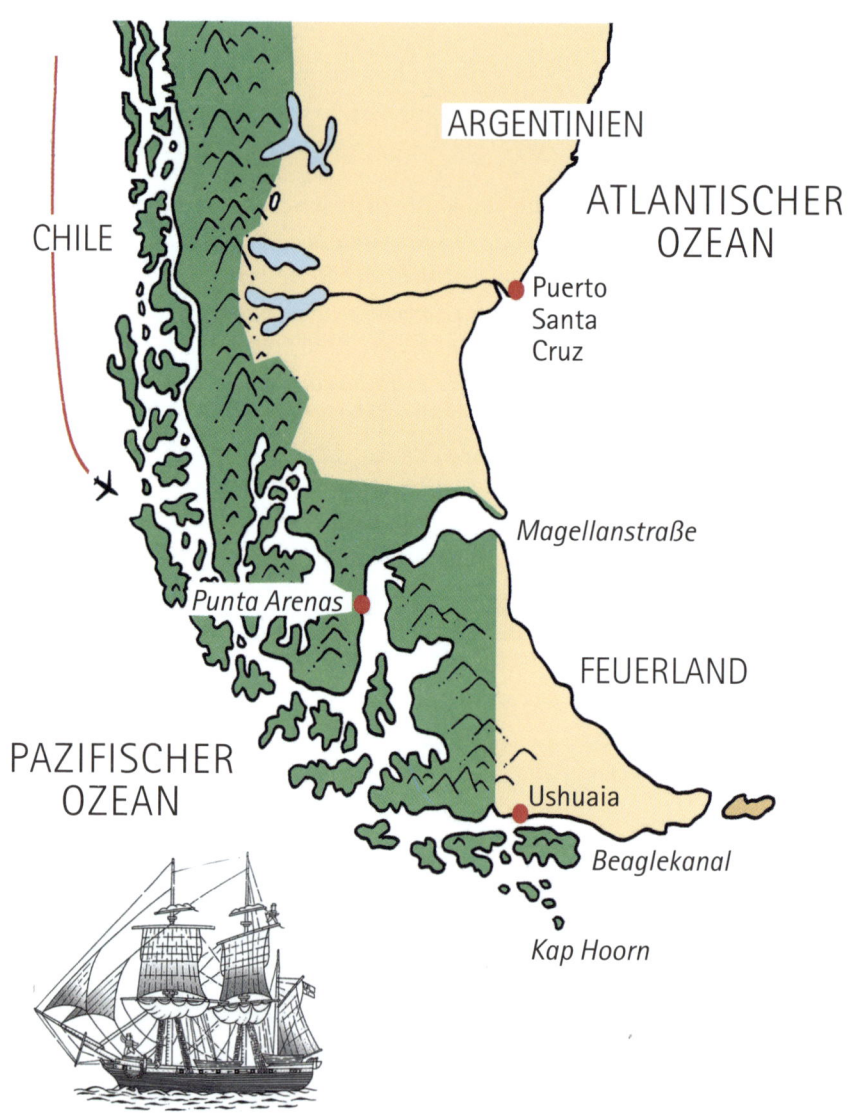

CHILE

ARGENTINIEN

ATLANTISCHER
OZEAN

Puerto
Santa
Cruz

Magellanstraße

Punta Arenas

FEUERLAND

PAZIFISCHER
OZEAN

Ushuaia

Beaglekanal

Kap Hoorn

1. Aufbruch ans Ende der Welt

Leuchtturm von Kap Hoorn

12. Januar, 15 Uhr
Wir setzen zur Landung in Punta Arenas an, der südlichsten Stadt Chiles. Endlich hat das Flugzeug die Wolkenschicht durchbrochen, die uns daran hinderte, die Anden zu sehen. Doch jetzt sind unter uns keine Berge mehr, sondern eine flache, öde Steppe, die nur von der Magellanstraße unterbrochen wird.

»Ich dachte, die Magellanstraße wäre enger und von Bergen gesäumt«, murmelt Martin.

Martin sitzt neben mir und verrenkt sich den Hals, um die Stelle besser zu sehen, an der wir landen werden. Die von Magellan entdeckte Meerenge ist genau so, wie ich sie in Erinnerung habe: Wie ein Darm schlängelt sich die 6 bis 60 Kilometer breite und über 700 Kilometer lange Wasserstraße zwischen den Landblöcken dahin. Sie verbindet den Atlantischen mit dem Pazifischen Ozean und trennt gleichzeitig Südamerika von der großen Insel Feuerland.

Punta Arenas liegt mehr oder weniger an der Mitte der Magellanstraße. Im heute ruhigen Wasser erkennt man hie und da dunkelrote Flecken. Es sind Stellen, an denen Algen wachsen, harmlose Algen, die es hier auch zu meiner Zeit schon gab. Sie sind mit dem Meeresboden verwachsen und können sehr lang werden. Die Seeleute hatten nichts gegen sie, ganz im Gegenteil, denn sie schwächten die Wucht der Wellen ab. Man kann aus ihnen Dünger herstellen und sie sind sogar essbar.

Die ersten europäischen Siedler, die die Meerenge bewachen sollten, wussten das nicht. Sie verhungerten.

17 Uhr
Punta Arenas, Plaza Muñoz Gamero. Als wir mit der *Beagle* in der Magellanstraße vor Anker gingen, lebte in dieser Gegend kein einziger Weißer dauerhaft. Dafür gab es die Patagonier und sie hießen uns herzlich willkommen. Sie waren alle über 1,80 Meter groß und damit die größten Menschen, die wir je gesehen hatten. Sie ähnelten den Indianern, denen wir Tausende von Kilometern weiter nördlich am Río Negro begegnet waren, wirkten aber noch stolzer und verwegener. Sie waren mit Guanakofellen bekleidet und hatten sich die Gesichter wie manche Stämme Feuerlands, von denen sie sich aber durch Aussehen und Sitten unterschieden, mit weißer und roter Farbe bemalt.

Diese Patagonier besaßen Pferde und jagten mit *bolas*. Soweit ich weiß, benutzten sie Pfeil und Bogen schon seit vielen Jahren nicht mehr. Sie hatten Kontakt mit Walfängern und sprachen ein paar Brocken Englisch und Spanisch. Bei uns tauschten sie Guanakofelle und Nandufedern gegen Kautabak ein. Zucker schätzten sie sehr. Feuerwaffen dagegen lehn-

Leuchtturm von Punta Delgada (1901)

Atlantischer Eingang zur Magellanstraße

Unten: Das Schild von Puerto Hambre

ten sie ab. Sie waren heiter und freundlich. Eine schon ältere Frau bat uns, einen Matrosen dazulassen, damit frisches Blut in den Stamm kam.

Wie überall in Feuerland blieb auch in Punta Arenas von den Indianern nur die Erinnerung zurück. Außerdem steht auf dem Hauptplatz ein Denkmal für sie.

Offiziell ist das Denkmal Magellan gewidmet. Er thront über den Ureinwohnern und blickt stolz zum Horizont. Die beliebteste Statue aber ist die des Indios, der unter ihm sitzt.

»Es bringt Glück, seinen Fuß zu berühren«, sagt Elisabeth.

Es berühren ihn so viele, dass die Zehen glatt sind und glänzen, als wären sie aus Gold.

Magellan-Pinguin

13. Januar

Es ist ein herrlicher Sommertag, so schön, wie ein Sommertag hier im äußersten Süden Südamerikas nur sein kann. Doch immer ist da der Wind und bald weht er die morgendliche Wärme fort. Wir müssen wieder winddichte Jacken anziehen.

Martin hat einen Pick-up gemietet. Wir werden damit hinunter nach Port Famine fahren und dann wieder nach Norden hinauf, vorbei an den zahllosen Fjorden der chilenischen Küste. Unterwegs begegnen wir vor allem Pick-ups wie dem unseren.

»Die Dinger sind furchtbar unbequem«, beklagt sich Elisabeth.

»Aber äußerst nützlich«, entgegnet Puk. »Man kann hinten ein ganzes Kalb oder auch einen Seelöwen aufladen.«

Tatsächlich haben wir in unserem Gefährt alle Platz gefunden. Ich sitze neben Martin, der fährt. Elisabeth, Virginia und Federico haben sich auf die Rückbank gezwängt. Jan und Puk sind hinten beim Gepäck. Wenn er sich unterwegs herauslehnt, um etwas Interessantes

Punta Arenas: Das Magellan-Denkmal

zu fotografieren, hält Puk sich mit einer Hand an einem der Griffe fest.

Zunächst also geht es nach Süden, zum südlichsten Punkt des amerikanischen Kontinents: nach Cabo Froward. »Aber ist der südlichste Punkt nicht Kap Hoorn?«, erkundigt sich Virginia erstaunt.

»Ja, aber Kap Hoorn ist Teil einer kleinen Insel südlich von Feuerland. Hier dagegen sind wir noch auf dem Kontinent. Allerdings gehört auch Kap Hoorn zu Chile.«

Die Straße ist geteert. Zu unserer Linken sehen wir das Meer. Wir kommen am Hafen vorbei, an einem Strand, an dem viele Fischerboote und das verrostete Wrack eines großen britischen Schiffs liegen, an Fabriken, Wohnanlagen und schmucken Holzhäuschen, in deren Gärten Lupinen blühen.

Je weiter wir uns wieder von der Stadt entfernen, desto seltener sehen wir Häuser, doch wir müssen viele Kilometer zurücklegen, bis die Landschaft wieder so aussieht wie damals, als ich zum ersten Mal hier war. Aber irgendetwas stimmt nicht. Wo sind all die jahrhundertealten Bäume, die damals hier standen?

Eine Stadt ohne Zukunft

Als ich nahe bei Port Famine an Land ging, sah ich Bäume, die mir höher vorkamen als sonst irgendwo auf der Welt. Der Stamm einer Buche hatte einen Durchmesser von knapp vier Metern. Heute besteht der Wald nur noch aus kleineren und jüngeren Bäumen. Dazwischen liegen weitläufige Wiesen, übersät mit bunten Lupinen.

»Sämtliche alte Wälder sind abgebrannt worden, um Platz für Rinderweiden zu schaffen«, erklärt Elisabeth. »Soweit ich weiß, ist das vor über hundert Jahren geschehen.«

Port Famine ist auf unseren Karten nicht eingetragen. Dafür ist der Ort auf einigen als Puerto Hambre verzeichnet. Beide Namen bedeuten das Gleiche: Hafen des Hungers. Hier

trennt die Landzunge San Juan
zwei Buchten voneinander. Die
Ruine einer kleinen Kirche, ein
verrostetes Schild und eine Stein-
tafel erinnern an das Schicksal

Kap Hoorn Position 108°

einer Gruppe von Spaniern, die von dem Konquistadoren
Pedro Sarmiento de Gamboa angeführt wurde. 1584 hatten
sie versucht, hier die südlichste europäische Kolonie der Welt
zu gründen. Die Ciudad del Rey don Felipe, die Stadt Kö-
nig Philipps, wie sie sie nannten, war die kurzlebigste aller
amerikanischen Siedlungen. Als der Korsar Thomas Caven-
dish 1587 in einer der Buchten landete, fand er nur wenige
Überlebende vor, die wie wandelnde Leichen aussahen. Heute
leben hier einige Taucher, die nach den Überresten der alten
Siedlung suchen. An der Nachbarbucht stehen Ferienhäuser.
Das sieht zwar sehr malerisch aus, doch eine eisige Windböe
zerstört sofort die Illusion, man könnte hier angenehme Som-
mertage verbringen, denn sogar mittags ist es eiskalt.

*Farm an der
Straße nach
Cabo Froward*

Die Strömungen

Bei klarer Sicht kann man von
Port Famine aus den Berg Cerro
Sarmiento sehen, ein beeindru-
ckender Schneekegel, der unge-

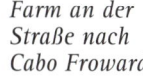

*Die Magellan-
straße von
Fuerte Bulnes
aus gesehen*

Das Wrack einer britischen Fregatte, von der Straße nach Puerto Hambre aus gesehen

fähr hundert Kilometer weiter südlich aus dem Meer emporragt. Wenn man sich ein kleines Segelboot mietet, kann man
zu der benachbarten Gebirgskette fahren. Sie ist von ewigem
Eis bedeckt, zum größten Teil unerforscht und wurde nach
mir benannt: Cordillera Darwin.

Auf dieser Reise werden wir sie nicht besuchen können.
Wir kehren nach Punta Arenas zurück. Auf der Restaurant-
terrasse des Hotels Finis Terrae genießen wir die Aussicht
über die gesamte Magellanstraße und unterhalten uns über
das hiesige Klima. Im Juli und August herrschen Schnee und
Eis über die Stadt, und der Wind soll angeblich so stark sein,
dass er Hunde und Katze mit sich fortweht.

»Kein Wunder, wir sind ja auch fast am Südpol«, meint
Jan.

Ich erinnere ihn daran, dass man in Patagonien vom Südpol weiter entfernt ist als in Paris vom Nordpol. Trotzdem ist
es hier, anders als in Paris, viele Monate lang höllisch kalt.
Eisberge ziehen an der Küste vorbei und die Vegetation erinnert eher an die kalter Steppen und hoher Gebirge, als an die
Pflanzenwelt Burgunds.

Warum das so ist? Die Meeresströmungen sind hier kalt,
die Anden blockieren die feuchten, milden Winde. Die Glet-

scher lassen die Sonnenwärme abprallen. Das Zusammenspiel dieser Faktoren bewirkt, dass das Klima hier kalt und wechselhaft ist.

»Wenn sich nun die Richtung der Meeresströmungen verändern würde, würde sich alles ändern«, fasst Martin zusammen.

»Wenn der Golfstrom, der warmes Wasser von den Küsten Mexikos nach Nordeuropa bringt, seine Richtung ändern würde, würde es in Irland und England bald so aussehen wie jetzt in Feuerland. Und das könnte auch tatsächlich passieren, wenn die Klimaerwärmung weiter voranschreitet. Schmilzt das Eis des Nordpols, wäre das Meerwasser weniger salzig und weniger dicht. Die Meeresströmung, die von kälterem und dichterem Wasser ausgelöst wird, das Druck auf wärmeres und weniger dichtes Wasser ausübt, käme zum Erliegen. Das wäre das Ende des Golfstroms und damit auch des bisherigen nordeuropäischen Klimas.«

Ich habe dem nichts hinzuzufügen. Die Sonne ist schon vor einer Weile untergegangen, aber ihr Licht erhellt noch den Himmel. Am Horizont versammeln sich große, dunkle Wolken. Ich befürchte, dass uns das Thema Klimaerwärmung auf unserer gesamten weiteren Reise begleiten wird. Das Hauptthema der Gespräche zwischen mir und Kapitän FitzRoy auf meiner ersten Reise war übrigens die Sintflut.

Port Famine oder Puerto Hambre, 14. Januar 2007

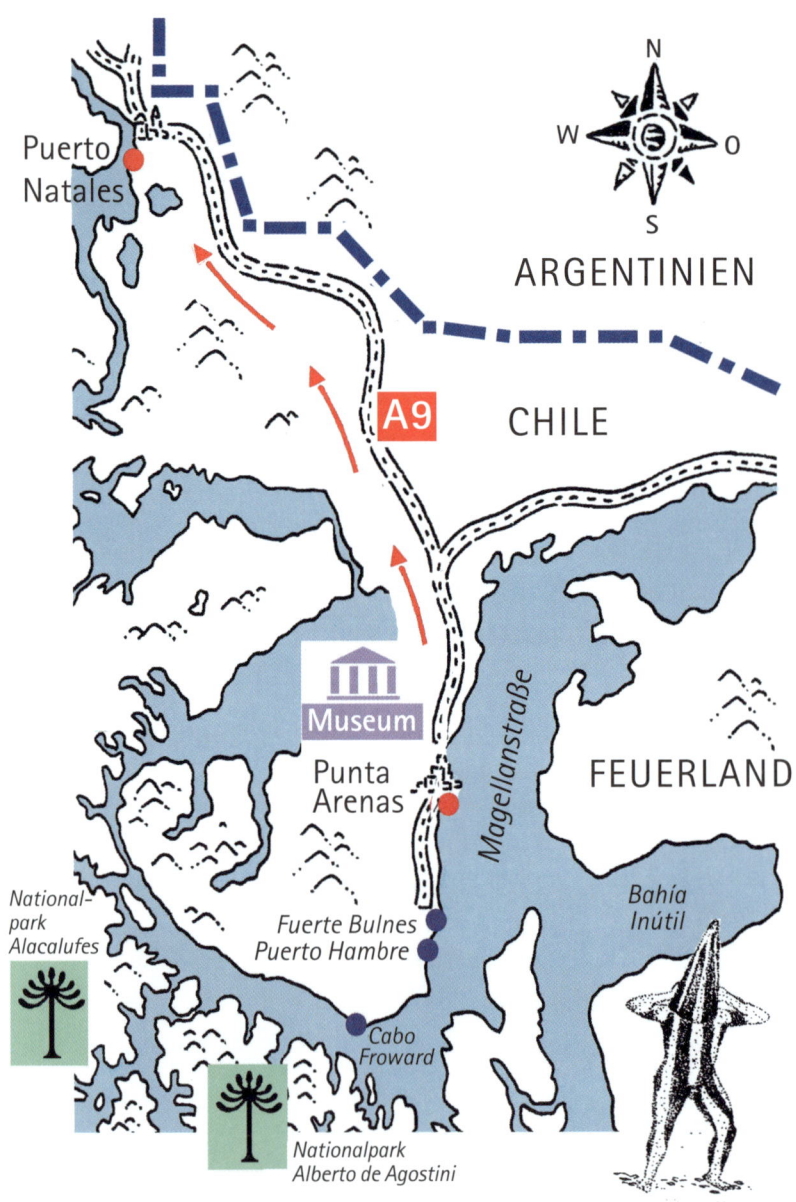

Puerto
Natales

ARGENTINIEN

CHILE

A9

Museum

Punta
Arenas

Magellanstraße

FEUERLAND

National-
park
Alacalufes

Fuerte Bulnes
Puerto Hambre

Bahía
Inútil

Cabo
Froward

Nationalpark
Alberto de Agostini

2. Wilder Wind

15. Januar

Punta Arenas. In dieser Stadt fühle ich mich wohl. Vielleicht liegt es am britischen Charakter der Altstadt. Sie wurde von britischen, deutschen und skandinavischen Einwanderern erbaut, aber auch von Portugiesen, Spaniern und Italienern. Das verraten uns die Namen auf den Grabsteinen des Friedhofs, den Elisabeth unbedingt besichtigen wollte. Sie findet, dass Friedhöfe viel über die Seele einer Stadt verraten. Auf dem Friedhof machten wir eine seltsame Entdeckung: Hunderte von Gräbern waren mit Engeln aus Gips, mit Puppen und anderem Spielzeug und bunten Plastikblümchen geschmückt. Zuerst dachten wir, es handle sich um Kindergräber. Als wir aber die Inschriften auf den Grabsteinen lasen, stellten wir fest, dass hier Erwachsene ruhten.

Die verlassene Festung

Wie schon erwähnt traf ich auf meiner Reise mit der *Beagle* 1834 an der Magellanstraße keine menschlichen Siedlungen

Punta Arenas: Palacio Sara Braun an der Plaza Muñoz Gamero, das Stadthaus einer mächtigen Gründerfamilie

an. Die einzigen Weißen, denen wir hier begegneten, waren
zwei Seeleute, die sich von einem Walfänger abgesetzt hatten.
Sie standen in der Gegend von Puerto Hambre am Ufer und
machten uns Zeichen. Nach ihrer Flucht waren sie zu den Indianern gegangen, suchten jetzt aber nach einem Schiff, das
sie von Feuerland wegbrachte.

Sie befanden sich in einem beklagenswerten Zustand. Ihre
Kleidung hing in Fetzen und war von den Feuern versengt,

mit denen sie auf sich hatten aufmerksam machen wollen. Sie hatten ohne Schutz vor Schnee
und Regen im Wald gelebt und sich von Beeren
und Schnecken ernährt. Dennoch waren sie bei
guter Gesundheit.

Neun Jahre nach meinem Aufenthalt hier grün-
dete Kommandant John Williams im Auftrag
des damaligen chilenischen Präsidenten Manuel
Bulnes nördlich von Puerto Hambre die erste chilenische Kolonie Fuerte Bulnes. Die Stelle wurde
aufgrund ihrer strategischen Position an der Magellanstraße ausgewählt. Doch leider gab es hier
kein Süßwasser und bei Angriffen der Indianer
keine Fluchtwege. Deshalb wurde die Festung

wieder aufgegeben und die Bevölkerung suchte sich einen sichereren und gastlicheren Ort. So entstand Punta Arenas. Inzwischen hat man die Festung aus Holz und Lehmziegeln wieder aufgebaut. Wenn man sie heute sieht, kann man sich kaum vorstellen, dass hier bei Frost und Schnee Hunderte von Menschen wohnten.

Ein riesiger ausgestorbener Bär

Wir besichtigen das Heimatmuseum Museo Regional Patagónico in Punta Arenas, in dem Zeugnisse der Geschichte dieser Stadt aufbewahrt werden. Außerdem beherbergt das Museum auch ein Schädelfragment, das es ermöglichte, ein Lebewesen zu rekonstruieren, das vor 20 000 bis 30 000 Jahren hier lebte: *Paractotherium*. Wie viele andere große Bewohner des äußersten Nordens und Südens der Erdkugel verschwand es gegen Ende der letzten Eiszeit.

Australien

20 Uhr. Wir essen im Restaurant Charles Darwin zu Abend. Es ist mir etwas peinlich, in einem Lokal zu essen, das meinen Namen trägt, und ich wollte eigentlich gar nicht herkommen, aber Puk hatte schon einen Tisch reserviert. Ich tröste

Links oben und hier unten: Fuerte Bulnes

Links unten: Ein bunt geschmücktes Grab

mich damit, dass das Essen hier eigentlich gar nicht übel ist.

Alles in allem hat das Restaurant überhaupt nichts Darwinistisches an sich, mit Ausnahme einer Fototapete, auf der eine alte Weltkarte dargestellt ist. Martin zeigt auf die Stelle, an der wir uns gerade befinden. Dann folgt er mit dem Finger der Route der *Beagle*.

Rechts: Überreste eines verbrannten Waldes

Jan fällt auf, dass auf der Karte Australien fehlt. Das liegt daran, dass es noch nicht entdeckt war, als sie gezeichnet wurde.

16. Januar. Windgepeitschte Trockensteppe

Rinder auf einer Weide an der Straße zwischen Punta Arenas und Puerto Natales

Wir sind unterwegs nach Puerto Natales, unserem nächsten Etappenziel. Die Straße ist zweispurig, asphaltiert und schnurgerade. Hier sieht es genauso wie im argentinischen Teil Patagoniens aus: eine windgepeitschte Trockensteppe unter einem weiten Himmel. Als wir anhalten, um eigenartige baumähnliche Gebilde aus Metall zu fotografieren, ist

der Wind so wild und stürmisch, dass nicht nur unsere Kopf-
bedeckungen davonfliegen, sondern dass auch die Autotü-
ren von alleine aufgehen und wir uns nur mit Mühe aufrecht
halten können.

Puk verliert das Gleichgewicht und seine neue Kamera fällt
auf den Boden. Dafür entdecken wir, dass es sich bei der seltsamen Installation um ein Kunstwerk handelt. Es trägt den
Titel *Denkmal für den Wind*.

3. Die Höhle des Mylodon

Die Letzte Hoffnung

Wir kommen zur Bucht Ultima Esperanza, was übersetzt »Letzte Hoffnung« bedeutet. Ein vielsagender Name. »Auch diesen Ort hatte ich mir anders vorgestellt«, meint Martin, als wir Puerto Natales erreichen. »Ich dachte, der Hafen sei von hohen Bergen eingerahmt.«

Schwarz-halsschwan

Hinter Puerto Natales steigt die Landschaft nur sanft an und der ruhige Meeresarm erinnert an einen Schweizer See. Auf ihm schwimmen Schwäne mit schwarzen Hälsen. Im Augenblick ist der Hafen leer, doch stellt er eine wichtige Zuflucht für die Schiffe dar, die an der am stärksten zerklüfteten und gefährlichsten Küste der Welt entlangfahren müssen.

Die Berge ringsherum sind mit einem Hauch von Schnee bestäubt. Jetzt ist Sommer und die Sonne geht gegen zehn Uhr abends unter. Im Winter – wenn auf der Nordhalbkugel Hochsommer ist – herrschen hier meterhoher Schnee, Eis und Dunkelheit.

Als die *Beagle* vorbeikam, lebten hier nur wenige umherstreifende Indianer. Später gründeten europäische Siedler Schafzuchten, die nur vom Meer aus erreichbar waren. Dann kam der Tourismus. Alljährlich besuchen Tausende von Menschen den nahe gelegenen Nationalpark Torres del Paine. Puerto Natales hat inzwischen 20 000 Einwohner. Das älteste Haus ist keine hundert Jahre alt.

»Schaut nur, es gibt auch ein Hotel Charles Darwin«, ruft Jan und zeigt so begeistert auf ein Schild, als hätte er gerade eben Amerika entdeckt.

Links: Puerto Natales: unser Hotel am Hafen

Puerto Nata-les: Eine Straße im Zentrum

In der Höhle des Mylodon

Es ist ein nettes Hotel. Von meinem Zimmer im dritten Stock aus kann ich den Fjord sehen.

Nachdem wir ausgepackt haben, treffen wir uns alle unten in der Lobby. Da es noch einige Stunden hell bleiben wird, beschließen wir, uns die Cueva del Mylodon anzuschauen, die Höhle des Mylodon.

Die Höhle ist größer als erwartet. Ein großes Linienschiff würde hineinpassen. Sie entstand durch eine Gletscherzunge, die sich in der Zeit, als die gesamte Region von Gletschern bedeckt war, in den Fels hineingrub. Auch die Umgebung ist sehr schön. Jahrhundertealte Buchen rahmen rötliche Basaltfelsen ein. Der Sonnenuntergang und die Stille ringsum verleihen der Höhle einen besonderen Zauber. Wir haben Glück, das nicht gerade Unmengen von Touristen da sind, die diese Stimmung zerstören würden.

Das Geheimnis der Zwergpferde

Die Mylodon-Statue ist mit vier Metern Höhe lebensgroß. Der Mylodon war ein seltsames Tier. Er ähnelte den Faultieren, die heute im tropischen Regenwald leben. Trotz seiner Respekt einflößenden Größe war er ein friedlicher Pflanzenfresser. Man fand seine Überreste um 1895 in einer Höhle, zusammen mit denen anderer Tiere und Spuren der ersten menschlichen Bewohner der Gegend.

Der Mylodon starb vor ungefähr 8000 bis 10 000 Jahren aus, zusammen mit den großen Bären, der Säbelzahnkatze, dem Macrauchenia, dem Riesenfuchs und den Zwergpferden.

Martin liest aufmerksam das Schild mit diesen Informationen. Das Aussterben der kleinen Pferde verblüfft ihn. Alle ausgestorbenen Arten waren wesentlich größer als ihre heute lebenden Nachfahren. Man kann ihr Verschwinden und die Entstehung kleinerer Arten durch den Klimawandel erklären. Aber warum verschwanden die kleinen Urpferde vom amerikanischen Kontinent? Sie hatten hier alles, was sie brauchten. Als viele Jahrhunderte später mit den Schiffen der Konquistadoren europäische Pferde nach Amerika kamen, fühlten sie sich hier so wohl, dass sie sich problemlos vermehrten und bald über den gesamten Kontinent ausbreiteten.

Puerto Natales: Ein Fischerboot liegt auf dem Trockenen.

Wer war schuld am Verschwinden der amerikanischen Urpferde? Der Klimawandel oder der Mensch oder aber beide Faktoren gemeinsam?

Tragische Inseln

Wir sind wieder im Hotel. Morgen werden wir zum Nationalpark Torres del Paine fahren. Auf meiner Reise mit der *Beagle* konnte ich diesen Teil der Anden nicht erkunden. Fitz-Roy hatte an der Küste zu viel zu tun, als dass er Zeit gehabt

Eingang zur Höhle des Mylodon

hätte, mich in irgendeiner Bucht an Land abzusetzen, damit
ich das Hinterland erkunden konnte.

Hier gibt es zahlreiche Inseln. Die Küstengewässer sind
durch all diese Fjorde, Inseln und Riffe, Strömungen und
Winde sehr gefährlich und ihre Namen erinnern an vergan-
gene Tragödien: South Desolation (»Südliche Verzweiflung«),
Costa Inabordable (»Unerreichbare Küste«), Golfo de Peñas
(»Golf der Klippen«).

Das Loch über dem Kopf

Die Sonne ist vor über einer Stunde untergegangen und noch
erhellt perlmuttfarbenes Licht die Lagune. Im Fjord ist die See
spiegelglatt. Das Labyrinth der Kanäle zwischen den zahllosen Inseln fängt die Wucht des Ozeans ab. In Puerto Natales
ist es immer ruhig.

Wir bereiten die morgige Etappe vor.

Elisabeth reicht mir eine Tube Sonnencreme. Sie sagt, dass
es in diesen Breiten wichtig ist, sich vor der Sonne zu schützen.

Der Grund, den sie mir dafür nennt, erstaunt mich sehr:
»Über dem Südpol ist die Ozonschicht aufgerissen, die die
Erde vor ultravioletten Strahlen
schützt. Verantwortlich dafür sind Gase, die inzwischen
überall auf der Welt verboten
wurden. Aber der Schaden ist da,
und es wird Jahre dauern, bis
sich die Situation wieder nor-
malisiert hat. In diesen Breiten
brennt die Sonne nicht nur inten-
siver, sondern kann beim Menschen
auch Hautkrebs und Augenschäden
verursachen und bei Pflanzen und
Tieren Mutationen bewirken.«

Rechts:
Ein Mylo-
don. Zum
Vergleich
daneben ein
moderner
erwachsener
Mensch mitt-
lerer Größe.

Sie sieht, wie verblüfft ich bin, und fährt fort: »In Punta Arenas wird der Bevölkerung sogar geraten, in den Stunden mit stärkster Sonneneinstrahlung im Haus zu bleiben.«

Puerto Natales, fotografiert am 15. Januar 2007

Ich gehe schlafen. Morgen liegt ein anstrengender Tag vor uns. Ich stecke die Sonnencreme ein und nehme mir vor, Elisabeths Rat zu beherzigen.

Eure Welt ist schon verrückt: Ihr habt Pest und Cholera besiegt und müsst dafür jetzt vor einem Sonnenbrand Angst haben.

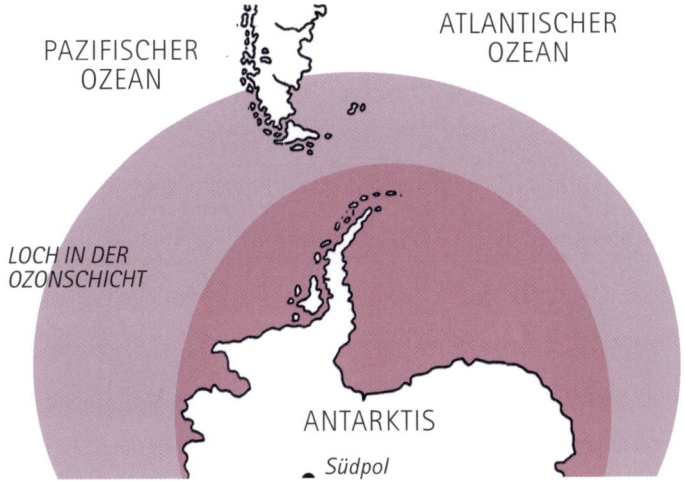

4. Uneinnehmbare Türme

16. Januar

Wir haben Puerto Natales und die Symbole eurer Kultur hinter uns gelassen: funktionierende Handys, Tankstellen und geteerte Straßen. Denn im Nationalpark Torres del Paine ist dies alles kaum oder gar nicht vorhanden. Dafür bietet der Park eines der erstaunlichsten Panoramen Südamerikas. Federico hat es sich eine Weile angesehen. Dann hat er seine Mappe rausgeholt, Papier und Bleistift genommen und angefangen, die Torres, die hohen Türme aus Basalt und Granit, zu zeichnen.

Oben: Eingang zum Park

Links: Die Torres del Paine

Die Torres del Paine sind nicht so hoch wie der Aconcagua und die Vulkane, die weiter nördlich auf uns warten, doch haben sie das beeindruckende Aussehen einer Festung von Riesen.

Aus der Tiefe in den Himmel

»Das ist ja Geologie hautnah erlebt«, murmelt Federico, während er eilig eine Skizze nach der anderen anfertigt. Ich frage mich, wie er bei dem Geruckel des Pick-ups überhaupt zeichnen kann.

»Was ist Basalt?«, fragt Puk.

»Hartes, kompaktes vulkanisches Gestein, gewöhnlich von dunkler Farbe. Im Prinzip ist es Lava, die unter dem Meer abkühlte. Ein Großteil des Bodens der Ozeane besteht aus Basalt.«

»Und wie kommt der Basalt da oben rauf?«, unterbricht Puk und zeigt auf die großen schwarzen und ockerfarbenen Felsbrocken der Torres.

»Vor Millionen von Jahren ruhte dieses Gestein auf dem Meeresboden. Irgendwann stieß die Kontinentalplatte, zu der es gehörte, mit einer anderen Platte zusammen. Dadurch entstanden die Auffaltungen, die die Anden und diesen Gebirgszug hier bilden. Zwischen die Schichten drang geschmolzener Granit ein. Dann formten Wind und Wasser die Berge. Das Ergebnis kann sich ja durchaus sehen lassen.«

Unerschrockene Guanakos

»Granit? Und was ist das genau?« Puk hat offenbar beschlossen, heute etwas für seine Bildung zu tun.

»Auch Granit ist ein sehr altes Gestein, das sich aber in tiefen Erdschichten verdichtete. Es ist immer hell oder rosafarben und enthält viel Quarz und dunkle oder schwarze Körner.«

»Und das alles ist ebenfalls dort oben gelandet, in 3000 Metern Höhe. Faszinierend«, stellt Puk abschließend fest.

Das Massiv der Torres del Paine, von der Bucht Ultima Esperanza aus gesehen – so wie es auch von der Beagle *aus gesichtet wurde*

Inzwischen sind wir im Nationalpark angelangt und an drei Seen vorbeigekommen, deren strahlendes Blau künstlich wirkt. Auf ihnen rasen Wellen dahin wie bei stürmischer See. Dann durchqueren wir ein tiefes, wüstenartiges und ockerfarbenes Tal. Am Talende, wo sich die Straße in eine enge Schlucht einfädelt, erwartet uns eine Herde neugieriger Guanakos, die unser Anblick keineswegs zu erschrecken scheint.

»Fantastisch!«, ruft Elisabeth.

Mir kommt es vor, als sei ich in meine Zeit zurückgekehrt, in die Zeit meiner ersten Reise, als sich die Guanakos nicht einmal von Gewehrschüssen vertreiben ließen.

Das Hotel im See

Den ganzen Tag über scheint die Sonne an einem wolkenlosen Himmel. Als wir den Pehoé-See erreichen, wartet dort eine Überraschung auf uns. Das Hotel, in dem wir übernachten wollen, steht auf einer kleinen Insel mitten im See. Auf einer hundert Meter langen Fußgängerbrücke gehen wir hinüber. Der Wind ist so stark, dass wir auf der Hälfte der Strecke nicht mehr aufrecht gehen können, aber wir sind begeistert, und besonders glücklich ist Federico, der nun von hier aus in Ruhe alle Berge zeichnen kann.

Die Hostería Pehoé mitten im Pehoé-See, am Fuße der Torres del Paine

Virginia und Jan erkunden die Insel, wir packen aus, Martin verschickt einige Fotos übers Internet. Nach dem Sonnenuntergang treffen wir uns zum Abendessen. Morgen werden wir früh aufstehen, denn wir wollen zum Grey-Gletscher.

Das Gesetz des Eises

Auf meiner Reise mit der *Beagle* hielten wir uns von sämtlichen Gletschern fern. FitzRoy hatte dafür gute Gründe: Hier reichen die Gletscher bis zum Meer oder münden wie weiße Flüsse in Seen wie den Grey-See oder den Argentino-See. Ständig lösen sich von der Gletscherfront Eisberge, die so hoch wie mehrstöckige Häuser sind. Für Schiffe wie die *Beagle* stellten sie eine tödliche Gefahr dar.

Für jeden, der sich für die Natur und ihre Gesetze interessiert, sind Gletscher faszinierend. Ich zum Beispiel habe mich immer gefragt, warum es in dieser Region, die vom Südpol ebenso weit entfernt ist wie die Schweiz vom Nordpol, Glet-

Oben: Eine Graukopf-gans geht im Garten des Hotels spazieren.

Rechts: Das erwartet uns: die Front des Grey-Gletschers

scher auf Meereshöhe geben kann. Der Grund dafür liegt in dem komplexen Geflecht von Faktoren, die für das Klima eines Gebiets verantwortlich sind. Die Breite und die Höhe über dem Meer sind nur zwei dieser Faktoren.

In der Hosteria Pehoé, dem Hotel mitten im See, fragt Martin: »Ändert sich das Klima auch bei Ihnen?«

»Es schneit weniger«, antwortet der Portier. »Sowohl hier als auch auf den Gletschern.«

17. Januar

Wenn man vor Sonnenaufgang aufsteht, kann man bei den Torres del Paine interessante Begegnungen machen. Als ich aus dem Hotel hinausgehe, stolpere ich beinahe über ein Pärchen Graukopfgänse. Hunderte kleiner, schwalbenähnlicher Vögel fliegen niedrig über dem See. Europäische Kaninchen, Andenfüchse, Nandus und scheue Gürteltiere überqueren die Straße, auf der wir zur Anlegestelle des Schiffs fahren, das uns zum Grey-Gletscher bringen soll. Der schönste Anblick aber, der sich uns an diesem Morgen bietet, ist ein Hirsch, der, von Nebel und Gestrüpp halb verborgen, unbeweglich zusieht, wie wir vorbeifahren.

»Er hat grüne Ohren«, ruft Jan, der ihn als Erster gesehen hat.

»Das ist türkisfarbenes Fell, das in seinen Ohrmuscheln wächst«, erklärt Elisabeth, die erkannt hat, um was für ein Tier es sich hier handelt: um einen *huemul* oder Andenhirsch, eine bedrohte patagonische Hirschart. Durch die Einrichtung des Parks konnte sie vor dem Aussterben gerettet werden und mittlerweile leben hier einige hundert dieser Hirsche.

Es sind gesellige, friedliche Tiere. An einer anderen Stelle treffen wir zwei weitere. Wir können sie fotografieren und sogar nahe an sie herangehen, ohne dass sie erschrecken.

CHILE

Chonos-
Inseln

Aisén

Chacabuco

✈ Flughafen
  Balmaceda

San-
Rafael-
Lagune

CAMPO
DE HIELO NORTE

Golfo
de Peñas

CAMPO
DE HIELO SUR

Torres del Paine
Bucht Ultima
Esperanza

Puerto Natales

PAZIFISCHER OZEAN

✈ Punta Arenas

N
W   O
S

5. Die letzten Gletscher

17. Januar
Bei dem Hotel Hosteria Grey wartet schon das
Boot, das uns zum Gletscher bringen wird.
Wir sind noch einige Kilometer vom Gletscher
entfernt, aber ein kleiner Eisberg, dessen Spitze so hoch wie
ein dreistöckiges Haus ist, kommt uns entgegen und läuft nur
wenige Meter vor dem Hotel auf Grund.

*Oben: Eine
Bootsfahrt
in der Bucht
Ultima Espe-
ranza, der
»Bucht der
letzten Hoff-
nung«*

Das Boot ist voller junger Leute, die aus allen Teilen der
Welt hier zusammengekommen sind. Einige von ihnen wollen zu einem Campingplatz in unmittelbarer Nähe des Gletschers. Virginia und Jan würden sich ihnen am liebsten anschließen.

Der Grey-Gletscher ist nicht so berühmt wie der argentinische Gletscher Perito Moreno. Dabei ist er der südlichste
Ausläufer desselben riesigen Eisfelds, das sich zwischen dem
48. und dem 52. Breitengrad erstreckt: des Campo de Hielo
Sur, eine der größten Süßwasserreserven des Planeten.

»Er wird zusehends kleiner«, bemerkt der Fremdenführer,
als wir an der Gletscherfront vorbeifahren.

18. Januar
Wir sind nach Puerto Natales zurückgekehrt und fahren jetzt
mit einem Boot die Bucht Ultima Esperanza hinauf, ein Fjord,
der tief zwischen die Anden reicht. Ebenso wie gestern meint
es das Wetter mit uns nicht besonders gut. Verglichen mit
den Gletschern, die ich von der *Beagle* aus sah, kam mir der
Grey-Gletscher am gleichnamigen See klein vor und der Balmaceda-Gletscher wirkt nicht mehr so beeindruckend wie

noch vor ein paar Jahren, als er, wie man mir erzählte, noch bis zum Meer reichte. Heute endet er mehrere Dutzend Meter vor dem Ufer.

»In den letzten Monaten ist er 30 Meter zurückgewichen«, erklärt der Führer. »Alle Gletscher am Pazifischen Ozean schrumpfen ungefähr im gleichen Tempo, ausgenommen ein paar wenige wie der Gletscher Pius XI., der sich jedes Jahr ein paar Meter voranschiebt.«

Ein Wasserfall an der Bucht Ultima Esperanza

»Das sind nur Ausnahmen, die aber die Theorie des Klimawandels bestätigen, denn dieser Wandel ist nicht nur darauf beschränkt, dass überall die Temperaturen um ein paar Grade ansteigen.«

Federico macht vom Balmaceda-Gletscher mehrere Aufnahmen, denn er will ihm ein großes Gemälde widmen. Dann fährt das Boot weiter und nach ungefähr 20 Minuten gehen wir im Park Bernardo O'Higgins an Land.

Hier ergießt sich der Serrano-Gletscher in eine kleine Lagune über Meeresniveau. Der Anblick ist atemberaubend, obwohl der Gletscher seit damals, als ich ihn zum ersten Mal sah, ebenfalls Hunderte von Metern zurückgewichen ist. Im Park Bernardo O'Higgins werden Tier- und Pflanzenwelt geschützt, doch niemand kann die Gletscher vor der globalen Erwärmung schützen.

Während ich aus dem Boot aussteige, um zu Fuß zur Front des Serrano-Gletschers zu gehen, beobachte ich einen Mann dabei, wie er einen kleinen Eisberg harpuniert. Er zieht ihn näher ans Ufer, schlägt mit einem Hammer einige Stücke ab und legt sie in einen Plastikbehälter. Ich vermute, dass er dies zu Forschungszwecken tut, aber ich irre mich. Später stelle ich fest, dass es sich um ein Ritual handelt, das man hier immer wieder beobachten kann. Der Mann hat sich Eis besorgt, um den Passagieren später den beliebtesten chilenischen Cocktail servieren zu können: den *Pisco Sour*, der besonders wegen seines symbolischen Werts geschätzt wird. Das Eis war ursprünglich Schnee, der vor Hunderten von Jahren auf den Gletscher fiel und sich ganz langsam auf uns zubewegte, hinunter ins Tal und in unsere Zeit.

»Vielleicht trinken wir hier gerade Wasser, das zur Zeit Julius Cäsars als Schnee auf die Berge fiel.«

19. Januar

Wir teilen uns auf. Es gibt Probleme mit dem Schiff, das uns in das tausend Kilometer weiter nördlich gelegene Puerto Montt bringen sollte. Es wird gerade repariert. Die Angestell-

Oben: Der Serrano-Gletscher am 18. Januar 2007

Jährliche Niederschlagsmenge: 4000 mm!

250 mm!

Pazifischer Ozean

Anden

Torres del Paine

Campo de Hielo Sur

Inseln und Fjorde

Puerto Natales

Links: Die Niederschläge in der Region

ten der Schifffahrtsgesellschaft bedauern es sehr und bitten uns, auf das folgende Schiff zu warten. Virginia, Jan und Federico haben beschlossen, das auch zu tun. Wir anderen, also Martin, Elisabeth, Puk und ich, entscheiden uns jedoch dafür, nach Puerto Chacabuco zu fliegen und dann mit einem Katamaran zum Gletscher San Rafael zu fahren.

Der einzige mögliche Weg dorthin ist der Seeweg, denn nördlich des Nationalparks Torres del Paine gibt es in Chile keine Straßen mehr.

Die Alternative bestünde darin, über die Grenze nach Argentinien und dann auf der Ruta 40 zu fahren, aber das wäre ein Hunderte von Kilometern langer Umweg.

Unser Flug dauert nur eine gute Stunde. Der Flughafen von Balmaceda ist so neu, dass er auf Karten noch nicht eingezeichnet ist. Ringsherum gibt es nichts, nur die Grenze zwischen Chile und Argentinien und die öde patagonische Wüste. Es ist überraschend heiß, viel zu heiß für unsere warmen Jacken.

Unser neuer Touristenführer heißt uns willkommen und entschuldigt sich gleich für die hohen Temperaturen. »Im Juli und August«, erzählt er, »sinkt das Thermometer auf minus 30 °C und es bildet sich eine 50 Zentimeter dicke Eisschicht.«

Der nutzlose Hafen

Victor, unser Begleiter, fährt sehr schnell. Die Pazifikküste ist noch fern, doch die Landschaft verändert sich erstaunlich rasch.

Nachtreiher

Der Park-
ranger zeigt,
wie breit der
Stamm war,
als die Beagle
hier vorbei-
kam. Der
Baum ist eine
Legna, auch
Südbuche
genannt, und
starb 1968
ab.

»Hier sieht es so aus wie in Mittelitalien oder wie in manchen Gegenden Südfrankreichs«, meint Puk.

Wir fahren an einem Flüsschen entlang und sehen sanfte Hügel, an deren Hängen vor Kurzem Weizen geerntet wurde. Wir überqueren mehrere Brücken und halten bei einem kleinen Wasserfall.

»Eigentlich«, erklärt Victor, »ist das Klima hier außerhalb dieser Jahreszeit alles andere als mild.«

Wir befinden uns in der Region Aisén, deren Hauptstadt Coyhaique wir schon hinter uns gelassen haben. Vor uns liegt Puerto Aisén.

Doch ganz offensichtlich ist dieser Puerto kein Hafen, oder besser: kein Hafen mehr.

Wir hatten diesen Fjord seinerzeit mit der *Beagle* erkundet, und ich schrieb einige Seiten über den Chonos-Archipel, eine Inselkette, die parallel zur Küste verläuft. Die Inseln wurden von Indianern bewohnt, deren Kultur mir weniger komplex erschien als die der Tehuelche, die im Landesinneren lebten.

Puerto Aiséns Geschichte ist sehr kurz. Stadt und Hafen entstanden um 1928, als die riesigen Wälder der Gegend niedergebrannt wurden, um Rinderweiden zu schaffen. Damals beförderte man Puerto Aisén zur Hauptstadt der Region, doch in den 1970er-Jahren wurde es von einer Reihe schrecklicher Überschwemmungen verwüstet. Der Hafen verlandete und die Stadt verlor an Bedeutung.

»Da sieht man es mal wieder«, stellt Elisabeth fest. »Wenn die Bäume gefällt werden, bricht früher oder später alles zusammen.«

Wir rollen über die inzwischen kaum noch befahrene Presidente-Ibañez-Brücke und erreichen bald Puerto Chacabuco, wo eine besonders schöne Etappe unserer Reise beginnt.

DAS DARWIN PROJEKT

Dossier »Letzte Gletscher«

Oben: Die 21 de Mayo, das Schiff, das von Puerto Natales die Bucht Ultima Esperanza hinauffährt

CUTTER "21 DE MAYO"
Y/M "A. DE AGOSTINI"
Ladrilleros N° 171 - Fono: 411176 - Fono/Fax: 411978
Puerto Natales - Chile - Patagonia

NAVEGACION A LOS GLACIARES

Federico Canobbio Codelli und seine am 15. Januar 2007 angefertigte Skizze des Cerro Balmaceda. Die Front des Gletschers wich in den letzten Jahren zurück. Die Seitengletscher verschwanden ganz, an ihre Stelle traten kleine Wasserfälle.

»Beinahe jeder Meeresarm, der bis zur innersten, höchsten Bergkette hinaufreicht, endet mit einem gewaltigen Gletscher. Häufig stürzen von diesen Wänden große Eisblöcke hinunter, und das dabei entstehende Donnern, das in den einsamen Kanälen widerhallt, ist so laut wie die von einem Kriegsschiff abgefeuerte Breitseite.«

Charles Darwin,
Die Fahrt der Beagle, 1839

Federico Canobbio Codelli,
Der Cerro Balmaceda an einem windigen Tag
vom Meer aus gesehen, *15. Januar 2007*

Durch die Bucht Ultima Esperanza schiebt sich der
Pazifische Ozean zwischen die Gipfel des Paine-Massivs.

*Diese vorbereitende Skizze für das Gemälde des Cerro Balmaceda
(2035 m) entstand vom Heck der 21 de Mayo aus, während ein
schneidend kalter Wind das Deck mit eisiger Gischt besprühte.*

6. Vier Jahreszeiten an einem Tag

Eissturmvogel

20. Januar

Vor Kurzem haben wir Puerto Chacabuco verlassen. Wir befinden uns an Bord eines großen, modernen Katamarans, der mit beachtlicher Geschwindigkeit nach Süden zur San-Rafael-Lagune fährt, dorthin, wo Chiles nördlichster Gletscher kalbt. Die Sonne scheint über den Chonos-Inseln und den fernen Gipfeln der Anden. Wir stehen im Hemd am Bug. Der Wind und die Kälte Patagoniens sind fast schon vergessen.

Die Vegetation der Inseln ist dicht und leuchtend grün. Bäume und Sträucher bilden undurchdringliche Wälder. Die meisten Bäume sind sogenannte Südbuchen oder Lengas, eine in Feuerland heimische Scheinbuchenart. Außerdem sehe ich Zypressen, hohe Myrten und andere, für die Region Aisén typische Pflanzen.

Links: Die Front des Gletschers San Rafael

Zu meiner Zeit waren diese Inseln vom Volk der Chonos bewohnt. Sie lebten in kleinen Häusern, die sie mit Laub und Fellen deckten, und fischten von Booten aus. Heute werden hier Lachse gezüchtet. Rote Bojen markieren die Netze, in denen sie herumschwimmen.

»An diesem ganzen, 300 Kilometer langen Küstenabschnitt«, erzählt uns Manuel, einer der Touristenführer an Bord des Katamarans, »lebt nur ein einziger Mensch, ein über 75-jähriger Mann, der schon seit 35 Jahren da ist.«

Als der Katamaran an seinem Haus vorbeifährt, lässt ihn der Kapitän mit der Sirene grüßen.

Die Küste der Schiffbrüche

Ich weiß noch, dass wir auf meiner ersten Reise ein Stück
weiter nördlich an der Küste unter einem Felsen Spuren fanden, die ein Indianer oder noch wahrscheinlicher ein Schiff-

brüchiger hinterlassen haben musste. Sie bestanden
aus einem Schlaflager aus
Gras und den Überresten
eines Feuers. Ich musste
an die Stürme denken, die
uns an Bord der *Beagle*
mehr als einmal um unser
Leben hatten fürchten lassen. Nach einem Schiff-

Die Anden, bruch wäre es sicher nicht einfach gewesen, das Ufer zu er-
vom Meeres- reichen, aber noch viel schwieriger, dort zu überleben. Später
arm zwischen trafen wir dann sechs Schiffbrüchige eines amerikanischen
der Küste und Walfängers. Sie hatten der Katastrophe mit einem Rettungs-
den Chonos- boot entkommen können, das dann aber von der Brandung
Inseln aus zerschmettert worden war.
gesehen

Fünfzehn Monate waren sie
an der Küste entlanggeirrt. Einer
ihrer Kameraden war von einem
Felsen gestürzt und gestorben,
weil ihm niemand zu Hilfe kommen konnte.

Inzwischen ist das Wetter um-
geschlagen. Der Himmel hat sich
verdunkelt und ein eisiger Wind
zwingt uns in den Aufenthaltsraum des Katamarans.

Wir bekommen *Pisco Sour*
angeboten, und man lädt mich
ein, mit dem Cocktailglas in der

Hand die Kommandokabine zu besichtigen. Sie ist ganz anders als die Kommandobrücke der *Beagle*. Überall stehen Radarschirme, Monitore und Radiogeräte. Der Kapitän ist ein hochgewachsener Chilene deutscher Abstammung. Er zeigt mir, wie das kleine und leicht zu manövrierende Ruder funktioniert. »Man muss aufpassen«, sagt er. »Es besteht immer Gefahr, einer teilweise im Wasser verborgenen Eisplatte zu begegnen.« Und tatsächlich kommen wir der San-Rafael-Lagune immer näher.

Das Eis, das es nicht mehr gibt

Als wir mit der *Beagle* diese Küste erforschten, war das Wasser, auf dem wir jetzt fahren, größtenteils von Eis bedeckt. Es bildete eine weiße, Dutzende von Metern hohe und ungefähr 50 Kilometer lange Mauer, von der sich ständig neue Eisberge lösten, die so groß wie Kirchen waren. Das Eis dieses Gletschers besteht aus Schnee, der in den Anden fällt und den Campo de Hielo Nord bildet. Heute ist die Front des Gletschers San Rafael nur noch einige hundert Meter lang und

Die Front des Gletschers San Rafael war vor zwei Jahrhunderten mehrere Dutzend Kilometer breit.

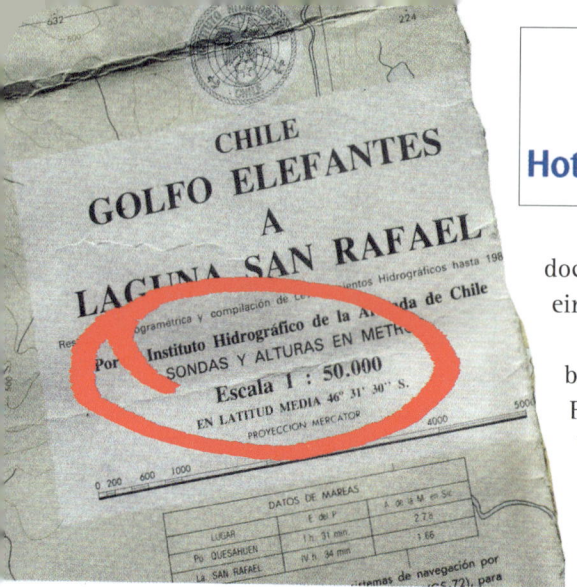

doch wirkt er immer noch beeindruckend.

Mit einem Motorschlauchboot fahren wir dicht an die Front heran, und uns wird klar, wie groß er tatsächlich ist. Wenn sich ein größeres Eisstück ablöst als gewöhnlich, könnten wir im eiskalten Wasser der Lagune landen.

»Uns würden nur wenige Minuten bleiben, bis sämtliche Vitalfunktionen zum Erliegen kommen«, sagt Martin.

»Deshalb ist es wichtig, die Leine der Rettungsweste gut zu befestigen«, erklärt Manuel, »denn mittels dieser Leine können wir alle auf einmal aus dem Wasser gezogen werden.«

Wo jetzt Wald ist, gab es früher nur Eis.

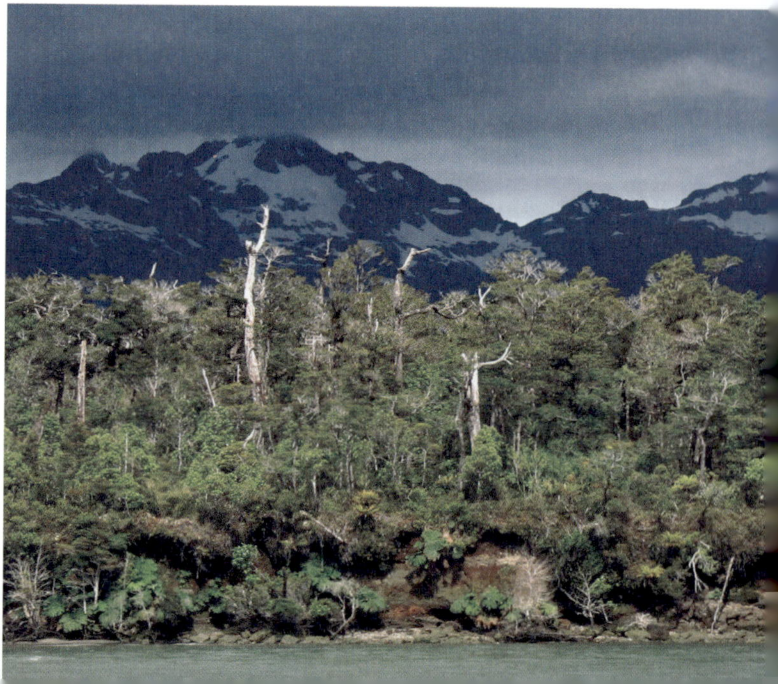

Auf einigen Eisplatten sitzen auffällig bunte Vögel. Ohne sich von Wind und Kälte stören zu lassen, beobachten sie uns gebannt.

Der Traum von einem Kanal

Wir haben uns von dem Gletscher bereits wieder entfernt, als uns ein eigenartiges Phänomen auffällt. Eine lange Reihe kleiner Eisberge kehrt zu der Front zurück, von der sie abgebrochen sind. Sogar in der seichten Lagune sind Strömungen am Wirken.

Dort, wo das Eis schmilzt, enthält das Wasser weniger Salz und ist deshalb weniger dicht als das übrige Meerwasser. Das salzigere Wasser aber bewegt sich auf das weniger salzige zu, um den Druck auszugleichen.

Außerdem ist das von der Sonne erwärmte Wasser weniger dicht als das kältere Wasser in größerer Tiefe.

»Durch die Anwesenheit der Gletscher entsteht ein ganzes System von Strömungen.«

»Und was, wenn es keine Gletscher mehr gibt?«

»Die Strömungen würden dann anders verlaufen und Mikroklima und Umwelt würden sich verändern.«

»Hier ist das schon geschehen«, schaltet Martin sich ein und zeigt auf die Ebene rings um die Lagune. »Jetzt ist es hier grün und Vögel und andere kleine Tiere siedeln sich an.«

Das stimmt. Vor hundert Jahren gab es hier nur eine Eiswüste.

Vielleicht könnte der Klimawandel eines Tages sogar dazu beitragen, dass ein alter Traum verwirklicht werden kann. Man hatte vorgehabt, einen Kanal durch die Landenge zu graben, die die San-Rafael-Lagune vom Ozean trennt. Das hätte den Schiffen den Umweg auf hoher See erspart. Das Projekt wurde jedoch sehr schnell wieder aufgegeben. »Wenn man ein Loch grub«, erklärt Manuel, »füllte es sich gleich wieder mit Schnee und Eis. Es war hier so gut wie unmöglich, Erdarbeiten durchzuführen. Und das gilt – den größten Teil des Jahres über – auch heute noch.«

An der Promenade von Puerto Montt

Auf dem Katamaran wird inzwischen gefeiert. Passagiere und Besatzung trinken, machen Musik und singen in mindestens fünf verschiedenen Sprachen. Die Hölle aus Wind und Eis liegt hinter uns. Wir kehren nach Puerto Chacabuco zurück, wo wir einen lauen Sommerabend genießen werden.

22. Januar. Puerto Montt

»Auch das hier hatte ich mir anders vorgestellt«, murmelt Martin, während er vom obersten Stockwerk des Holiday Inn durch die Glasscheibe hinunter aufs Meer schaut. »Ich dachte, wir kommen in eine verlassene Grenzstadt, und stattdessen schlafen wir jetzt über einem Einkaufszentrum.«

Zu unseren Füßen liegt eine betriebsame Stadt mit fast 200000 Einwohnern. Hauptattraktion der Promenade ist eine überdimensionale, bunte Statue, die ein Liebespaar darstellt. Schiffe aus aller Welt laufen den Hafen an.

Puerto Montt: Das Denkmal für den Regen

Von Puerto Montt aus kann man die *Carretera sud* nehmen, eine neue Autobahn, die ins Innere der Region von Aisén führt, oder auch die breite Autobahn, auf der man in die 1015 Kilometer entfernte Hauptstadt Santiago fahren kann. Alte Gebäude aber gibt es in Puerto Montt kaum, denn das schwere Erdbeben von 1960 zerstörte die gesamte Stadt.

Sie wurde erdbebensicher wiederaufgebaut, und das ist wichtig, denn kleinere Beben gehören zum Alltag. Als ich heute an der Rezeption stand, merkte ich plötzlich, dass ich schwankte. Ich sah zu Martin und Elisabeth hinüber. Martin war nur verblüfft, aber Elisabeth wurde ganz blass. Das Personal dagegen schien nicht weiter darauf zu achten.

»In Chile haben wir im Jahr über 300 kleine Erdbeben«, erklärte uns der Portier seelenruhig. »Wenn es bloß ein bisschen wackelt, achten wir gar nicht darauf.«

Die Kinderbücherei von Puerto Montt und ein kleines Mädchen aus der Stadt

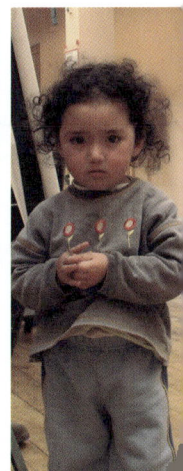

Ein gewaltiges Exemplar eines chilenischen Riesenrhabarbers, der essbar ist und auch Heilkraft besitzen soll

23. Januar. Die Mastodons

Wir besuchen das Heimatmuseum von Puerto Montt. Martin zeigt mir einen ganz besonderen Schaukasten. Er stellt dar, wie es in dieser Region vor 11 000 Jahren ausgesehen hat. Damals gab es hier noch überall Gletscher, aber auch schon eine menschliche Siedlung. In den Wäldern lebten große Pflanzenfresser, darunter die Mastodons, Verwandte der Mammuts und der heutigen Elefanten.

Auf einer Tafel ist die Wanderung nachgezeichnet, auf der diese riesigen Tiere über die Landbrücke zwischen Sibirien und Alaska auf den amerikanischen Kontinent gelangten.

»Folglich«, überlegt Puk, »sind diese haarigen Biester durch Kanada, die USA, Mexiko und die Wälder Mittelamerikas marschiert. Dann sind sie an den Anden entlanggewandert,

nur um hier aufgrund eines allmählichen Klimawandels auszusterben?«

»Ja«, antworte ich knapp. Ich habe keine Lust, die vielen möglichen Katastrophen aufzuzählen, die diesen Tieren zugestoßen sein könnten. Ich diskutierte darüber nur allzu oft mit Kapitän FitzRoy, der früher oder später stets zum gleichen Schluss kam: »Eben! Auch hier hat es die Sintflut gegeben.«

Puerto Montt:
Das Denkmal
für die ersten
Siedler

PAZIFISCHER OZEAN

N
W · O
S

Puerto Montt

Ancud

Chiloé

CHILE

Chonos-
Inseln

Aisén

Chacabuco

Flughafen
Balmaceda

San-
Rafael-
Lagune

Golfo
de Peñas

CAMPO
DE HIELO
NORTE

0   100   200   300 Meilen

0   200   400   Kilometer

7. Die Insel Chiloé

Rotkehl-
tapaculo

Erinnerungen an Chiloé

Als die *Beagle* im November 1835 im kleinen Hafen von Ancud ihren Anker warf, hieß das kleine Nest San Carlos und war Hauptstadt der Insel. Ich war schon das Jahr zuvor in Chiloé gewesen, aber dieses Mal sollte ich Zeuge eines unvergesslichen Naturschauspiels werden. An der Küste waren drei Vulkane wieder aktiv geworden. Der perfekte Kegel des Osorno hatte begonnen, riesige Wolken auszustoßen, und kündigte damit furchtbare Ereignisse an.

Die Insel gefiel mir sofort, obwohl uns der Regen oft genug daran hinderte, sie zu erkunden. Ich glaube, dass es auf der Welt nur wenige Gebiete gibt, wo es so viel regnet: mitunter 4000 Millimeter in einem Jahr.

Chiloé ist über 180 Kilometer lang und etwa 50 Kilometer breit. Vor der dem Kontinent gegenüberliegenden, zerklüfteten Küste liegen zahllose kleine Inseln. Die Küste am offenen Ozean verläuft gerader, doch ist das Gelände hier bergiger und unwegsamer. Damals lebten auf der gesamten Insel 42 000 Menschen, die meisten davon gemischter europäischer und indianischer Abstammung. Es gab nur wenige Weiden und Felder. Der Rest der Insel war von dichtem Wald bedeckt.

Links: Skelett eines Wals im Hof des Museums von Ancud

Rechts: Eine Kirche von Cachao, vom Meer aus gesehen

Rechts: Die Fähre nach Chiloé

Unten: Eine typische Holzkirche von Chiloé

Die genügsamen Insulaner ernährten sich überwiegend von Kartoffeln, die vielleicht sogar von hier stammten. Außerdem sammelten sie zwischen den Inselchen von kleinen Booten aus Schnecken und Muscheln. Trotz des fruchtbaren Bodens waren alle sehr arm, sogar der Gouverneur der Insel, ein ehemaliger Oberstleutnant der spanischen Armee. Gegen zwei Schafe tauschte er bei uns zwei meiner Baumwolltaschentücher, einigen Krimskrams und etwas Tabak ein – Dinge, die für uns alltägliche Gebrauchsgegenstände, für ihn dagegen Luxusgüter waren.

23. Januar. Mit der Fähre nach Chiloé

Mit einem gemieteten Pick-up fahren wir von Puerto Montt nach Chiloé. Unsere kleine Reisegesellschaft ist wieder komplett, doch Federico, unser Zeichner, muss sich leider von uns trennen. Er hat Verpflichtungen in Europa und wird sich uns an einer der weiteren Etappen wieder anschließen.

Die Fahrt von Puerto Montt nach Chiloé ist kurz. Schon nach 40 Minuten kommen wir bei der Fähre an. Die Überfahrt verläuft ruhig und dauert 20 Minuten. Auf dem größten Teil der Überfahrt werden wir von einem Schwarm Pelikane begleitet. Im Hafen von Chacao begrüßt uns ein Seelöwenpaar mit Schwimmkunststücken.

Ein unerwartetes Ereignis

Wir kommen in einer kleinen Pension unter und besuchen am Abend ein Konzert in der

Kirche von Achao. Anschließend
gönnen wir uns hiesige Fisch-
und Muschelspezialitäten. Genau in dem Augenblick, in dem
wir das Restaurant verlassen,
zieht am Himmel der Komet Mc-
Naught vorbei. Eine fantastische

Überraschung – auch für die Astronomen, die diesen Kometen erst am 7. August des vergangenen Jahres entdeckten.

Feldarbeit mit dem Handpflug auf Chiloé. Zeichnung von Conrad Martens, offizieller Zeichner auf der Beagle *(1835).*

»Früher galten Kometen als Vorboten von Unglücken«, bemerkt Puk, während er ein Teleobjektiv auf seine Kamera
schraubt, um den Himmel zu fotografieren.

»Mich beunruhigen eher die Wetterberichte aus den USA
und Nordeuropa«, erwidert Martin.

Wir haben vorhin im Restaurant Nachrichten gesehen und
erfahren, dass sich anderswo auf der Welt gerade wahre Na-
turkatastrophen ereignen: Tornados in Louisiana und Texas,
Stürme und Überschwemmungen in Spanien, Frankreich und
Großbritannien. Hier dagegen ist das Wetter sehr angenehm,
sogar auf Chiloé, und das, obwohl wir gerade das Jahr des El
Niño haben.

Schafe auf ihrer Weide bei Ancud

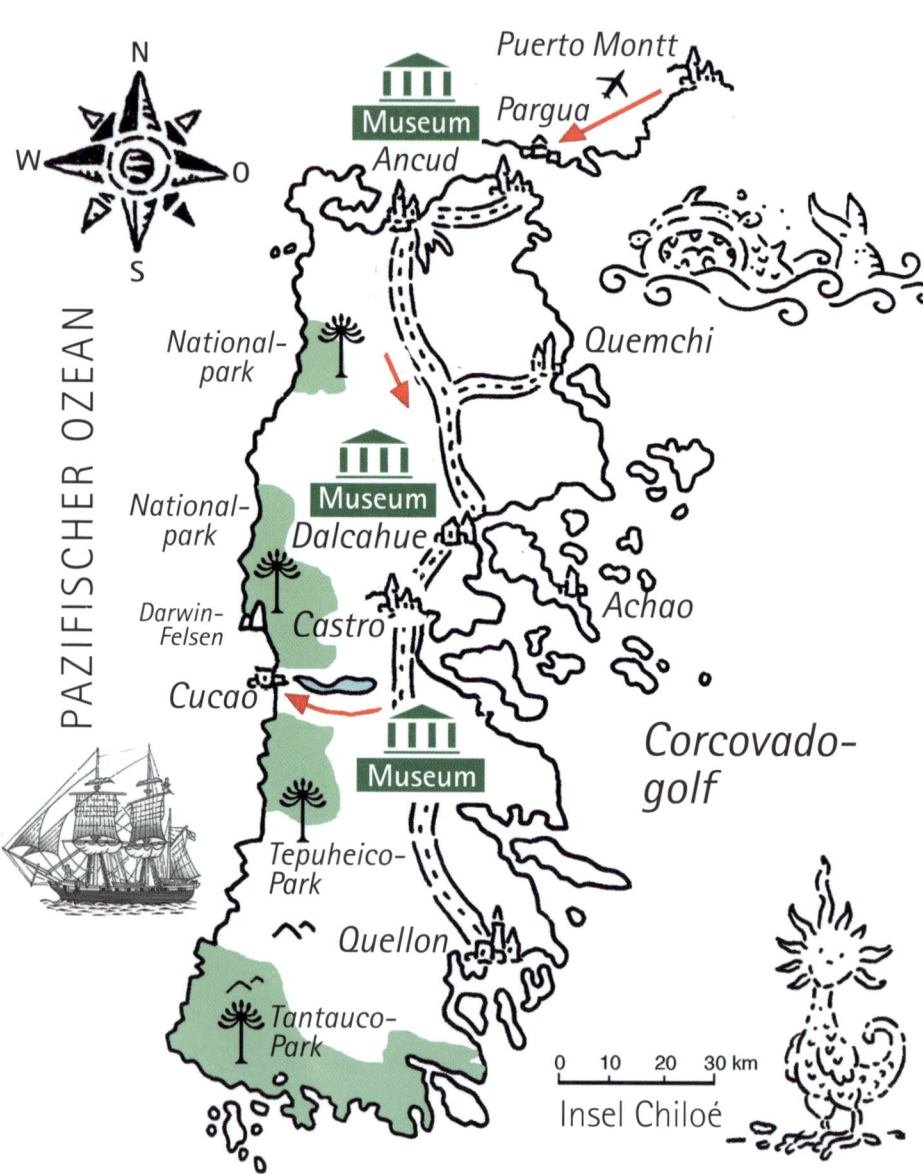

N

W O

S

Puerto Montt

Museum
Ancud

Pargua

Quemchi

PAZIFISCHER OZEAN

National-
park

National-
park

Museum
Dalcahue

Achao

Darwin-
Felsen

Castro

Cucao

Museum

Corcovado-
golf

Tepuheico-
Park

Quellon

Tantauco-
Park

0   10   20   30 km

Insel Chiloé

8. Im Jahr des El Niño

24. Januar

Wir sind in Castro, der heutigen Hauptstadt Chiloés.

Als ich Ende November 1834 hierherkam, sah das Städtchen verfallen aus. Es lebten nur wenige hundert Menschen hier und niemand besaß eine Uhr.

Die Zeitmessung war einem alten Mann anvertraut worden, der nach eigenem Ermessen ungefähr jede volle Stunde die Glocken des Kirchturms läutete. Der Hauptplatz des Ortes war eine Wiese, auf der Schafe grasten. Dafür wirkte die kleine Holzkirche ausgesprochen feierlich.

Als wir mit den Beibooten der *Beagle* landeten, waren alle sehr höflich zu uns. Sie sahen uns dabei zu, wie wir unsere Zelte aufstellten, und einige luden uns ein, in ihren Häusern zu übernachten. Geld interessierte sie nicht, aber sie tausch-

Die Kirche von Dalcahue

ten gerne ihre Besitztümer gegen unsere ein. Als Bezahlung
für ihre Hühner, Ziegen und Schweine erbaten sie sich Tabak,
Indigo, alte Kleider und Schießpulver.

Das Pulver war nicht für ihre Waffen gedacht, sondern dafür, an einem kirchlichen Feiertag möglichst viel Krach machen zu können.

Die alte Holzkirche gibt es nicht mehr. Die neue ist wesentlich größer und mit Wellblech verkleidet. Von der alten Kirche blieb nur das Portal übrig. Aus der Schafweide wurde ein
gepflegter kleiner Park, eingefasst von schnurgeraden Straßen, auf denen Lastwagen, Autos und Pferdewagen fahren.

Castro erlitt bei dem Erdbeben von 1960 schwere Schäden.
Nur die auf Pfählen erbauten Häuser blieben stehen.

13 Uhr. Ein Darwin-Snack

Virginia würde in Bahía Cucao furchtbar gerne baden, doch
Susanne rät ihr davon ab. Der Strand sieht sehr einladend
Auf der aus, doch das Wasser ist eiskalt. Eine gefährliche Strömung
Straße nach
Cucao aus der Tiefe des Pazifiks steigt hier an die Oberfläche.

Cucao, der Parador Darwin, die »Tabla Darwin« und unsere Rechnung

»Bei Valparaíso und nördlich von Santiago wird das Wasser wärmer sein«, versucht Martin, Virginia zu vertrösten.

Susanne Daun ist die Besitzerin des Parador de Darwin, dessen Gebäude die einzigen an Chiloés Pazifikküste sind. Sie kommt aus Freiburg und hat gemeinsam mit ihrem Mann Roland dieses Touristendorf gegründet. Als leichtes Mittagessen schlägt sie uns die »Tabla Darwin« vor, eine Platte mit verschiedenen Muscheln und Soßen.

Es ist mir nicht besonders angenehm, etwas zu essen, das so heißt wie ich, aber es schmeckt sehr gut.

16 Uhr. Der Strand am Pazifik

Nun haben wir den Nationalpark von Chiloé erreicht, eines der beiden Naturschutzgebiete im Westen der Insel. Hier wurde an der Vegetation niemals etwas verändert. Man darf hier nicht bauen und auch das Zelten ist verboten, doch der Strand ist uneingeschränkt nutzbar. Am Strand entlang ver-

läuft eine Piste, der wir mit dem Auto einige Kilometer lang folgen, bis wir anhalten müssen. Die Flut kommt und die Gezeitentümpel werden immer tiefer.

Ein alter Bekannter

Wir gehen zu Fuß weiter und kommen zu einem kegelförmigen Felsen. Er ist rötlich verfärbt und ich weiß auch noch, warum: wegen der Flechten, die auf ihm wachsen.

Aus der Ferne gesehen, wirkt das Gestein, als enthalte es oxydiertes Eisen. Ich weiß noch, dass mich damals eine Indianerin und ihr Sohn zu dieser Stelle begleiteten. Auch dieses Mal treffen wir nahe dem Felsen eine Indianerin mit ihrem Kind und einen jungen Weißen. Sie grüßen uns lächelnd und fahren dann fort, drei Pferde mit Lasten zu beladen. Dann führen sie die Tiere am Zügel in den Wald hinein.

Auf Chiloé widerfuhr den Indianern das gleiche Unrecht wie im übrigen Südamerika. Indianer konnten kein Land besitzen. Selbst wenn sie ein Feld bewirtschafteten, wurde es ihnen früher oder später weggenommen.

Erst viel zu spät ging die Regierung dazu über, sie zu entschädigen.

Nur den Mapuche des chilenischen Hinterlands gelang es, sich der europäischen Eroberung entgegenzustellen und sich ihre Kultur zu bewahren. Die Geschichte der Beziehungen zwischen Ureinwohnern und Einwanderern verlief über 500 Jahre hinweg sehr blutig und ist auch heute noch nicht zu einem guten Ende gelangt.

Ganz oben: Das Historische Museum von Dalcahue

Oben: Die Suche nach dem »Darwin-Felsen« und rechts der gefundene Felsen

20 Uhr. Hotel Polo Sud

Wir sind in Ancud. Das Hotel Polo Sud ist ein altes, zweistöckiges Holzgebäude am Hafen. Die Fassade erinnert an einen Saloon im Wilden Westen.

Morgen früh werden wir mit der Fähre nach Puerto Montt zurückkehren und dann unsere Reise nach Norden fortsetzen.

Martin hat sich ein paar Zeitungen gekauft und sieht sich im chilenischen Fernsehen die Nachrichten an.

»Wir sind im Jahr des El Niño«, stellt er fest. »Inzwischen redet alle Welt davon. Und wir stecken mittendrin.«

Das Klimaphänomen El Niño ist nach dem Jesuskind benannt, weil es immer in der Weihnachtszeit auftritt. Durchschnittlich wurde es alle drei bis sechs Jahre beobachtet, doch in letzter Zeit machte es sich immer heftiger bemerkbar.

Elisabeth erklärt: »Bei einem El Niño schwächt sich der kalte Humboldtstrom vor der Küste Südamerikas ab. Die Wassertemperatur erhöht sich, und das Plankton, das sich in der Tiefe befindet, steigt nicht an die Oberfläche, sondern stirbt ab. Fische finden nichts mehr zu fressen und sterben aus oder wandern in andere Meere ab. Auch die Luftfeuchtigkeit erhöht sich und die Niederschläge steigen an. Es kann zu Überschwemmungen und zu schweren Schäden für die Landwirtschaft kommen.«

Eine Indiane-
rin, die wir
nach dem
Weg fragten

»Und dann?«, will Virginia wissen.

»So genau weiß ich es auch nicht. Aber normalerweise strömt warmes Oberflächenwasser auf dem Pazifik von Südamerika in Richtung Westen. Bei einem El Niño kehrt sich dieser Prozess um und die Warmwasserschicht strömt von Südostasien nach Südamerika. An den Küsten Australiens und Indonesiens kommt es zu starker Trockenheit und großen Bränden. Gleichzeitig verändern sich die Winde. In der Folge können sich gewaltige Wirbelstürme vor Mexiko bilden.«

»Den Zeitungen zufolge«, wirft Martin ein, »hatte El Niño dieses Jahr auch Auswirkungen auf Nordeuropa.«

»Das hört sich nicht gut an«, sagt Puk und schaut dabei Elisabeth an.

Mitte:
Der Hauptplatz von San Carlos,
dem heutigen Ancud, zur Zeit
der Weltumseglung der Beagle
(Atlas von Claudio Gay, 1833)

Links und oben:
Aufnahmen des
Hauptplatzes von
Ancud, fotografiert
von Teilnehmern
des Darwin-Pro-
jekts, Januar 2007

Darwin-Fuchs

Gegenüberliegende
Seite: Eingang des
alten Museums
von Achao auf der
Insel Quinchao

DAS DARWIN-
PROJEKT

Dossier »Insel Chiloé«

»Der Volkszählung von 1832 zufolge lebten auf Chiloé und
den von der Insel abhängigen Gebieten 42 000 Seelen, von denen
die Mehrheit offenbar gemischten Blutes ist. (...) Sie alle sind
Christen, doch sollen sie angeblich einige seltsame, abergläubische
Bräuche pflegen. Auch behaupten sie, in bestimmten Höhlen mit
dem Teufel in Verbindung zu treten.«

Charles Darwin,
Die Fahrt der Beagle, 1839

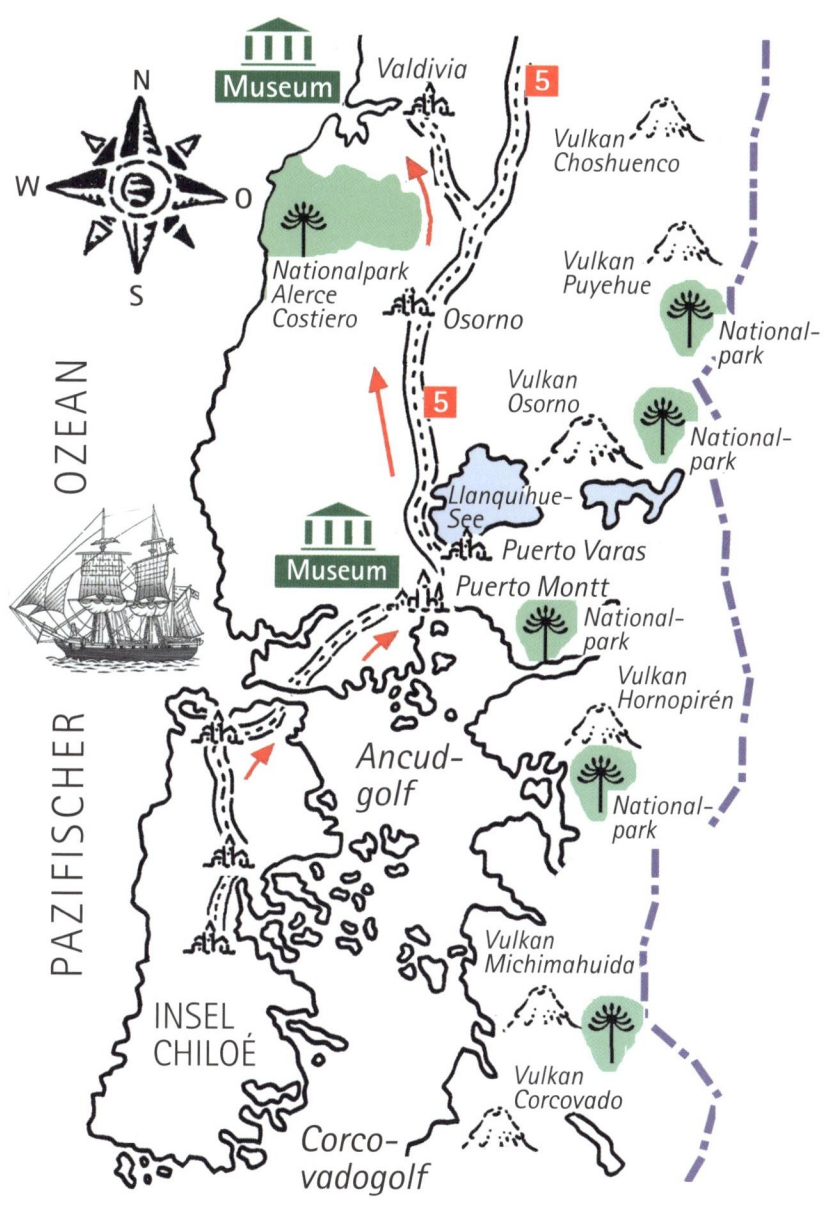

DAS DARWIN-PROJEKT

Pudu

Pudu puda (Südamerikanische Hirschgattung)

*Unten:
Eines der Pfahl-
bautenviertel
der Stadt Castro.
Hier leben
Fischer, die ihre
Boote unter den
Häusern »par-
ken«.*

*Links: Die
kleinste Hirsch-
gattung der Welt
lebt in Chiloés
Naturschutz-
gebieten.*

*Die alte Kirche von Castro, die Darwin bei seinem
Besuch auf Chiloé 1832 sah*

Rechts: Hauptplatz von Castro, 4. Januar 2007

*Oben: Eingang zur Estación
Biológica (Biologischen Forschungsstation) Senda Rawin
an der Straße zwischen Ancud
und Castro, 23. Januar 2007*

9. An den Hängen des Vulkans Osorno

25. Januar

Puerto Varas ist eine sehr ungewöhnliche Stadt. Wenn ich nachts dorthin gekommen wäre, ohne etwas zu sehen, und am nächsten Morgen aufgewacht wäre, hätte ich mich gefragt, wo ich eigentlich bin. Puerto Varas sieht nämlich nicht so aus, als würde es in Chile liegen. Eher hat man den Eindruck, man sei irgendwo in Bayern. Dieser Eindruck wird vom Aussehen unseres Hotels am See noch verstärkt, das ebenso gut in Deutschland stehen könnte. Auch die Bauweise der übrigen Häuser ist deutsch, ebenso wie die Schilder an Apotheken und Geschäften. Dabei befinden wir uns an den Hängen des Vulkans Osorno, am Ufer des Llanquihue-Sees. Heute verbirgt sich der Vulkan in dichtem Dunst, aber ansonsten ist das Wetter sonnig und mild. Dutzende von Leuten baden im See. Es ist Sommer und viele Chilenen verbringen hier ihren Urlaub oder zumindest ein Wochenende.

Bei strömendem Regen im Nationalpark Vicente Pérez Rosales

Die sogenannte Seenregion, zu der Puerto Varas und der Llanquihue-See gehören, war schon immer ein Geheimtipp für Erholungssuchende.

Nicht weit von hier fand man die über 12 000 Jahre alten Überreste einer menschlichen Siedlung. Hier lebten Nachfahren jener Menschen, die einst die Landbrücke zwischen Sibirien und Alaska überquert hatten.

Sie haben sich hier sicher wohlgefühlt. Die von dem großen Vulkan beherrschte Landschaft strahlt Frieden und Heiterkeit aus.

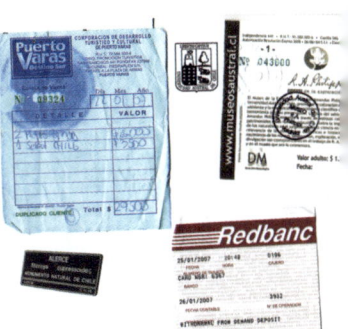

Im Land der Mapuche

Wir sind unterwegs nach Valdivia. Virginia will dort Freunde treffen.

»Heute«, sagt sie, »ist es eine Stadt mit über 140 000 Einwohnern. Eine multikulturelle Universitätsstadt, die als die sympathischste Chiles gilt.« Drei Flüsse treffen hier zusammen, um dann in den Pazifischen Ozean zu münden. Das machte Valdivia zu einem strategischen Punkt, von dem aus man den Süden des Kontinents kontrollieren konnte. Gegründet wurde die Stadt 1552 von Spaniern unter dem Befehl von Pedro de Valdivia, aber nur wenige Jahrzehnte später machten die Mapuche-Indianer sie dem Erdboden gleich. Fast ein halbes Jahrhundert lang blieb der Ort unbewohnt. Dann entstand dort eine befestigte Stadt, die fast 200 Jahre lang der einzige spanische Vorposten in der Region blieb, von ihren Bewohnern erbittert gegen die Mapuche verteidigt, die eigentlichen Herren des Landes.

Das Hinterland von Valdivia war damals dicht bewaldet. Heute dagegen gibt es hier riesige hügelige Felder mit Weizen und anderem Getreide. Wald sieht man nur noch in den

unwegsameren Gegenden, aber hier und da stehen einzelne, riesige Bäume, Überlebende einer vergangenen Zeit.

»Es sind Luma«, erklärt Elisabeth, »und sie gehören zur Familie der Myrten. Oder Alerce, auch Patagonische Zypresse genannt.«

Rings um Valdivia gibt es noch einige geschützte Gebiete mit ursprünglichen Wäldern und Pflanzen. Die Stadt aber sieht vollkommen anders aus als damals, als ich sie im Februar 1835 zum ersten Mal besuchte.

Links: Der Vulkan Osorno

Unten: Mapuche, gezeichnet nach einem Foto aus dem frühen 19. Jahrhundert

Mapuche-Familie

Oktoberfest und deutsches Bier

Die Gebäude im Inneren der Festung von Valdivia waren vollkommen zerstört und die Kanonen waren mit Moos bewachsen. Beim ersten Versuch, sie zu benutzen, wären sie wohl explodiert. Es gab keine Straßen, nur ausgetretene Pfade zwischen Apfelbäumen, und sogar mein Führer verirrte sich im Gestrüpp. In Valdivia war die Zeit stehen geblieben. Das Ereignis, das meinen Besuch in der Stadt unvergesslich machte, fand auch Eingang in die Geschichtsbücher: das erste einer Reihe von Erdbeben. Es war an sich nicht sehr stark, und ich fiel nicht hin, aber mir wurde schwindlig.

Die Holzhäuser überstanden es, doch sie zitterten und knarzten. Die Bewohner stürzten heraus und alle schauten besorgt zum Meer hinüber. Sie wussten, dass etwas noch viel Schlimmeres passieren konnte, und tatsächlich geschah es, wenn auch nicht in Valdivia, sondern in Concepción.

In den folgenden Jahren kam es immer wieder zu Erdbeben und schließlich zerstörte eines davon 1960 einen Großteil der Gebäude.

Heute ist Valdivia eine angenehme und lebhafte Stadt, die allerdings im Winter von kaltem Wind und heftigem Regen heimgesucht wird.

Durch den Besuch eines der Museen erfuhr ich, was sich hier im letzten Jahrhundert tatsächlich ereignet hatte.

Ein Naturkundler an der Grenze

Valdivia hat einem Kollegen von mir und seinem Bruder viel zu verdanken.

Einige Jahre, bevor die *Beagle* hier vorbeikam, ging vor der Küste ein preußisches Schiff vor Anker, die *Prinzessin Luise*. Einer der Offiziere hieß Bernard Eunom Philippi. Als er nach Hause zurückkehrte, hatte er sich ein Kolonisierungsprojekt ausgedacht, das von seinem Bruder, dem Naturforscher Rudolph Amandus Philippi, weiterbearbeitet wurde.

»Naturforscher«, meint Martin vor einem Krug Bier aus Valdivia, »waren eben auch damals schon keineswegs die verrückten Schmetterlingssammler, als die sie in Karikaturen gerne dargestellt wurden.«

Wir sitzen vor einem der zahlreichen Lokale in der Fußgängerzone, die sich zwischen der Plaza de la República und dem Flusshafen erstreckt. »Sie erkundeten Gebiete«, fährt Martin fort, »und schätzten deren landwirtschaftliches und wirtschaftliches Potenzial ein. Sie prüften auch, ob es dort Bodenschätze geben könnte. Häufig gaben sie den Anstoß zu einer skrupellosen Kolonisierung.«

Rudolph Amandus Philippi

So geschah es auch in Valdivia. Tausende deutscher Auswanderer, die Schriften der Brüder Philippi gelesen oder ihre Reden gehört hatten, siedelten sich Mitte des 19. Jahrhunderts hier an. Unter ihnen waren Bauern und Handwerker, aber auch Industrielle und Händler.

Sie bauten ihre Häuser in einem Kolonialstil, der stark von der deutschen Bauweise beeinflusst war.

»Hier fehlt nur noch ein Oktoberfest«, sagt Puk und hebt seinen Bierkrug.

Als würde sein Wunsch wie durch einen Zauber in Erfüllung gehen, fängt in diesem Augenblick auf einem nahen Platz eine Trachtenkapelle an zu spielen. Eine Gruppe von Mädchen in Dirndln und mit langen blonden Zöpfen geht lachend an unserem Tisch vorbei.

Heute wird hier auf der Südhalbkugel, über 15 000 Kilo-

Bierfest in meter von der nächstgelegenen deutschen Stadt entfernt, das
Valdivia, Bier gefeiert.
Januar 2007

Politiker und Seelöwen

Rings um Validivia wurden an Flussufern, an der Küste und
auf Inseln in der Mündung mehrere Naturschutzgebiete eingerichtet, in denen Tausende von Vögeln und auch Seelöwen
leben. Die interessanteste Tierbeobachtung aber machen wir
auf dem Markt am Fluss. Unter den Ständen liegen drei riesige Seelöwen und schnappen sich alle Abfälle, die die Fisch-
händler wegwerfen.

Über ihnen warten gut hundert Kormorane darauf, dass die
Robben etwas übersehen.

Die Seelöwen sind zu den Maskottchen von Valdivia geworden und natürlich zu einer Touristenattraktion. Die Val-

divianer halten sie in Ehren: Ein Tierarzt von der Universität schaut täglich nach ihrem Befinden.

Sie sind so beliebt, dass ein chilenischer Präsidentschaftskandidat einmal sogar auf die Idee kam, sich mit einem von ihnen fotografieren zu lassen. Doch der Seelöwe, ein 400 Kilogramm schwerer Bulle, wollte sich offenbar nicht für die Parteipropaganda einspannen lassen und biss den Mann – und das im Blitzlichtgewitter der Reporter.

Die Beliebtheit der Seelöwen wurde dadurch nur noch größer, nicht zuletzt unter jenen Wählern, die den Kandidaten nicht besonders gemocht hatten.

Einer der Seelöwen von Valdivia

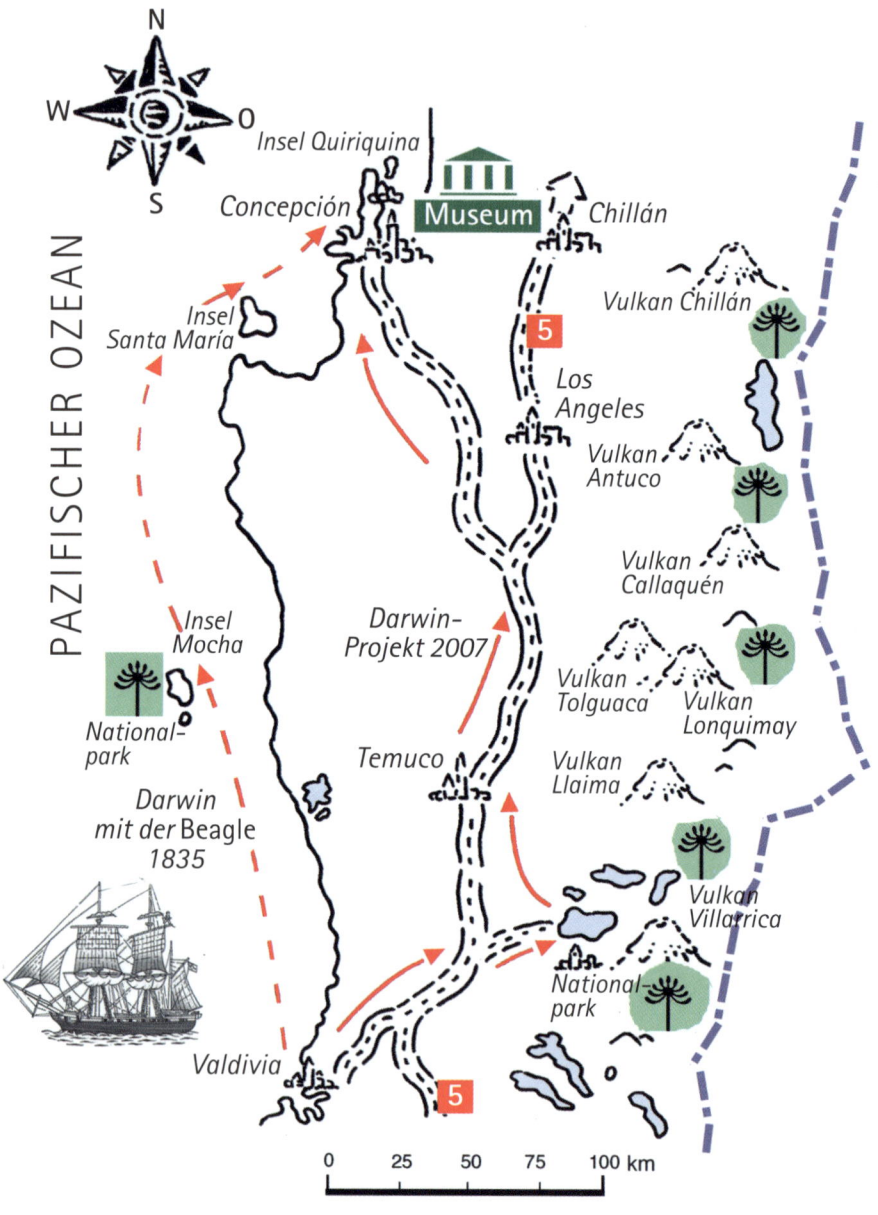

N
W — O
S

PAZIFISCHER OZEAN

Insel Quiriquina

Concepción

Museum

Chillán

Insel
Santa María

Vulkan Chillán

5

Los
Angeles

Vulkan
Antuco

Vulkan
Callaquén

Insel
Mocha

Darwin-
Projekt 2007

Vulkan
Tolguaca

Vulkan
Lonquimay

National-
park

Temuco

Vulkan
Llaima

Darwin
mit der Beagle
1835

Vulkan
Villarrica

National-
park

Valdivia

5

0   25   50   75   100 km

10. Das große Erdbeben

Concepción

Als ich damals in das 30 000 Kilometer nördlich von Valdivia gelegene Concepción kam, sah es dort aus, als hätte der Weltuntergang bereits stattgefunden. Das Erdbeben, das am 20. Februar bei mir nur einen Schwindelanfall auslöste, richtete hier furchtbare Schäden an. Außerdem hatte es hinterher ein Meeresbeben gegeben. An der Küste lagen so viele zerbrochene Bretter und Möbel, dass man hätte meinen können, Tausende von Schiffen wären zerschellt. Ich sah Tische, Regale und ganze Dachstühle. Siebzig Dörfer waren verwüstet und in Concepción stand kein einziges Haus mehr. Ich fand am Strand sogar Felsbrocken, die bis vor Kurzem vermutlich auf dem Meeresboden geruht hatten. Später erfuhr ich, was geschehen war: Kurz nach dem ersten großen Beben entdeckte man in sechs oder sieben Kilometern Entfernung vor der Küste eine große Welle. Die Welle kam nur langsam näher, aber als sie die Bucht erreichte, teilte sie sich in eine Serie von sieben Meter hohen Sturzwellen auf, die über die Küste hereinbrachen und alles zerstörten, was ihnen im Weg stand.

Oben: Die Überreste der Kathedrale von Concepción nach dem Erdbeben von 1835, gezeichnet von einem Unteroffizier der Beagle. Darunter die heutige Kathedrale von Concepción, fotografiert am 26. Januar 2007.

Ein Schoner wurde 200 Meter weit landeinwärts geschleudert und eine tonnenschwere Kanone wanderte innerhalb der Festung etwa 10 Meter weiter. Auf die erste Serie von Wellen folgten zwei weitere.

Auch dieser Tsunami – wie man diese Phänomene heute

LA TERCERA Lunes 29 de enero de 2007

APUNTES NACIONALES

Pobladores de Aysén han acampado [illegible] por temor a un tsunami

Cient[illegible]os entregarán informes sobre ola de sismos en Aysén

El grupo de investigación que viajó a Aysén por la ola de sismos de la últi-

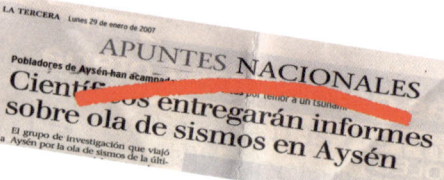

nennt – hatte damit begonnen, dass sich das Meer weit zurückgezogen hatte. Zwei große Schiffe, die in mindestens elf Meter tiefem Wasser vor Anker gelegen hatten, saßen plötzlich einige Minuten lang auf dem Trockenen.

Oben: Meldung eines Erdbebens in der Region von Aisén in der Tageszeitung La Tercera

Das Sichten der großen Welle hatte vielen ermöglicht, auf die Hügel zu flüchten. Wäre es nachts passiert, hätte wahrscheinlich niemand überlebt.

Rast am Villarrica

Diesmal wird meine Ankunft in Concepción weniger dramatisch sein. Wir erreichen die Stadt, aus südlicher Richtung kommend, über die Autobahn, die Puerto Montt mit Santiago verbindet. Sie ist vierspurig und verläuft ganz gerade auf der weitläufigen Hochebene zwischen den Anden und den Anhöhen vor der Pazifikküste. Der Boden ist fruchtbar und wird landwirtschaftlich genutzt. Die Anden scheinen sehr nahe zu sein. Beim Vulkan Villarrica machen wir kurz halt. Er ist mindestens so beeindruckend wie der Osorno, knapp 3000 Meter hoch und in seinem Krater kocht Lava. Dennoch ist der

Der Vulkan Llaima, von der Autobahn nach Concepción aus gesehen

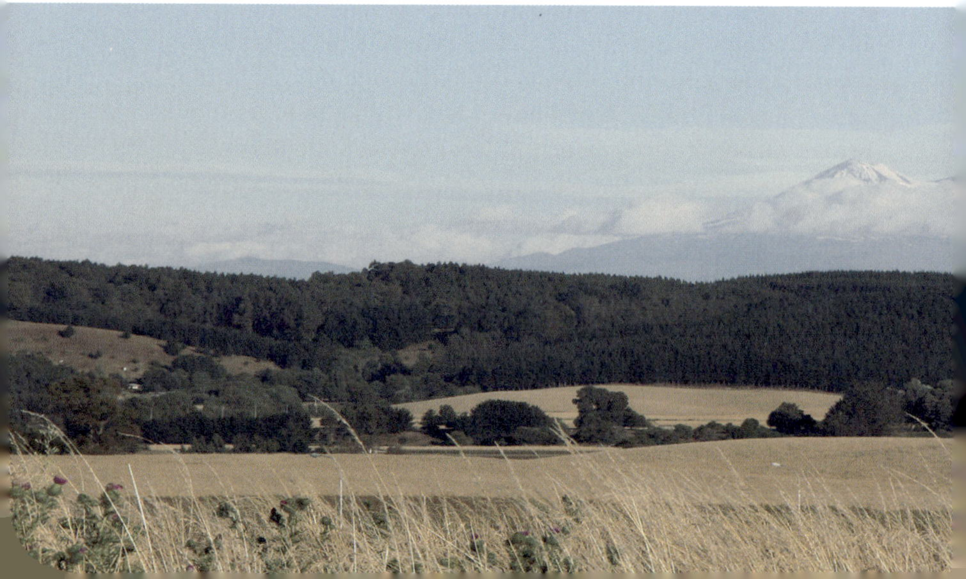

Gipfelbereich mit Schnee bestäubt. Virginia und Jan würden gerne länger hier- bleiben, um auf den Vul- kan zu steigen, aber dafür ist das Wetter zu schlecht. Stattdessen machen wir am See am Fuße des Vul- kans Rast und die beiden

jungen Leute baden in dem warmen Wasser. Anschließend *Der See am* kommen sie in das Gasthaus nach, in dem wir inzwischen *Fuße des* schon Platz genommen haben. Es gibt Tortillas und Empana- *Vulkans Vil-* das für alle. Erst spät in der Nacht treffen wir in Concepción *larrica* ein.

Die Nacht der Tara–Vögel

Concepción ist heute nach Santiago die zweitgrößte Stadt Chiles. Es hat über 800 000 Einwohner, einen bedeutenden Hafen sowie verschiedene Industriebetriebe. Erdbeben sind *Das Denkmal* Teil seiner Geschichte. Die Stadt ist mehrmals zerstört und *für Pedro de* wieder aufgebaut worden. Wie viele andere südamerikanische *Valdivia in* Städte hat sie nicht gerade viel Charakter. Die neue Kathe- *Concepción*

Öffentliches Gebäude, Universität und Schild am Museum für Naturgeschichte von Concepción

drale steht an einer Stelle, an der ich seinerzeit nur Ruinen gesehen hatte. Sie ist unzählige Male eingestürzt. Das derzeitige Bauwerk hat eine graue, provisorisch wirkende Fassade und sieht nicht sehr einladend aus.

Wesentlich hübscher dagegen sind die Gebäude der Universität, die ein für Chile sehr wichtiges Zentrum von Politik und Kultur darstellt. Studenten und Dozenten kämpften in den finstersten Jahren der Geschichte des Landes für Freiheit und Demokratie.

Das Hotel, in dem wir unterkommen, verlangt pro Zimmer und Nacht 50 Dollar. Die Klimaanlage ist so laut, dass Martin es vorzieht, anstatt in seinem Zimmer unten in der Lobby zu schlafen. Noch lauter als die Klimaanlage aber ist der Lärm, den Hunderte bunte Vögel mit gebogenem Schnabel verursachen: die Schwarzzügelibisse, die es sich als große Kolonie auf dem einzigen Baum im Hof gemütlich gemacht haben.

Robinsons Insel

Das Erdbeben vom 20. Februar war so heftig und weitreichend, dass auch der Juan-Fernández-Archipel, der in 670 Kilometern Entfernung vor der chilenischen Küste liegt, in Mitleidenschaft gezogen wurde und nahe des Strandes ein neuer Vulkan entstand. Der winzige Archipel ragt nördlich von Santiago aus dem Pazifischen Ozean. Seine größte Insel ist nicht eigentlich von geschichtlicher, aber doch von literaturgeschichtlicher Bedeutung, denn sie heißt Isla Robinsón Crusoe. Der schottische Seemann Alexander Selkirk verbrachte auf dieser Insel mehrere Jahre in vollkommener Einsamkeit und überlebte nur dank seines Erfindungsreichtums. Seine Geschichte inspirierte Daniel Defoe zu seinem Roman *Robinson Crusoe*, ein Buch, das auch zu meiner Zeit sehr beliebt war.

Die Isla Robinsón Crusoe ist auch aus geologischer Sicht interessant. Sie ist vulkanischen Ursprungs und ebenso wie die Galapagosinseln an einem »Hot Spot« entstanden.

Martin berichtet mir die aktuellsten, diese Insel betreffenden Entwicklungen. Sie war ursprünglich unbewohnt und hieß früher Isla Más a Tierra. Nach Defoes Held wurde sie erst 1966 benannt. Auch meinte irgendjemand, dass der Schiffbrüchige, dessen Schicksal Defoe zu seinem Roman anregte, nicht Alexander Selkirk gewesen sei, sondern ein gewisser Henry Pitman, ein Chirurg, der nach Barbados ins Exil ge-

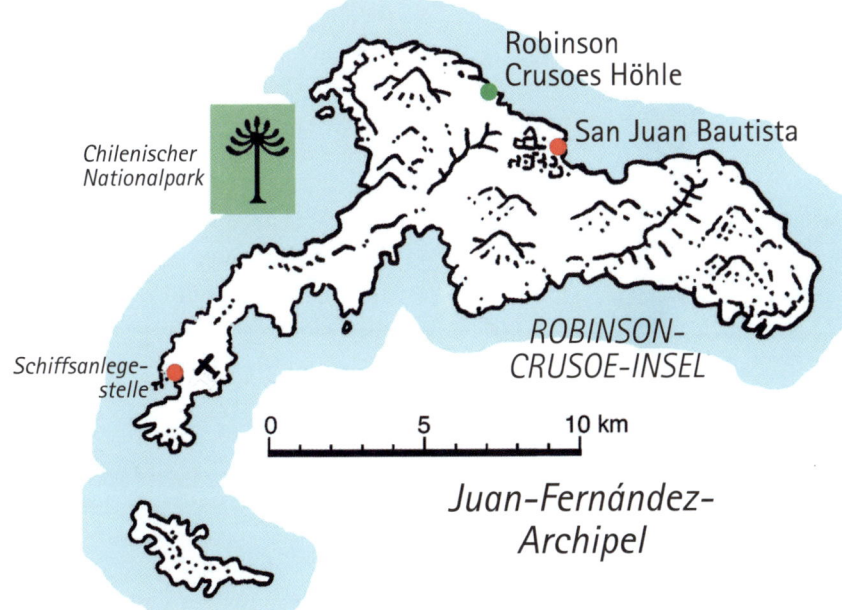

Robinson Crusoes Höhle

San Juan Bautista

Chilenischer Nationalpark

Schiffsanlege-stelle

ROBINSON-CRUSOE-INSEL

0 5 10 km

Juan-Fernández-Archipel

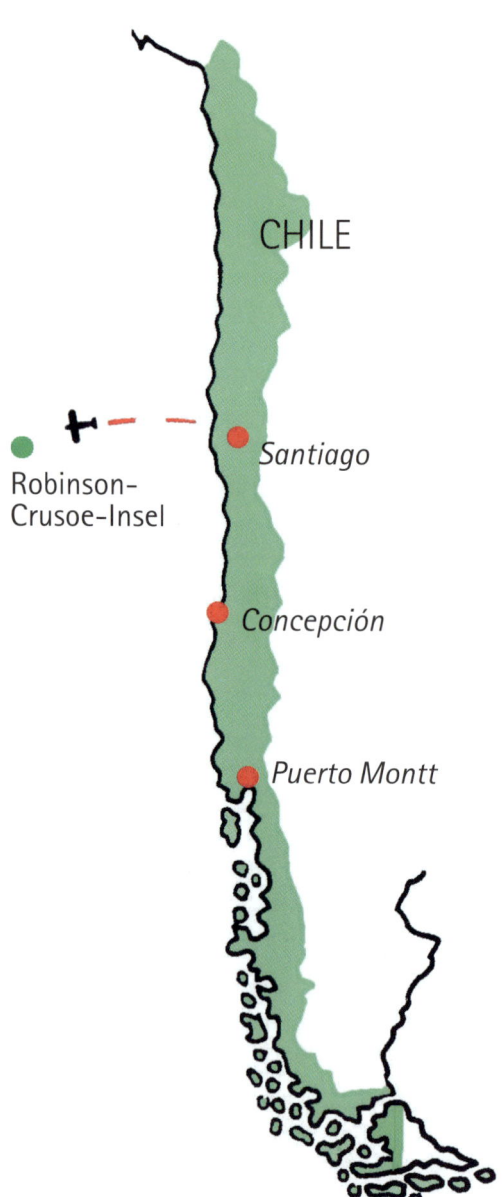

CHILE

Robinson-
Crusoe-Insel

Santiago

Concepción

Puerto Montt

schickt worden war. Selbst wenn das stimmt, behält die Insel vorerst dennoch ihren Namen und wird ihn wohl auch noch etliche Jahrhunderte lang tragen. Heute leben einige hundert Menschen auf ihr. An ihrem Strand wurde sogar schon eine chilenische Fernsehserie nach der Art von »Ich bin ein Star – Holt mich hier raus!« gedreht. Außerdem erklärte die UNESCO sie zum Welterbe.

Man kann von Santiago aus hinfliegen. In dieser Jahreszeit werden mehrere Flüge pro Woche angeboten. Virginia und Jan überlegen es sich, aber es scheint vorherbestimmt zu sein, dass ich Robinsons Insel auch auf dieser Reise nicht besuchen werde. In zwei Wochen müssen wir auf den Galapagosinseln sein, und es gibt noch viele Ziele, die wir davor in Chile aufsuchen wollen.

Eine andere Geschichte der Erde

Das Erdbeben und das Meeresbeben jenes 20. Februars 1835 halfen mir zu verstehen, wie sich Lebensräume verändern können. Am auffälligsten war die allgemeine Hebung der Oberfläche. Rings um Concepción betrug sie zwischen 60 und 90 Zentimeter und war damit dreimal höher als auf der Insel Santa Maria, die etwa 50 Kilometer vor der Küste liegt. Selbst FitzRoy interessierte sich für dieses Phänomen und zeigte mir eine von noch frischen Miesmuscheln bedeckte Stelle, die drei Meter hoch über das Meer hinausragte.

Das erinnerte mich daran, dass ich damals, nicht weit von der Wasserlinie entfernt, ähnliche Muscheln in 200, 300 und 400 Metern über Meereshöhe gefunden hatte. Der Umstand, dass sie dort waren, erklärte sich durch eine Folge von Hebungen der Erdoberfläche im Laufe der letzten 10 000 Jahre. Also wurden im Laufe vergangener Jahrtausende Flächen, die zuvor auf Meereshöhe gewesen waren, zu Hügeln. Aus Fjorden wurden Täler. Aus riesigen Seen wurden Ebenen. Städte und Dörfer veränderten sich so, dass man in ihnen nicht mehr leben konnte, und sie wurden verlassen. Nur wenige Kulturen können eine derartige Abfolge von Katastrophen überleben. Wenn sich diese im Laufe der letzten Jahrhunderte in Europa ereignet hätten, zum Beispiel in Großbritannien, wäre die Weltgeschichte ganz anders verlaufen.

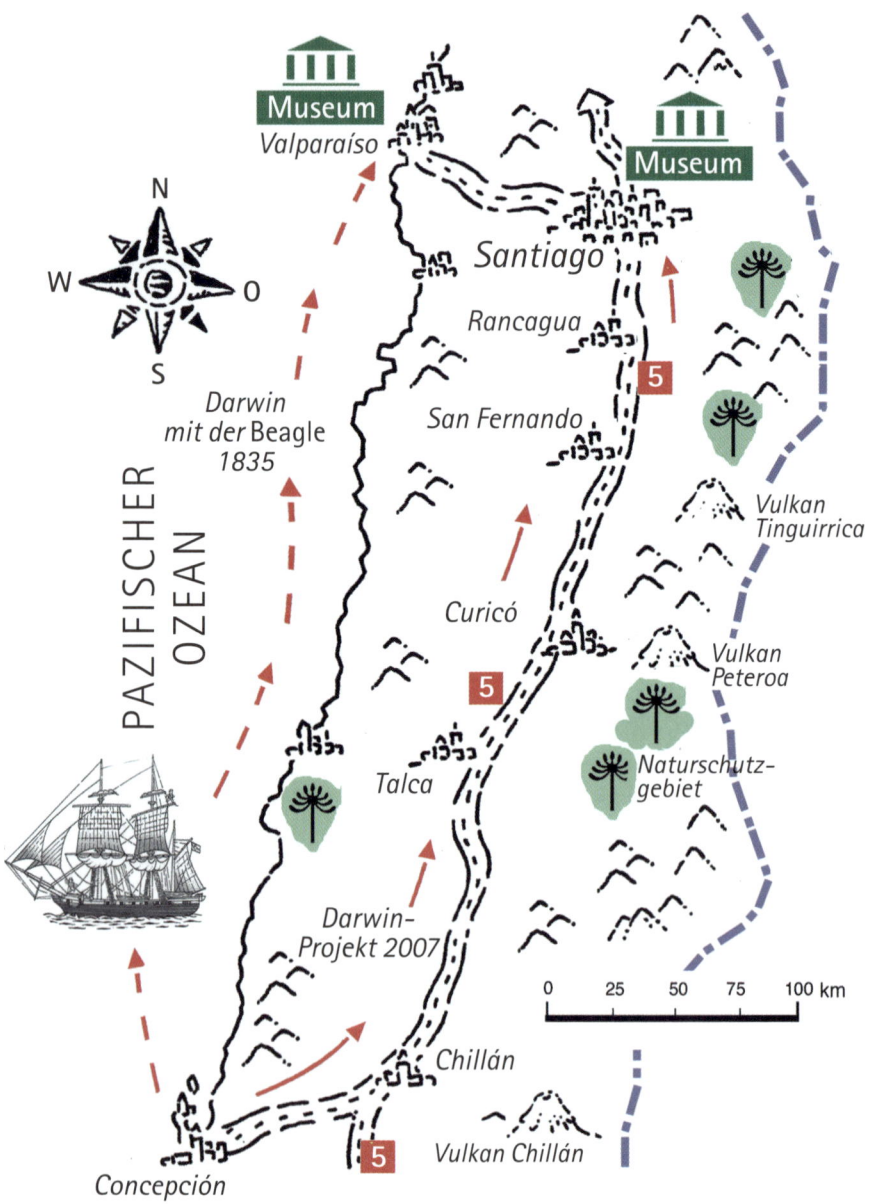

Museum
Valparaíso

N
W   O
S

*Darwin
mit der* Beagle
1835

PAZIFISCHER
OZEAN

Museum

Santiago

Rancagua

San Fernando

5

*Vulkan
Tinguirrica*

Curicó

5

*Vulkan
Peteroa*

*Naturschutz-
gebiet*

Talca

*Darwin-
Projekt 2007*

0   25   50   75   100 km

Chillán

5   *Vulkan Chillán*

Concepción

11. Die Brille des Präsidenten

27. Januar

In weniger als sechs Stunden haben wir auf der Autobahn fast 600 Kilometer zurückgelegt und die Hauptstadt erreicht. Ich wundere mich immer noch, wie schnell man in eurem Jahrhundert von einem Ort zum anderen gelangen kann.

Die Umrisse des Palacio de la Moneda

Ich weiß noch, dass wir mit der *Beagle* vier Tage brauchten, nur um von Concepción nach Valparaíso zu segeln. Anschließend hätte man noch mindestens einen Tag benötigt, um mit Kutsche oder Pferd Santiago zu erreichen. Die moderne Autobahn führt uns direkt ins Zentrum. Wir verlassen sie und biegen in eine breite Straße ein, die die Stadt von Osten nach Westen durchquert: die Avenida Libertador Bernardo O'Higgins. Darauf kommen wir fast direkt zum Palacio de la Moneda, dem Regierungssitz. Es ist Abend geworden. Unser Hotel ist hier ganz in der Nähe. Wir freuen uns noch, dass unsere Fahrt so glatt verlief, als wir einen furchtbaren Unfall sehen: Zwei alte Busse sind zusammengestoßen und haben sich ineinander verkeilt. Ein Stück weiter vorne ist ein dritter Bus auf die Seite gekippt.

Nur ein Straßenspektakel

Hunderte von Menschen stehen am Straßenrand. Manche scheinen herbeizueilen, um Hilfe zu leisten. Auch wir halten an, um zu sehen, ob wir etwas tun können. Dann aber stellen wir fest, dass in der Nähe der Busse riesige Puppen und Kräne stehen, und begreifen, dass es sich gar nicht um einen echten Unfall handelt, sondern um ein inszeniertes Spektakel.

»Der Unfall, den Sie gesehen haben, wurde vom großen

Nashorn verursacht«, erzählt uns der junge Portier des Hotels
Diego de Almagro. »Morgen wird die riesige Niña es fangen
und auf diese Weise die Welt retten.«

Die Brille des Präsidenten

Der Regierungssitz La Moneda war schon Zeuge einiger
Katastrophen. Die schlimmste von ihnen ereignete sich am
11. September 1973, als er von Flugzeugen aus bombardiert
wurde, die den Staatsstreich von Präsident Pinochet unter-
stützten. Der alte General regierte das Land anschließend 17
Jahre lang mit eiserner Faust. Wenige Wochen vor unserer
Ankunft starb er im Militärhospital der Stadt.

Präsident Salvador Allende, der zum Zeitpunkt des Putschs
an der Macht gewesen war, wurde tot in einem Raum von
La Moneda gefunden. Sein Arzt bescheinigte, dass er Selbstmord begangen hatte. Laut offizieller Version erschoss er sich

Rechts:
Gebäude an
der Avenida
O'Higgins
(Alameda)

mit einer Kalaschnikow, die
Fidel Castro ihm geschenkt
hatte. Einer anderen, glaub-
würdigeren Version zufolge
starb er bei einem Schuss-
wechsel, der im Zuge der
Einnahme des Regierungs-
sitzes durch die Putschisten

La Moneda

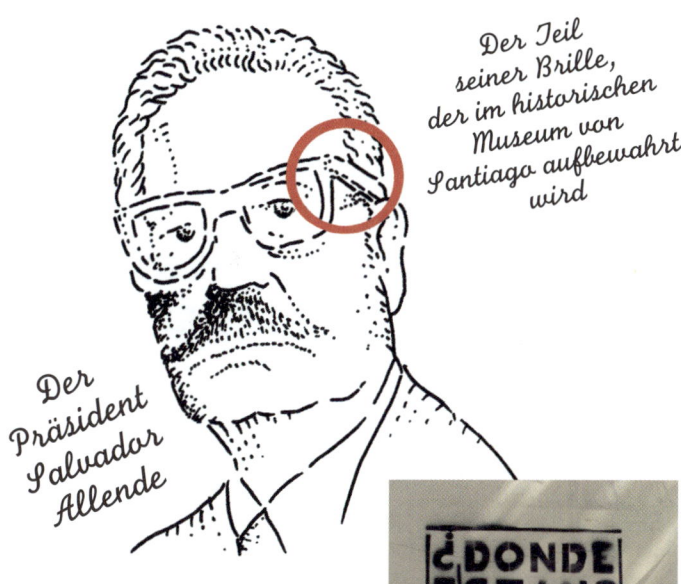

Der Teil
seiner Brille,
der im historischen
Museum von
Santiago aufbewahrt
wird

Der
Präsident
Salvador
Allende

¿DONDE
ESTAN?

Oben: Salva-
dor Allende
mit Brille

Links: Ein
Wandbild mit
dem Porträt
von Pinochet
als jungem
Mann. Die
Überschrift
lautet: »Wo
sind sie?«
Gemeint sind
die Ver-
schwundenen,
die auf Pino-
chets Befehl
verschleppt
und ermordet
wurden.

stattfand. Dies sollte der erste einer Reihe schrecklicher Tage werden. Nach der Einnahme von La Moneda wurden Tausende von Gegnern des Staatsstreichs getötet, gefoltert oder ins Exil gezwungen. Später warf man General Pinochet schwere Verstöße gegen Menschenrecht und Bürgerrecht vor. Als er nach London kam, um sich dort behandeln zu lassen, wurde er verhaftet und in Europa festgehalten. Er war angeklagt, für Tod und Folterung von 64 spanischen Bürgern verantwortlich zu sein. Doch wie so oft konnte Pinochet sich auch dieses Mal herauswinden. Er hatte in Chile auch stets Anhänger, die ihn als »Retter der Heimat« feierten. Heute residiert im Palacio de la Moneda eine demokratisch gewählte Präsidentin: Michelle Bachelet. Teile des

Gebäudes können besichtigt werden und eine Statue auf dem Platz dahinter erinnert an den ermordeten Präsidenten. Im historischen Museum der Stadt wird in einer Vitrine ein ziemlich schauriges Objekt ausgestellt: die kaputte Brille des Präsidenten, beziehungsweise eigentlich nur ein Teil davon. Das Glas ist zerbrochen, das Gestell sieht aus wie zerquetscht, und es war mit Sicherheit die Brille, die Salvador Allende an jenem 11. September 1973 trug.

Ich finde, sie sieht nicht so aus, als habe er Selbstmord verübt.

28. Februar. Das Riesenmädchen

»La Niña! La Niña!«, rufen die Leute auf der Avenida Libertador Bernardo O'Higgins. Eine große Menschenmenge folgt dem Riesenmädchen auf Schritt und Tritt.

Eindrücke des modernen Santiago

»Ich glaube, es sind mindestens 250 000 Menschen«, vermutet Martin. Am folgenden Tag werden die Zeitungen dies bestätigen.

»La Niña hat das Nashorn gefangen«, ruft eine kleine Chilenin, die neben mir steht.

Unglaublich viele Fotos werden geschossen, die Leute verrenken sich, um zu sehen, was geschieht.

Eigentlich aber passiert nicht viel und die Geschichte ist sehr einfach. Ein riesiges Nashorn streift durch das Land und macht überall Ärger. Das Riesenmädchen verfolgt es und fängt es schließlich. Damit ist alles wieder gut. Dennoch ist das Stück sehr beeindruckend inszeniert und die starke Anteilnahme des Publikums verstärkt seine Wirkung.

Das Riesenmädchen ist eine sieben oder acht Meter hohe

Das Riesen-
mädchen,
fotografiert in
der Nähe von
La Moneda

Marionette. Sie hängt an einem Metallge-
stell, das langsam durch die Straßen rollt.
Die Puppenspieler bewegen sie an Seilen,
lassen sie lächeln und grüßen. Große Me-
talltrommeln werden geschlagen und ab
und zu werden Konfettibomben abgefeuert.

Die Zuschauer wirken glücklich und unbeschwert und so, als würden sie denken:
»Es müsste mehr solche Riesenmädchen geben.«

Unsere Liebe Frau von der Hilfe

Im modernen Santiago gibt es fast nichts,
das bei mir Erinnerungen weckt. Als ich
hier im März 1835 durch die Straßen lief,
hatte die Stadt nur wenige zehntausend
Einwohner. Das eindrucksvollste Gebäude
war La Moneda, von einem römischen Ar-
chitekten in einer Art nüchternem Barock-
stil entworfen. Heute hat Santiago acht
Millionen Einwohner, drei U-Bahn-Linien,
gläserne Wolkenkratzer und einige hoch-
moderne Viertel.

»Die Gebäude im Zentrum erinnern mich
ein bisschen an Madrid«, meint Martin, während wir zur Plaza
de Armas gehen, dem ursprünglichen Stadtkern.

Auch diese Stadt wurde von Pedro de Valdivia gegründet,
und zwar im Jahr 1541. Nachdem er gemeinsam mit Pizarro
Peru geplündert hatte, suchte Valdivia im Süden nach den
Schätzen der Inka, konnte aber nichts finden. Stattdessen traf
er auf sehr stolze und kampferprobte Indianer: die Mapuche.

Zu Ehren von Santiago de Compostela und seinem Heimat-
land gab er der neuen Stadt den Namen Santiago del Nuevo
Extremo.

CULTURA

LUNES
29 de enero de 2007

La muñeca de Royal de Luxe recorrió Santiago por tres días y fue seguida por más de 500 mil personas, según cifras de los organizadores

La Pequeña Gigante se despidió con multitudinario desfile por Alameda

ALBERTO CABEUGA C.

Después de tres días revolucionando Santiago, ayer la Pequeña Gigante se despidió de nuestro país desfilando por la Alameda seguida por el rinoceronte enjaulado que buscó durante el ▶ Un verdadero carnaval protagonizó la marioneta de siete metros de altura, que por la mañana cazó al rinoceronte perdido. Luego de tomar su última siesta en Plaza Italia, se dirigió hasta el Paseo Bulnes acompañada de 250 mil personas. Un final espectacular para Santiago a Mil.

OPINION

VERONICA SAN JUAN*

Teatro: lo que nos dejó

Unten:
Eine Moai-
Statue von
der Osterin-
sel an der
Avenida
O'Higgins
in Santiago.
Die Osterin-
sel ist 3762
Kilometer
von der Küste
entfernt und
gehört zu
Chile.

Sechs Monate später, am 11. September des gleichen Jahres, wurde das neu gegründete Santiago von der Armee des Mapuche-Anführers Michimalongo dem Erdboden gleichgemacht. Danach wurde Santiago wieder aufgebaut, hatte aber wie das ganze Land unter den häufigen Erdbeben zu leiden. Das einzige Gebäude, das vier Jahrhunderte lang stehen blieb, ist die Kirche San Francisco. In ihr wird unter anderem ein geweihtes Bild Unserer Lieben Frau von der Hilfe aufbewahrt, das Pedro de Valdivia persönlich hierherbrachte. Das Bild konnte die Kirche schützen, aber nicht den Konquistadoren Pedro de Valdivia. Niemand kam ihm zur Hilfe, als er eines Tages von Indianern getötet wurde.

12. Die Überquerung der Cordillera

29. Januar

Wir stehen am Busbahnhof von Santiago. Weil wir nach Mendoza wollen, müssen wir unseren Pick-up hier zurücklassen. Er darf nicht über die Grenze nach Argentinien, und wir haben nicht genügend Zeit, um eine Sondergenehmigung zu beantragen.

Links: Anstieg zum Paso del Portillo an der Grenze zwischen Chile und Argentinien

»Die Beziehungen zwischen den beiden Ländern haben sich verbessert«, informiert Martin mich, »aber gerade bei Kleinigkeiten gibt es immer wieder Probleme.«

Der Busbahnhof ist gegenüber von der Universität. Es ist viel los, und ein Polizist ermahnt uns, gut auf unser Gepäck aufzupassen. Der Bus nach Mendoza fährt am Haltepunkt 21 ab. Es ist ein moderner Reisebus mit WC und Kaffeemaschine und jeder Fahrgast erhält ein belegtes Brötchen und einen Obstsaft.

Es geht los. In sechs Stunden werden wir auf der anderen Seite der Anden sein.

Es gibt hier zwei Wege über das Gebirge. Nach Absprache mit Kapitän Fitz-Roy probierte ich sie beide aus und beschrieb dabei einen Kreis, der mich zurück nach Valparaíso brachte. Hier sollte ich wieder mit der *Beagle* zusammentreffen. Der offizielle

Zweck meiner Expedition bestand darin, naturkundliche Beobachtungen zu machen, doch war ein Bericht über die Andenpässe und den Zustand der Verbindungsstraßen für die britische Regierung von sicher nicht geringerem Interesse. Jene Straßen ermöglichten es, die argentinische Hauptstadt Buenos Aires auf dem Landweg zu erreichen. Zum damaligen Zeitpunkt war Chile mit England befreundet, Argentinien dagegen nicht.

Die Geschichte wiederholt sich

Am 18. März vor 172 Jahren brachen wir bei Sonnenaufgang von Santiago auf und ließen die trockene Ebene, die die Stadt umgab, bald hinter uns. Wir hatten zehn Maultiere bei uns und eine »Patin«, eine ruhige Stute, an der die Maultiere sehr hingen. Es genügte, die Glocke zu läuten, die sie um den Hals trug, und sofort versammelten sich die Maultiere um sie herum.

Am Nachmittag erreichte unsere kleine Karawane den Punkt, an dem der Río Maipo aus den Bergen ins Flachland fließt. Wir kamen an Feldern und

An der Grenze zwischen Chile und Argentinien

Bauernhöfen vorbei und an Pfirsichbäumen, die schwer mit reifen Früchten beladen waren. Gegen Abend erreichten wir die Grenze. Hier wurde unser Gepäck von einem sehr höflichen Inspektor untersucht. Ich habe das chilenische Volk in guter Erinnerung und diese zweite Reise bestätigt meinen ersten Eindruck.

Wir schliefen in einem Bauernhaus und bezahlten dafür, dass unsere Tiere auf den Wiesen weiden durften. Ich fand diese Art zu reisen sehr angenehm und fühlte mich frei und

Ansichten der
Anden

Rechts: Die
Blechüberda-
chung, die die
alte Eisen-
bahnlinie
vor Schnee
schützte

unabhängig. Meine Reisebegleiter waren mein Führer und ein Maultiertreiber, der sich um die Tiere kümmerte. Unsere Ausrüstung bestand im Wesentlichen aus einem Eisentopf. Wir kochten und aßen unter den Sternen.

Eine umstrittene Grenze

Heute gibt es auch nicht mehr Straßen nach Argentinien als früher, aber natürlich haben sich die Verkehrsmittel geändert. Verändert hat sich auch Santiago, dessen Vorstädte heute bis an den Fuß der Anden reichen, bis zu der Stelle, ab der der bis dahin reißende Maipo ruhiger dahinfließt.

Unser Autobus biegt in eine breite Straße ein, die nach Norden führt, nach Los Andes. Hier nimmt er die Ruta 60, die uns über die Cordillera zur Grenze bringt. Während Puk und Elisabeth Fotos machen, haben Virginia und Jan sich die Kopfhörer ihrer iPods aufgesetzt und genießen die Landschaft. Sie sind nicht die Einzigen im Bus, die diese kleinen und für mich rätselhaften Geräte benutzen. Das von Jan ist so winzig wie eine Münze, kann aber sechs Stunden lang Musik spielen. Zwischendurch reicht er mir den Kopfhörer.

»Es sind die Beatles«, sagt er, »eine Gruppe aus dem letzten Jahrhundert. Vielleicht gefallen sie dir. Die Königin von England hat sie sogar in den Adelsstand erhoben.«

Die Musik finde ich gar nicht so schlecht. Aber ich wundere mich über das, was Jan gerade gesagt hat. Zu meiner Zeit wurden Musiker nicht geadelt.

Inzwischen werden die Berge an der Straße immer höher. Die Landschaft ist nicht eigentlich schön, aber doch faszinierend. Hin und wieder tauchen weit in der Ferne die schneebedeckten höchsten Gipfel auf: Sie sind 4000, 5000 oder 6000 Meter hoch. Der Aconcagua erreicht 6959 Meter.

Der Bus fährt durch den vier Kilometer langen internationalen Tunnel, der teilweise zu Chile, teilweise zu Argentinien gehört. Wir befinden uns in 3185 Metern Höhe über dem Meer. Hinter dem Tunnel erwarten uns Schneematsch und der Zollposten. Eine großen Halle, durch die Autos und Busse hindurchfahren müssen. Durch eine breite Lücke zwischen Dach und Wellblechwänden dringen Wind und Schneeflocken ein. Innen hallen Stimmen und Motorengeräusche. Dabei haben wir jetzt noch die milde Jahreszeit. Im Winter, wenn alles vereist ist, kommt man sich hier wahrscheinlich wie am Eingang zum Fegefeuer vor. Das Gepäck wird gründlich untersucht. Wie wir noch erfahren werden, achten die Zöllner besonders auf Lebensmittel, Tiere, Säme-

reien und Mikroorganismen, die heutzutage mehr gefürchtet
werden als ein feindliches Heer.

Der verdammte Topf

Während des Ritts durch die Anden dachte ich viel über die
unglaubliche Geschichte dieser Berge nach. In einer frühen
Phase der Erdgeschichte lagen sie unter dem Meer, später
wurden sie angehoben und bildeten Fjorde mit steil anstei-
genden Wänden, ähnlich denen von Feuerland. Mit der Zeit
wurden sie immer höher und waren gleichzeitig der Erosion

Im Hinter- durch Wind, Eis und Schnee ausgesetzt. Auch dieses Mal sehe
grund: ich den roten Porphyr, der aus der Tiefe in große Höhe ge-
Maultier-
treiber vor hoben wurde. Ich sehe Granit, mit Gestein verschmolzen, das
200 Jahren früher auf dem Meeresboden ruhte und heute als Gipfel in
den Himmel ragt. Außerdem Meeressedimentgestein, das, von
Ablagerungen bedeckt, unter das Meer geriet und dann wieder angehoben wurde, sodass es unter Einwirkung der Ele-
mente erodierte. Und Muscheln – in 4000 Metern Höhe über
dem Meer!

Ich weiß noch, dass ich damals schrieb: »Nichts, nicht einmal der Wind, ist so instabil wie die Erdkruste.«

Seinerzeit wurde mir auch auf sehr anschauliche Weise
die Wirkung des verminderten atmosphärischen Drucks in
großer Höhe vorgeführt. Stundenlang versuchten wir, auf unserem Lagerfeuer Kartoffeln zu kochen, aber sie wurden niemals gar. Meine Reisegefährten diskutierten darüber, sahen
als Schuldigen jedoch nicht den niedrigen Luftdruck, sondern den neuen Kochtopf an, der offenbar unfähig war, Kartoffeln zu kochen.

Der letzte Zug nach Mendoza

Der Autobahntunnel wurde 1980 eingeweiht. »Er erspart uns
eine Unmenge Haarnadelkurven und steile Anstiege«, sagt
Martin.

Vor dem Tunnelbau gab es eine Eisen-
bahn, die bis hierhinauf fuhr. Die alten
Gleise und Galerien kann man von der
Straße aus teilweise noch sehen. Auch
die Brücken sind erhalten.

Zum Glück leidet niemand von uns an
der *puna*, der Höhenkrankheit, die sich
durch Atembeschwerden, Kopfschmerzen und einem Druck-
gefühl in der Brust bemerkbar macht.

*Das »Restau-
rant« an der
Grenze*

Als ich damals die Anden überquerte, rankten sich seltsame Vorstellungen um die Höhenkrankheit. Mein Maultiertreiber behauptete, sie werde vom Wasser hier im Gebirge
verursacht. Und er sagte auch: »Wo es Schnee gibt, gibt es die
puna.« Tatsächlich aber ist die dünnere Luft Auslöser der Höhenkrankheit, die ab 4000 Metern Höhe eintreten kann.

Nach der Grenze fahren wir über den Puente del Inca, die
Brücke des Inka. Wir kommen durch ein Dorf, in dem sogar
ein paar Bäume wachsen. Die »Brücke« sieht immer noch so
aus wie früher. Sie ist kein Bauwerk aus Basalt oder Granit,
sondern nur eine Kiesdecke, die durch Kalkablagerungen aus
dem Thermalwasser dieser Gegend verfestigt und zementiert
wurde. Der Fluss hat sie so ausgehöhlt, dass sich ein Vor-
sprung mit Erde und herabgestürzten Felsbrocken verband.

Virginia und Jan gefällt die Landschaft sehr gut. Sie sehen
ein Schild, das für Kajaktouren wirbt, und würden am liebsten ihre Reise im Bus abbrechen, um sie auf dem Fluss fortzusetzen.

Auf dem gleichen Schild werden auch Miet-Maultiere angeboten. Mit ihnen kann man sein Gepäck bis zum soge-
nannten Eisweg befördern, der auf den Gipfel des Aconcagua führt. Doch wir werden inzwischen schon unten im Tal
erwartet.

Wir sind in Argentinien und nach Mendoza ist es nicht
mehr weit.

DAS
DARWIN-
PROJEKT

13. Der verschüttete Brunnen

Uspallata

Auf meiner ersten Reise fielen mir die beträchtlichen Unterschiede zwischen der Vegetation der argentinischen und der chilenischen Täler auf. Ähnlich verhielt es sich bei den Vierfüßern, während die Verschiedenheit bei Vögeln und Insekten weniger ausgeprägt war. Das bewies, dass der Gebirgszug für viele Arten eine unüberwindliche Schranke darstellte. Jenseits der Anden fand ich eine wüstenartige Ebene vor. In ihr lebten Agutis, drei Gürteltierarten, Nandus und verschiedene Vögel, die ich in Chile nie gesehen hatte. Wenn ich mir heute die Felder rings um das Dorf Uspallata anschaue, wird mir wieder klar, wie stark sich ein Lebensraum durch die Einwirkung des Menschen verändern kann. Ich sehe riesige Weingärten, große Pappeln aus dem Mittelmeerraum und Eukalyptuspflanzen. Vor 172 Jahren sah es hier ganz anders aus.

Plaza Pedro del Castillo

Der Brunnen

Uspallata war eine Station an der Straße, an der man Pferde und Maultiere wechseln konnte. Heute leben in dem Ort 30 000 Menschen. Verschiedene Agenturen organisieren Ausflüge in den nahen Aconcagua-Park. Man kann unter ortskundiger Führung den Vulkan besteigen, ausreiten oder auf den Flüssen Kajak fahren. Die Flüsse sind eigentlich Sturzbäche, die nach starken Regenfällen über die Ufer treten und die Landschaft von Grund auf verändern. Offenbar wird gerade versucht, sie zu begradigen, um Überschwemmungen einzudämmen. Aus den Zeitungen erfahren wir später, dass mit Überflutungen gerechnet wird. Die durch El Niño erhöhten Niederschlagsmengen machen den Leuten hier große Sorgen.

Vier Meter unter der Erde

Schon auf meiner ersten Reise erlebte ich in der Umgebung von Mendoza, wie man durch die Begradigung von Flüssen trockenes sandiges Land in einen blühenden Garten verwandeln kann. Dennoch machte die Stadt auf mich keinen guten Eindruck, sie wirkte schläfrig und verlassen. Auf den Hauptplatz brannte unbarmherzig die Sonne herunter. In seiner Mitte gab es ein Brunnenbecken, aus dem die Tiere tranken und aus dem die Frauen Wasser schöpften. Es gab auch eine Kirche, die dem heiligen Franziskus geweiht war. Heute ist diese Kirche nur noch eine Ruine, während es die gesamte Altstadt eigentlich gar nicht mehr gibt. Eines der zahlreichen Erdbeben, die auch diese Seite der Anden heimsuchen, hat sie vollkommen zerstört. Genauer gesagt war es das Erdbeben von 1861. Die Stadt wurde weiter westlich wieder aufgebaut. Vom alten Zentrum blieben nur die Fußböden erhalten sowie einige Mauern des Cabilto, des Sitzes der Kolonialregierung. Im Museo Fundacional kann man Erinnerungsstücke des verschwundenen Mendozas besichtigen.

Das Becken mitten auf dem Platz, ein alter Brunnen, blieb erhalten, wurde aber von Ablagerungen der Überschwem-

mungen verschüttet, die auf das Erdbeben folgten. Die Erdschicht über dem Becken ist vier Meter dick. Um zu dem
Becken zu gelangen, verlässt man das Museum, betritt ein
anderes Gebäude und steigt eine Treppe hinunter. Hier unten,
in einer künstlichen Grotte, finde ich das Becken wieder, an
dem mein Maultiertreiber seine Tiere trinken ließ.

Die Philosophie der Siesta

Die Bewohner von Mendoza nennt man *mendocitos*. Heute
liegt ihre Zahl über 900000 und dennoch wirkt Mendoza
nicht wie eine richtige Großstadt. Nur selten sieht man Gebäude mit mehr als vier Stockwerken, dafür gibt es zahlreiche
angenehm schattige Alleen. Der große Park San Martín mit
seinen 50000 Bäumen ist ein wahres Schmuckstück. Sein
schmiedeeisernes Eingangstor kommt aus England und war
eigentlich für den türkischen Sultan Hamid II. bestimmt, ist
aber im Zuge historischer Ereignisse schließlich hier gelandet. Mendoza liegt auf einer weitläufigen Hochebene in 700
Metern Höhe über dem Meer. Die Stadt war immer sehr unabhängig, selbst als sie im 18. Jahrhundert noch zu Spanien
gehörte und Teil des Vizekönigtums Chile war. Einen großen
Teil des Jahres hindurch war es unmöglich, sie von Santiago aus zu erreichen, denn im Winter machte der Schnee die
Andenpässe unpassierbar. Auch die Beziehungen zu Buenos
Aires waren nie sehr stark, da die Entfernung zwischen beiden Städten über tausend Kilometer beträgt. Die Mehrheit der
Einwohner ist indianischer Abstammung. Tausende von Indianern aus dem Volk der Huarpe wurden zum Christentum be-
kehrt und gezwungen, für einige wenige Spanier zu arbeiten.
Mit der Zeit aber verschmolzen die beiden Kulturen miteinander und aus dieser Provinz wurde, auch dank ihrer Weine
und ihrer Viehzuchten, eine der schönsten und wohlhabends-
ten ganz Südamerikas.
An Sommernachmittagen aber wirkt Mendoza still und

verlassen. Mein Freund Sir Paul Head sagte über die *mendo-citos*: »Sie nehmen ihr Mittagessen zu sich und gehen dann schlafen. Was könnten sie Besseres tun?«

»Ich glaube, hier kann man gut leben«, findet Puk.

»Es sei denn, die schläfrige Stimmung gefällt einem nicht«, entgegnet Elisabeth. »Dagegen hilft nur eines: selbst auch Siesta zu halten.«

Auf der Straße des Tempranillo

Mendoza ist eine wichtige Stadt für Weinliebhaber. Puk ist einer von ihnen und er staunt über die hiesigen Weingärten. Bisher kannte er nur die Weinberge Burgunds oder der Toskana mit ihrem bunten Mosaik kleiner Grundstücke. Hier aber erstrecken sich regelrechte Weinfelder kilometerweit auf einer Ebene, hinter der sich die schneebedeckten Anden erheben. Dazwischen stehen mitunter Pappeln, die die Rebstöcke

Eingang des Parks San Martín von Mendoza

vor Wind schützen sollen, aber dennoch sind die Rebstockreihen wesentlich länger als in Europa.

Wir sitzen an einem Tisch vor einem Restaurant nahe der

Plaza Independencia und sehen zu, wie Puk den Wein kostet.

»Gut«, erklärt er, als er sein Glas mit Wein der Sorte Tempranillo behutsam abstellt. Der Kellner atmet erleichtert auf.

Puk hat eine ganz besondere Beziehung zum Wein. Wenn wir essen gehen und uns eine Flasche bestellen, fordern wir ihn stets auf, als Erster davon zu probieren. Doch für denjenigen, der den Wein serviert, ist es eine qualvolle Prozedur. Wenn er eingeschenkt hat, hält Puk das Glas gegen das Licht, um die Farbe zu prüfen, analysiert schnuppernd das Aroma und nimmt dann erst einen kleinen Schluck. Mehrmals drückt er die Zunge gegen den Gaumen und löst sie dann wieder, um seinen Geschmacksknospen Gelegenheit zu geben, alle Nuancen des Aromas auszuloten. Schließlich stellt er betont langsam das Glas ab, blickt starr in die Ferne und sagt immer nur: »Gut.«

Weingärten zwischen den Anden und Mendoza

Reihen von Pappeln (álamos) schützen die Rebstöcke vor Wind.

Beunruhigende Insekten

Mein erster Aufenthalt in dieser Gegend verlief weitaus weniger harmlos. Als wir uns noch auf der Straße nach Mendoza befanden, bemerkten wir am Horizont eine rötliche zerklüftete Wolke. Zuerst hielten wir sie für den Rauch eines Feuers, aber bald stellten wir fest, dass es sich um etwas ganz anderes handelte. Es war ein riesiger Heuschreckenschwarm. Doch wir hatten Glück. Der Wind hielt die Insekten vom Boden fern und sie flogen in sechs oder sieben Metern Höhe über uns hinweg. Der Kern des Schwarms verdunkelte die Sonne und war mehrere hundert Meter dick. Die gefräßigen Insekten flogen mit einer Geschwindigkeit von 20 Stundenkilometern und erzeugten dabei einen höllischen Lärm, der an Streitwagen und galoppierende Pferde erinnerte.

Weniger Glück hatte ich in der folgenden Nacht mit einem einzelnen Insekt. Ich wurde nämlich von einer großen schwarzen Raubwanze angegriffen, einer *benchuga* (oder *Triatoma infestans*). Diese zwei bis drei Zentimeter langen flügellosen Blutsauger sind ekelhaft: Sie sind weich und zunächst dünn, doch je mehr Blut sie sich einverleibt haben, desto dicker und runder werden sie. Diese Wanze oder eine andere, die ich später in Chile fing, übertrug mir eine Krankheit, die mir die ganze übrige Reise verdarb und schließlich für meinen Tod verantwortlich war. Damals hatten wir nur eine verschwommene Vorstellung davon, auf welche Weise Krankheiten wie diese übertragen werden. Wir glaubten zum Beispiel, Malaria würde durch Dünste in der Luft verbreitet, und ahnten nicht im Entferntesten, dass Stechmücken beziehungsweise ihre Parasiten die Überträger dieser Krankheit sind.

In meinem Fall geriet durch die Raubwanze ein Protozoon

in meinen Körper, das sich darin ver-
mehrte. Es rief Fieber hervor, das in re-
gelmäßigen Abständen wiederkehrte und
schließlich zu meinem Tode führte.

Von der Hütte zum Grand Hotel

Die einsame Hütte, die den hochtrabenden Namen Villa
Vicencio trug, hatte nicht einmal Fenster. Auf meiner ersten
Reise diente sie mir zwei Tage lang als Unterkunft. Inzwischen ist daraus das Grand Hotel de Villa Vicencio geworden. Es ist ein großes fünfstöckiges Gebäude inmitten eines
schönen Gartens. Das Mineralwasser, das hier abgefüllt wird,
nennt sich ebenfalls »Villa Vicencio« und wird überall in Argentinien getrunken.

Ich würde gerne mindestens eine Nacht hier verbringen,
doch Martin ist morgen Abend mit einem Kollegen in Valparaíso verabredet.

Hier in der Gegend fand ich damals mehrere versteinerte
Bäume, die vor Millionen von Jahren an einem Atlantikstrand
gewachsen waren, der heute 1200 Kilometer von hier entfernt
ist.

Villa Vicencio war vor allem Reisenden bekannt, die die
Anden überqueren mussten. Hier machte man vor dem Aufstieg zum Pass von Uspallata Station. Wer heute nach Villa
Vicencio will, muss dafür die gut ausgebaute Straße verlassen, die Mendoza mit Uspallata verbindet. Die Stadt wurde
zum Thermalkurort und die sie umgebenden Berge stehen unter Naturschutz.

Ich würde FitzRoy gerne von dieser meiner zweiten Reise
erzählen. Sämtliche Häfen, die er mit der *Beagle* anfuhr, wurden zu Militärbasen der Amerikaner, Briten, Chilenen und
Argentinier, während alle Orte an Land, an denen ich mich
aufhielt, zu Parks und Naturschutzgebieten wurden. Wir hätten einiges, über das wir reden könnten.

14. Der Friedhof
der siegreichen Pferde

30. Januar. Valparaíso
Nach einer Fahrt auf der Autobahn sind wir schon vor gut einer Stunde in Santiago angekommen. Wir haben uns »unseren« Pickup geholt und sind damit wieder unabhängig. Der Markt an der Avenida Argentina ist noch nicht abgebaut worden. Wir bekommen Lust, ein wenig zwischen den Ständen herumzuschlendern. Elisabeth kauft Weintrauben und Pfirsiche.

Oben: Weingärten zwischen Santiago und Valparaíso

Wir sind mit einem Studenten aus Quillota verabredet. Er heißt Cristóbal, studiert Geografie und arbeitet an einer Abschlussarbeit über... mich. Er wird uns ins Hinterland von Valparaíso begleiten, an Orte, die ich vor 172 Jahren besuchte.

Links: Eine alte Kirche an der Küste nördlich von Valparaíso

Wir treffen uns im Restaurant O'Higgins. Cristóbal ist spät dran. Während wir auf ihn warten, bestellen wir uns etwas zu trinken und betrachten ein Gemälde an einer Wand des Restaurants. Es stellt die Entwicklung der Stadt dar: Rings um unser Restaurant entstehen Eisenbahnen, Fabriken und Ha-

Unten: Ein Boot aus Seelöwenhäuten. In Chile war dieser Bootstyp im 19. Jahrhundert sehr verbreitet.

fenanlagen. Von diesem Hafen aus wurden Getreide und Nitrat in alle Welt verschifft. Außerdem mussten alle Schiffe, die Kap Hoorn umrunden wollten, hier zuvor Station machen. Nach der Öffnung des Panamakanals 1915 verlor Valparaíso auf einen Schlag seine wirtschaftliche Bedeutung. Ein langsamer Niedergang begann, von dem sich die Stadt jetzt wieder allmählich erholt.

Ein trügerisches Paradies

Als die *Beagle* hier im Juli 1834 vor Anker ging, fand ich diese Gegend bezaubernd. Die Luft war trocken und der Himmel heiter. Vor den Häusern blühten herrliche Blumen, Sträucher verströmten liebliche Düfte. Meine Stimmung besserte sich schlagartig.

Wohnanlagen an der Promenade von Viña del Mar

Ich hatte das Glück, hier Richard Corfield zu treffen, einen alten Freund und Schulkameraden. Er nahm mich bei sich auf und stand mir mit Rat und Tat zur Seite. Ihm ist es zu verdanken, dass ich diese Stadt in so guter Erinnerung habe.

Denn der Name trügt: In Wirklichkeit ist Valparaíso kein vollkommenes Paradies. Die Stadt erhielt ihn von dem spanischen Konquistadoren Juan de Saavedra, der sie nach seiner Heimatstadt Valparaíso in Andalusien benannte. Wenn Valparaíso wirklich ein Paradies wäre, wären an den

Küsten nahe der Stadt nicht Hunderte von Schiffen geken-
tert und es hätte hier auch nicht so viele Meeresbeben und
Erdbeben gegeben. Der Teil der Stadt, der an den Hängen der
umgebenden Hügel entstanden ist, gilt als ausgesprochen gefährlich. Wir werden ermahnt, auf Fotoapparate und Taschen
zu achten, vor allem wenn wir einen der Aufzüge benutzen,
die einen in den oberen Teil der Stadt bringen.

Dennoch gefällt mir diese Stadt, die sehr viel Charakter be-
sitzt, immer noch genauso gut wie damals. Allerdings bin ich
von den Veränderungen erschüttert, die an der Küste im Norden stattgefunden haben.

Residence Neruda

Früher gab es im Norden von Valparaíso nur riesige Strände
und Fischerdörfer. Heute stehen hier, so weit das Auge reicht,
20- bis 30-stöckige Wohnanlagen. Der Stadtteil nennt sich
Viña del Mar und ist das Wochenend-»Paradies« der Einwohner von Santiago. Im Februar tummeln sich am Strand Tausende von Badenden.

»Das Wasser ist noch ein bisschen kalt, aber man kann
schon reingehen«, sagt Cristóbal, als er uns entgegenkommt.

Früher lebten an diesen Stränden nur Pelikane und Seelöwen. So beschrieb sie auch der Dichter Neruda, nach dem hier
vieles benannt ist: Wohnanlagen, Plätze, Lokale.

Chiles meistgeliebter Dichter starb in den Tagen des Staats-
streiches und sein Haus in Isla Negra südlich von Valparaíso
wurde von Anhängern von General Pinochet verwüstet. Er
starb an einem Kreislaufkollaps und blieb dadurch von Krän-
kungen und vielleicht auch vom Exil verschont.

Wir fahren weiter und allmählich werden die Wolkenkratzer seltener. Als es dunkel wird, halten wir an einem Gasthaus an, dessen Äußeres uns gut gefällt. Es ist teilweise aus
Holz gebaut und hat große Fenster, die aufs Meer hinausge-
hen.

»Früher gab es hier nur uns«, erzählt die Besitzerin, »alles andere ist in den letzten zwei Jahrzehnten entstanden.«

Vor dem Schlafengehen mache ich noch einen Spaziergang auf der Promenade. Ein großes grünes Schild fällt mir auf: Eine gewaltige Welle verfolgt ein kleines Männchen. Darunter ein Pfeil und der Hinweis: »Fluchtweg bei Tsunami«.

Das Schild hinterlässt bei mir einen bleibenden Eindruck. In der Nacht träume ich von der Großen Welle. Ich sehe, wie sie die unteren Stockwerke der Wolkenkratzer überflutet. Dann fließt sie zurück und reißt Fernsehgeräte, Handys, Betten und Computer mit sich. Erschrocken wache ich auf.

Von links nach rechts: Der Hafen von Valparaíso, eine nach Neruda benannte Wohnanlage, Wolkenkratzer an der Küste nördlich von Viña del Mar

31. Januar. Quintero

Am 14. August 1834 erreichte ich Quintero zu Pferd. Heute ist das Städtchen ein ruhiger Badeort. Es liegt auf einer kleinen Halbinsel, die früher zu der Hacienda von Lord Thomas Cochrane gehörte, einem gebürtigen Engländer, der zum Helden des chilenischen Freiheitskampfes wurde. Quintero ist nicht so zugebaut und zersiedelt wie Viña del Mar und gefällt uns allen wesentlich besser, auch mir, obwohl ich mich noch gut erinnern kann, dass damals am Strand kein einziges Haus stand.

Ich kam auf meiner ersten Reise hierher, um mir alte Mu-

Oben:
Valparaíso

schelbänke anzuschauen, die einige Meter über dem Meeres-spiegel lagen. Sie waren sehr bekannt, weil die Leute aus der Gegend sie zur Herstellung von Kalk benutzten.

Wandge-mälde im Restaurant O'Higgins

Schon vor einigen Jahren wurde eine Hebung der Küste festgestellt, die sich inzwischen verstärkt hat.

Auch hier gibt es Schilder, die anzeigen, wohin man laufen soll, wenn der Tsunami kommt.

Martin zeigt mir einen Artikel, der in der Tageszeitung *La Tercera* erschienen ist:

Ein Dokumentarfilm im Fernsehen schilderte die Folgen, die ein Tsunami derzeit für die Küste hätte. Politiker

reagierten darauf, indem sie die Sendung als »terroristisch« bezeichneten. Es spricht viel dafür, dass sie in Wirklichkeit eher realistisch war, eine Warnung davor, allzu nahe an der Küste zu bauen. Früher oder später wird die Große Welle mit Sicherheit kommen.

Das Schild an der Küste nördlich von Valparaíso zeigt, wohin man laufen soll, wenn ein Tsunami kommt.

Die Reitschule

Von Quintero aus kehren wir wieder in den Süden zurück, ins Tal von Quillota, wo ich mich als Gast auf der Hacienda de San Isidro aufhielt. In dem Tal werden Weizen, Mais, Orangen, Oliven, Pfirsiche, Feigen und so gut wie alle Arten von Gemüse angebaut. Es bildet einen starken Gegensatz zu den kahlen Bergen dahinter. Heute wie damals denke ich, dass die Menschen hier wohlhabender und glücklicher sein sollten. Wer so hart dafür arbeitet, dass ein Tal wie dieses reiche Ernte einbringt, hätte es eigentlich verdient. Doch immer noch ist hier der Kontrast zwischen Arm und Reich sehr stark.

Bei der Hacienda angelangt, erlebe ich eine Überraschung: Die Gebäude des

früheren Gutshofs befinden sich in ausgezeichnetem Zustand und können besichtigt werden. Die Hacienda wurde zum Sitz der Reitschule der chilenischen Armee.

Obwohl es schon spät ist, dürfen wir mit unserem Pick-up auf das Gelände fahren. Wir parken unter einem riesigen Baum.

Schon damals, vor 172 Jahren, war es ein beeindruckendes Anwesen und heute verstärkt sich dieser Eindruck noch.

Wir entdecken eine grüne Wiese, auf der viele kleine Grabsteine stehen. Es ist ein Friedhof, aber nicht für Menschen: Hier ruhen Pferde, die in aller Welt Wettbewerbe gewonnen haben. Die Reitschule ist sehr stolz auf sie.

Ich gönne den Pferden ihren eigenen Friedhof. Pferde waren mir stets zuverlässige Begleiter auf Reisen und überhaupt im Leben. Sie haben diese Ehre verdient.

Hacienda San Isidro: Die Reitschule der chilenischen Armee

Links: Der Pferdefriedhof

PAZIFISCHER OZEAN

El Bronce
(Darwin-Projekt 2007)

Petorca

Jahuel
(1835)

San Felipe

Zapallar

5

Quillota

Quintero
Reñaca

San Isidro

La
Campana

Los
Andres

Viña del Mar

National-
park

5

Valparaíso

Santiago

0   10   20 km

15. Unter einer Goldmine

1. Februar

Wieder verbringen wir eine Nacht am Meer. Gut ausgeruht wache ich auf und bin bereit, zum zweiten Mal den Cerro Campana zu besteigen.

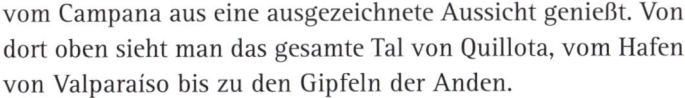

In jenem fernen Jahr 1834 brachen wir an einem klaren Augustmorgen zu einem Zweitagesritt zum Gipfel auf. Ich wusste, dass man vom Campana aus eine ausgezeichnete Aussicht genießt. Von dort oben sieht man das gesamte Tal von Quillota, vom Hafen von Valparaíso bis zu den Gipfeln der Anden.

Als es dunkel wurde, zündeten wir unter einem Bambusstrauch ein Lagerfeuer an, aßen getrocknetes Rindfleisch, tranken Mate und schliefen hinterher ausgezeichnet. Es herrschte vollkommene Stille, nur ab und zu unterbrochen von Schreien, die meiner Ansicht nach von einem Viscacha stammen konnten.

Mit dem Auto erreichen wir den Fuß des Campana natürlich schneller. In Olmué, am Rande des Naturschutzgebietes, wollen Virginia und Jan Pferde mieten. Das würde mir auch gefallen, doch Martin lässt sich nicht erweichen: »Daran ist nicht zu denken. Wir müssen heute Abend in Santiago sein.«

Im Tal von Quillota sind die Straßen in gutem Zustand, aber es gibt zu wenig Hinweisschilder.

Unterwegs erkenne ich eine bestimmte, für die Region typische Palmenart wieder. Aus ihrem Saft wird eine sehr süße Melasse hergestellt. Früher waren ganze Hügel von diesen Palmen bedeckt, doch inzwischen hat sich die Landschaft stark verändert. Erst im Nationalpark entdecke ich die vertraute Vegetation.

Links: Pelikane auf dem Fischmarkt von Reñaca nördlich von Valparaíso

Eingang zum Nationalpark La Campana

Die »Darwin-Route« kann heute von Touristen nachgefahren werden.

»Dort oben«, sagt Cristóbal und zeigt zum Gipfel hinauf, »gibt es ein Schild, das an deine erste Besteigung erinnert.«

Ein altes Schild

Das Schild ist hundert Jahre nach meinem ersten Besuch aufgestellt worden. Was für mich ein schöner Ausflug war, wurde Geschichte. Ich glaube aber nicht, dass sie wegen meiner heutigen Wanderung wieder ein Schild aufstellen werden. Der Aufstieg wird vier Stunden dauern.

Als wir den 1910 Meter hohen Gipfel erreichen, bin ich enttäuscht. Wolken verdecken den Großteil der Anden. Wir können nicht einmal den Aconcagua sehen. Um Valparaíso ist die Luft klarer, doch auch über dem Ozean liegt Dunst.

Sechzehn trockene Feigen

Wir fahren weiter zum Dorf San Felipe und den Kupferminen von Jajuel in einem benachbarten tiefen Tal. Damals blieb ich ganze fünf Tage dort, zum Teil auch deshalb, weil heftige Schneefälle die Wege praktisch unpassierbar machten und die Pferde im hohen Schnee versanken. Verglichen mit den Bergwerken in Europa, bei denen die Minerale mithilfe von Dampfmaschinen an Ort und Stelle bearbeitet wurden, ging es bei den Minen von Jajuel sehr ruhig zu. Hier wurde nur das Erz abgebaut und dann mit Maultieren nach Valparaíso gebracht. Die Arbeit war furchtbar hart. Sogar das Wasser, das sich in den Tunneln sammelte, musste von Hand in Ledersäcken hinausgetragen werden. Die Männer arbeiteten von Sonnenaufgang bis Sonnenuntergang und erhielten nur ein Pfund Sterling im Monat.

Das Essen, das von den Besitzern der Mine gestellt wurde, bestand aus 16 trockenen Feigen und zwei Brötchen zum Frühstück, gekochten Bohnen zum Mittagessen und gerösteten Maiskörnern zum Abendbrot. Die eigentlichen Minenarbeiter, die unter Tage die Tunnel gruben, erhielten zusätzlich etwas getrocknetes Rindfleisch. Alle zwei Wochen bekamen sie frei und kehrten zu ihren armseligen Hütten unten im Tal zurück. Ich weiß, dass sich die Arbeitsbedingungen inzwischen verbessert haben, aber ich denke, dass es noch viel zu tun gibt. Elisabeth hat mir erzählt, dass die chilenischen Bergarbeiter erst letztes Jahr wieder länger gestreikt haben.

Leider konnte Martin für uns keine Erlaubnis erhalten, die alte Mine zu betreten. Stattdessen sind wir eingeladen, eine

Der Berg Campana

Unten: Wir kommen den Wüsten des Nordens immer näher.

Chilenische Bergarbeiter

andere in El Bronce zu besichtigen, das zehn Kilometer von Petorca entfernt ist.

Ein Schweizer Käse aus Gold

In El Bronce stelle ich fest, dass sich viel geändert hat. Mit einem kleinen Lastwagen fahren wir in das Bergwerk hinein. Wir alle haben Schutzhelme mit Stirnlampen bekommen. Bevor es losgeht, müssen wir prüfen, ob das Licht funktioniert.

»Da unten ist es ziemlich dunkel«, sagt Carlos, der Vorarbeiter, der uns begleitet. »Wir arbeiten hier unter Tage, aber es gibt in Chile auch sehr viele Tagebauwerke, darunter Escondida, das größte Kupfertagebauwerk der Welt.«

Der Stollen, in den wir hineingefahren sind, verläuft nur ein kurzes Stück lang geradeaus. Dann geht es nach unten, in die Kurve und anschließend wieder hoch. An den Seiten zweigen andere Gänge ab. Ohne Führung hätten wir uns schon verirrt.

»Wir sind wie Mäuse in einem riesigen Laib Schweizer Käse«, murmelt Puk.

Wir geben es nicht zu, aber die Dunkelheit, die uns von allen Seiten umgibt, macht uns ein bisschen Angst.

»Diese kleine Mine«, erklärt uns der Vorarbeiter, »gehörte einem amerikanischen Unternehmen. Nachdem sie einige Zeit lang geschlossen blieb, wurde sie von einer chilenischen Firma wieder geöffnet. Hier arbeiten ungefähr 150 Leute, Bergwerksarbeiter, Techniker und Facharbeiter mit eingerechnet.«

Kurz zuvor hatten wir in den Büros der Mine festgestellt, dass die Kumpel hier noch 48 Stunden in der Woche arbeiten und nicht, wie in Europa inzwischen üblich, 40 oder 36.

»Wir setzen hier die modernsten Sicherheitssysteme ein«, fährt der Vorarbeiter fort. »Seit die Mine unter neuer Leitung ist, hatten wir keinen einzigen Unfall.«

Links oben: Chilenische Bergarbeiter im 19. Jahrhundert

Links unten: Kandelaber-Kakteen am Berg Campana

In der Goldmine von El Bronce

Wir kommen an Pfützen, kleinen Wasserfällen und unzähligen Seitennischen vorbei.

»Wir graben uns unter der Goldader durch. Dann schlagen wir Löcher in die Decke des Stollens, und das Erz fällt in Lastwagen, die es hinausbringen.«

Im Licht der Scheinwerfer sehen wir zwei Kumpel, die mit Presslufthämmern ein Loch in die Decke bohren. Unser Lastwagen hält an und wir steigen aus. Die Männer grüßen uns, ohne die Schutzmasken abzunehmen. Carlos zeigt uns soeben gewonnenes Erz.

»Es ist goldhaltiger Pyrit. Das, was glänzt, ist mehr Eisen als Gold. Aber es ist eine gute Ader. Adern wie dieser geben wir Frauennamen.«

2. Februar, 23 Uhr. Santiago

Wir essen unweit von unserem Hotel in der Confitería Torres zu Abend. »Das hier ist ein historisches Lokal«, erzählt uns Claudio, der Besitzer. »Viele wichtige Entscheidungen sind an diesen Tischen getroffen worden«, erklärt er, »vielleicht sogar noch mehr als in La Moneda.«

Das Essen schmeckt ausgezeichnet.

Dies ist unsere letzte Nacht in Chile. Elisabeth bedauert, die Wüste Atacama nicht gesehen zu haben. Auch Martin ist ein bisschen enttäuscht. Er war in eines der großen Observatorien im Norden eingeladen worden. Es hätte ihm Spaß gemacht, sich die Sterne an einem Himmel anzusehen, der als der klarste der Welt gilt.

Virginia und Jan haben mit einigen Freunden aus Santiago einen Stadtbummel gemacht und sich die schönsten Sehenswürdigkeiten noch einmal in aller Ruhe angesehen.

Der diensthabende Vorarbeiter

ECUADOR

KOLUMBIEN

BRASILIEN

PERU

Lima

Machu Picchu

Cuzco

BOLIVIEN

Nazca

N

W   O

S

PAZIFISCHER
OZEAN

CHILE

Santiago

| 0 | 100 | 200 | 300 | Meilen |

| 0 | 200 | 400 | Kilometer |

16. Lima, die Stadt der Könige

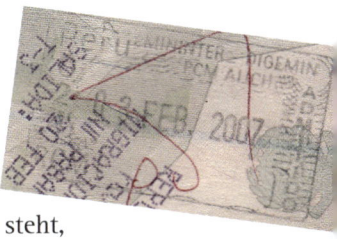

3. Februar, Samstag

Der Flughafen von Lima liegt nahe dem Hafen Callao. Von hier aus ist es nicht weit zu unserem Hotel, das allerdings nicht im Zentrum steht, sondern in Miraflor, einem acht Kilometer vom historischen Stadtzentrum entfernten neuen Stadtteil am Meer. Bald merken wir, dass es eine gute Entscheidung war, hier draußen zu wohnen. Lima ist eine Metropole mit acht Millionen Einwohnern und befindet sich auf einer sonnenverbrannten Ebene, über der sich einige wenige nackte Hügel erheben und die abrupt mit einem Steilhang am 70 bis 80 Meter tiefer liegenden Pazifischen Ozean endet.

Peru: Derzeit gültige Banknoten

Früher war die Stadt wesentlich kleiner und muss sehr schön gewesen sein. Sie besaß über hundert Barockkirchen

Oben: Der Regierungs-palast

Rechts oben: Eintrittskarte für die Kathe-drale von Lima und ihr Museum

und prunkvolle Gebäude im Kolonialstil. Sie wurde von dem Konquistadoren Francisco Pizarro 1535 an dem Ort gegründet, an dem der Inka-Gouverneur Taulichusco seinen Palast hatte erbauen lassen. Dennoch war es ursprünglich keine Inka-Stadt, sondern der Ort, an dem die alte Kultur der Maranga ihren Aufstieg und später auch ihren Niedergang erlebte. Weil dieses Gebiet nahe am Meer lag und sowohl bewässert als auch fruchtbar war, erschien es Pizarro, dem Eroberer Perus, für eine Stadtgründung ideal zu sein. Die Geschichte des Gebiets berücksichtigte er nicht weiter. Lima liegt inmitten einer ausgedehnten Wüste an der Küste und wird häufig von Erdbeben heimgesucht. Deshalb hatten ältere Kulturen die Stätte wieder verlassen.

Der Taxifahrer, der uns zum Hotel bringt, wird auch zu unserem Fremdenführer werden. Er heißt Jorge und spricht nicht gerne über die Erdbeben. Das Schlimmste in jüngerer Zeit war das des Jahres 1940. Er selbst kann sich gut an das von 1973 erinnern.

»Seither ist es hier ruhiger geworden«, erzählt Jorge, »aber als der Ausbruch des Vulkans Arequipo begann, fing die Erde auch hier an zu beben.«

Heutzutage werden nur noch Gebäude errichtet, die auch stärkere Beben überstehen. In der Bank, die Martin und Elisabeth aufsuchen, um Geld abzuheben, hängen Schilder mit der Aufschrift: »Erdbebensichere Zone«.

Ein Flug für zehn Dollar

In Miraflor fühlen sich Virginia und Jan wie zu Hause. Virginia will einen Gleitschirm mieten, um über dem Meer dahinzuschweben. Sogar Elisabeth überlegt es sich. Ein Flug kostet nur zehn Dollar. Martin meldet Bedenken an. Schließlich befinden wir uns nicht auf einem unbewohnten Berg, sondern auf der Terrasse eines der vielen Lokale am Meer, die von zahlreichen Touristen und reichen Peruanern besucht werden. Elisabeth erklärt mir, dass wir uns gewissermaßen in einem Einkaufszentrum befinden und dass die bewaffneten Männer, die an jeder Ecke stehen, für unsere Sicherheit sorgen.

In dem Zentrum gibt es Banken, Schwimmbäder, Schönheitssalons, Gymnastikräume, Geschäfte, Restaurants und Bars. Es ist eine ganz andere Welt als das historische Zentrum und die meisten Viertel von Lima. Selbst in der Nähe der Regierungsgebäude ist die Armut eines großen Teils der Bevölkerung nicht zu übersehen. In vielen Teilen der Stadt lebt man gefährlich, und Jorge weigert sich, uns in die Straßen am Fluss zu fahren, wo wir alte Kolonialgebäude, Kirchen und Ruinen fotografieren möchte, die ich noch kenne.

Auch auf den Hügel über der Stadt, den Cerro San Cristóbal, will Jorge uns nicht fahren, denn er hat Angst, aus dem überbevölkerten Armenviertel an seinen Hängen nicht mehr heil hinauszukommen. »Man riskiert dort nicht nur, ausgeraubt zu werden«, meint er, »sondern es kann einem auch Schlimmeres passieren.« Dabei liegt das gefährliche Viertel oberhalb des Gebäu-

Im Zentrum von Lima: Im Hintergrund der Cerro San Cristóbal

des, in dem der derzeitige Präsident und der Kongress ihren Amtssitz haben.

Apropos

Nach vielen Jahren Militärdiktatur und Terrorismus hat Peru inzwischen eine demokratisch gewählte Regierung. Präsident ist Alan García.

»Er hat versprochen, die Steuern zu senken und sich für die ärmeren Bevölkerungsschichten einzusetzen. Tatsächlich scheint das Land jetzt ruhiger und optimistischer geworden zu sein. In der Sierra, in den Bergen also, kommt es noch zu Übergriffen der Terroristen, aber... Hoffen wir das Beste«, sagt Jorge. »Wir müssen an ihn glauben«, schließt er, »denn alle früheren Präsidenten wurden irgendwelcher Verbrechen angeklagt, gegen den Staat, gegen Personen, gegen die Bürgerrechte...«

Unter uns schwebt Virginia mit dem Gleitschirm über das Meer. Martin beobachtet sie besorgt. Während wir uns noch unterhielten, war sie losgezogen, ohne uns etwas zu sagen.

Das Fest der Candelora im Zentrum von Lima am Sonntag, den 4. Februar 2007

Wir sehen, wie sie ganz knapp einem
Sonnenschirm auf der Terrasse unter
uns ausweicht und dann aus unserem
Blickfeld verschwindet.

Ein U-Boot liegt auf Grund
In Callao, dem Hafen von Lima, blieb
ich sechs Wochen lang. Es war ein
schmutziger kleiner Hafen, über dem
eine mächtige Festung thronte. Die Festung Real Felipe blieb erhalten und dient
heute als Ausbildungszentrum der Ar-
mee. Zwischen dem Meer und den Festungsmauern erstreckt
sich die Freizeitanlage des Offiziersclubs mit Tennisplätzen
und Schwimmbad. Jenseits der Straße kann man im Wasser
ein schönes U-Boot bewundern. Es ist schwarz und glänzend,
eine perfekte Kriegsmaschine.

*Rekruten der
Militärschule
von Callao*

Ich verließ Callao nur selten, weil es im Land militärische
und politische Unruhen gab. Auch damals schon war Perus

Oben: Ein großer Anker, der von einem Tsunami ins Innere der Festung von Callao gespült wurde

Rechts oben: Die Festung von Callao kurz nach ihrer Fertigstellung

schwerwiegendstes Problem seine politische Instabilität. Vier verfeindete bewaffnete Gruppen waren gegeneinander angetreten. In weiser Vorausschau hatte der Präsident die Kanonen der Festung verkaufen lassen, denn er befürchtete, dass sie früher oder später gegen ihn eingesetzt werden könnten. Doch das nützte ihm nichts: Er wurde trotzdem besiegt, gefangen genommen und erschossen.

Heute ist auch der Handelshafen von einer sechs oder sieben Meter hohen Mauer umgeben. Das hat allerdings keine militärischen Gründe.

»Wenn ein Tsunami kommt, soll sie die Häuser beschützen«, erklärt Jorge. »Aber ich bin mir nicht ganz sicher, ob das reichen wird.«

4. Februar. Die geheimnisvollen Linien von Nazca

Wir befinden uns an der archäologischen Stätte Huaca Pucllana unweit von Miraflor und stehen auf der höchsten Ebene eines sakralen Gebäudes, das viele Jahrhunderte vor der Kultur der Inka errichtet wurde.

»Die Küste Perus«, sagt Elisabeth, »hat in verhältnismäßig kurzer Zeit tiefgreifende geologische Veränderungen erlebt.

Lima: Das Zentrum für italienische Kultur, erbaut um 1920

Sie waren so heftig, dass sie ganze Kulturen verschwinden ließen, darunter auch die von Nazca.«

Puk unterbricht sie: »War das die mit den Linien und Zeichnungen, die man vom Weltall aus sehen kann? Die der geheimnisvollen Geoglyphen von Nazca?«

»Genau. Das gesamte heutige Wüstengebiet war früher fruchtbar und wurde bewässert. Die aus der Luft sichtbaren Linien wurden geschaffen, indem man die Steine aus den Feldern nahm und dadurch die darunterliegende, hellere gelbe Lehmschicht freilegte. Mit den Steinen wurden Trockenmauern aufgeschichtet, die bis heute erhalten sind. Sie säumten sakrale Wege zwischen den Feldern.«

»Das erklärt aber nicht, warum viele Figuren Sternbilder darstellen.«

»Nein, das nicht.«

»Und dass viele wirklich wie Landebahnen für große Raumschiffe aussehen.«

»Nur eines ist sicher«, erwidert Elisabeth. »Diese Region 500 Kilometer südlich von Lima war einst grün und wurde landwirtschaftlich genutzt. Dann änderte sich das Klima, die Ernten fielen aus und die Menschen wanderten ins Landesinnere ab.«

Auch ich glaube, dass an dieser Küste in jüngerer Zeit große Erhebungen und Absenkungen stattgefunden haben. Auf der Insel San Lorenzo vor Callao fand ich auf einer Terrasse in 25 Metern Höhe über dem Meer im Sand Stücke von Baumwollfäden, Weidengeflecht und Überreste von Maiskolben, und auf dem Festland in ungefähr 30 Metern Höhe zwischen Muscheln Scherben von indianischen Töpferwaren.

Mir wurde auch erzählt, dass es unweit von Lima einen Fluss gebe, der sein altes Flussbett verließ, um in eine andere Richtung zu fließen. Als sich das Bett jenes Flusses hob, suchte sich das Wasser einen anderen Weg. Die früher fruchtbare und bewohnte Ebene wurde zu einer Wüste.

Wenn sich das Klima ändert, ändert sich auch vieles andere.

In der Lobby unseres Hotels fand ich eine Ausgabe der lokalen Tageszeitung *El Comercio* mit einem Bericht über die Klimakonferenz in Paris. Der Artikel schließt mit den Worten: »Die Befürchtungen aufgrund der globalen Erwärmung verstärken sich. In Europa wird der mildeste Winter seit 100 Jahren beobachtet.«

DAS DARWIN-PROJEKT

Dossier »Lima und Callao«

»Lima, die Stadt der Könige, muss früher eine
herrliche Stadt gewesen sein. Die ungewöhnlich
große Zahl von Kirchen verleiht Lima noch heute
eine ganz eigene Ausstrahlung, die besonders
dann zur Geltung kommt, wenn man die Stadt aus
kurzer Entfernung betrachtet.«

Charles Darwin,
Die Fahrt der Beagle, 1839

Flughafen
Jorge Chávez

Callao

Museum

Festung
Real Felipe

Insel San Lorenzo

0   5   10 km

PAZIFISCHER OZEAN

Palomino-Inseln

DAS
DARWIN-
PROJEKT

Einwohner von
Lima zur Zeit
von Darwins
Reise mit der
Beagle. Aus-
schnitt aus
einem Gemälde
des Reisenden
Louis Angrand

Eine peruanische
Familie lässt sich
bei ihrem Besuch
in der Hauptstadt
vor dem Kongress-
palast fotografieren.
Februar 2007

Stadt Lima

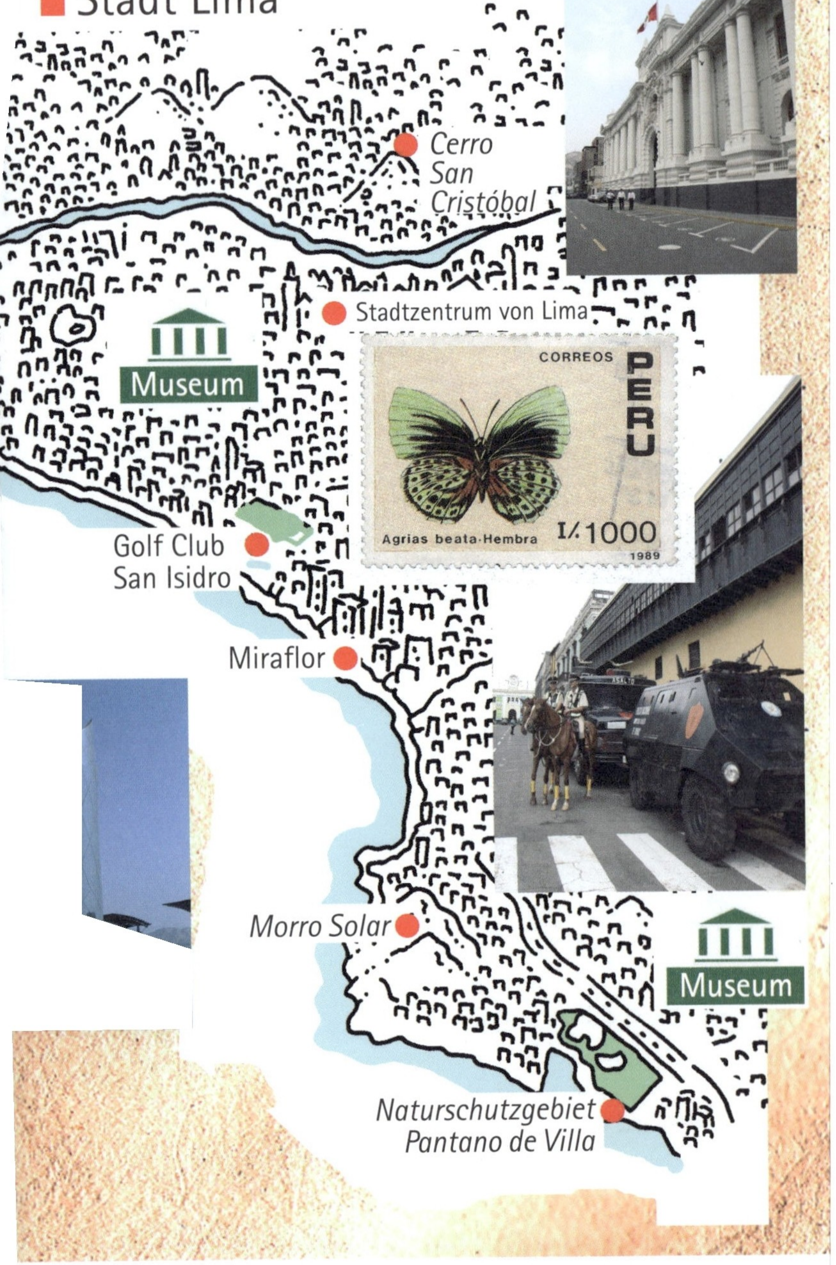

Cerro San Cristóbal

Stadtzentrum von Lima

Museum

CORREOS **PERU**

Agrias beata Hembra   I/.1000
1989

Golf Club San Isidro

Miraflor

Morro Solar

Museum

Naturschutzgebiet Pantano de Villa

N
W   O
S

PANAMA

VENEZUELA

KOLUMBIEN

ECUADOR

Quito

Guayaquil

Galapagosinseln

PAZIFISCHER OZEAN

BRASILIEN

Lima

PERU

CHILE

0   100   200   300 Meilen

0   200   400   km

17. Auf den Galapagosinseln

8. Februar, 14 Uhr

Auch die anderen Passagiere im Flugzeug sind aufgeregt. Wir befinden uns im Landeanflug auf eine grüne Insel mit herrlichen weißen Stränden: die Insel San Cristóbal.

Vor zwei Stunden haben wir Guayaquil unter dichten grauen Wolken zurückgelassen. Dann überflogen wir fast tausend Kilometer Ozean. Bald werden wir auf dem kleinen Flughafen von Baquerizo Moreno landen. Mit uns im Flugzeug sitzen junge amerikanische Surfer, mit Kameras beladene europäische und japanische Touristen und ecuadorianische Soldaten. Meine Sitznachbarin kommt aus Salzburg. Sie ist Tierärztin, Mitte zwanzig und hat schon immer davon geträumt, die Galapagosinseln zu besuchen.

Noch vor 30 Jahren war der Militärflughafen von Baltra der einzige Flughafen des Archipels. Heute gibt es drei und auf jedem landen mehrere Flugzeuge täglich. Dementsprechend steigt auch die Besucherzahl: 60 000, 70 000, jedes Jahr mehr.

Ankunft auf San Cristóbal

»Es wäre schlimm, wenn die Besucherzahl eingeschränkt werden würde«, sagt meine Sitznachbarin.

Gleich nach dem Verlassen des Flugzeugs zahlen wir den Eintritt für den Nationalpark der Galapagosinseln: genau hundert Dollar. Nur Soldaten und Einwohner brauchen diese Gebühr nicht zu entrichten.

Vor dem Abflug wurde unser Gepäck peinlich genau untersucht. Man darf weder Lebensmittel noch Tiere, Samen oder Obst einführen.

Vor dem Flughafen wartet unser Führer auf uns. Er heißt William und holt uns mit einem Kleinbus ab.

William ist ein junger, sportlich wirkender und sehr freundlicher Mann. Er hilft uns mit dem Gepäck und hält Elisabeth die Wagentür auf.

Das Hotel ist sehr einfach, aber es gefällt uns. Die Fenster gehen auf den Hafen hinaus. Vom Badezimmerfenster aus schaue ich direkt in den Wipfel einer Palme. Es gibt kein fließendes warmes Wasser, aber das scheint niemanden zu stören. Wir sind nicht wegen des Komforts hergekommen.

Links: Die kleine Insel Dafne, die zwischen den Inseln Santa Cruz und Santiago liegt

Links unten: Die Eintrittskarte für den Nationalpark der Galapagosinseln und das Empfangskomitee

Ein paar Stunden später bringt William uns zu der *lobería* südlich von Puerto Baquerizo Moreno. An dem von schwarzen Felsen umgebenen schneeweißen Sandstrand leben mehrere Dutzend Seelöwen. Sie sonnen sich auf den Felsen oder schwimmen im Meer, während in geringer Entfernung, jenseits des Korallenriffs, junge Leute surfen.

Einige Meerechsen, schwarz wie die Felsen, auf denen sie ruhen, starren auf den Horizont.

Ein junger Seelöwe verlässt seine Mutter und kommt zu uns, um an Elisabeths Tasche zu schnuppern.

»Willkommen auf San Cristóbal!«, sagt William lächelnd.

Inseln aus der Tiefe

Ich bin von der Vegetation überrascht, die ich hier antreffe. Als ich zum ersten Mal die Insel Chatham betrat, die inzwischen San Cristóbal heißt, lag eine ganz andere Landschaft vor mir: zerklüftete Basaltfelder, von tiefen Rissen durchzogen. Alles war trocken und ausgedörrt. Ich fand nur wenige Pflanzen, und was auf der Insel wuchs, sah eher nach arktischer als nach tropischer Vegetation aus. Heute ist sogar der Flughafen in üppiges Grün eingebettet.

San Cristóbal. Der Krater eines Vulkans wurde zu einem großen Süßwassersee.

»Du warst damals im September hier«, erklärt William, »wenn das Klima sehr trocken ist. Jetzt haben wir Regenzeit und alle Pflanzen blühen.«

»Außerdem regnet es durch El Niño mehr als sonst«, fügt Martin hinzu.

Ich schaue mir die Sträucher ringsherum genauer an und

Meerechse

merke, dass ihre Blätter jung und zart sind. Hier und da kann ich unter und zwischen den Pflanzen den nackten Felsen sehen, an den ich mich noch so gut erinnere.

Mit der *Beagle* umrundeten wir die Insel und warfen in vielen ihrer Buchten den Anker. Ich schlief auf einem einsamen Strand, an dem es viele kleine Krater gab. Dennoch konnte ich weder hier noch auf der übrigen Insel vulkanische Aktivität feststellen, obgleich San Cristóbal im Grunde nichts anderes ist als eine Ansammlung von großen und kleinen Kratern und Lavafeldern in unterschiedlicher Größe. Auf geheimnisvolle Weise erlosch und versteinerte alles schon vor Hunderttausenden von Jahren.

Oder ist es gar nicht so geheimnisvoll? Diese Insel entstand westlich von einem Hot Spot, aus dem die ganze Inselgruppe entsprang. Die erste, die sich bildete, war San Cristóbal. Da-

Der »gemischt« genutzte Strand von Puerto Baquerizo Moreno auf San Cristóbal

*Entstehung
der Galapa-
gosinseln*

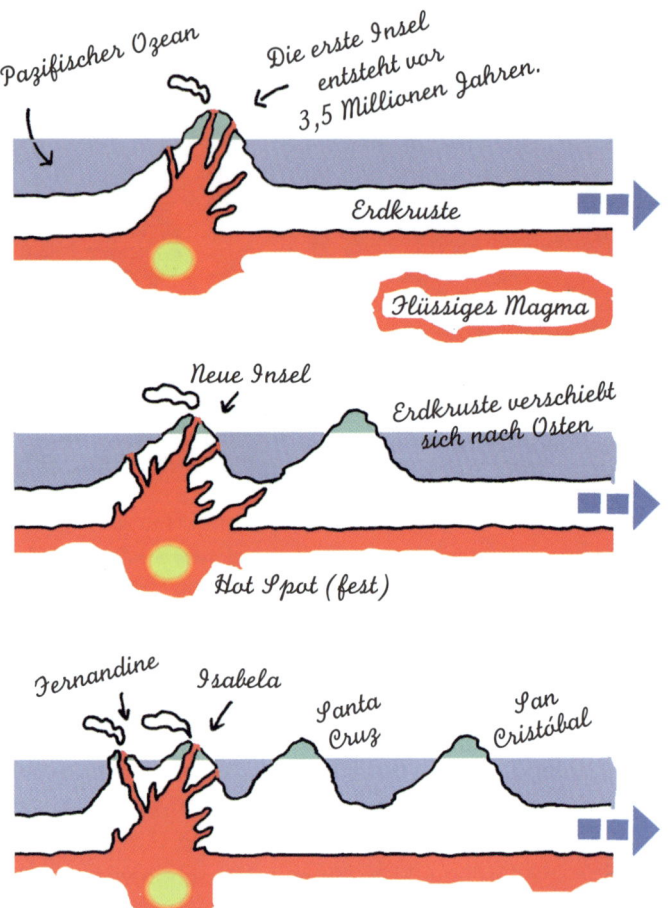

nach verschob sich die Ozeanplatte, auf der sie ruhte, nach
Osten, auf die Anden zu. Diese Verschiebung unterbrach die
Verbindung der Vulkane von San Cristóbal mit dem Erdinne-
ren und sie erloschen.

Die Vulkane der weiter westlich liegenden Inseln, zum Beispiel von Isabela und Fernandina, sind weiterhin aktiv. Diese
Inseln, die als Letzte entstanden sind, erheben sich immer

noch über dem Ort ihrer »Geburt«. Auch sie bewegen sich ganz langsam nach Westen und an ihrer Stelle wird früher oder später eine neue Insel aus dem Wasser ragen.

Essen auf Beinen

Früher war die Insel San Cristóbal eine wichtige Station für alle Schiffe, die den Pazifischen Ozean überquerten. Es war die einzige Insel des Archipels, auf der man zu jeder Jahreszeit seine Vorräte an Trinkwasser ergänzen konnte. Einer ihrer alten Krater wurde nämlich zu einem natürlichen Regenwasserspeicher. Manchmal regnet es so viel, dass der See überläuft und sich Bäche bilden, die bis in die darunterliegende Bucht fließen. Für die Waljäger und die Piraten, die in dieser Region operierten, war der Süßwassersee ein Segen, für die Schildkröten der Insel aber war er eine Katastrophe. Alle Schiffe, die hier Halt machten, fingen die großen Tiere und nahmen sie als lebende Fleischreserve auf ihre Schiffe mit.

William erzählt uns das, als wir das Nachzuchtzentrum von Playa Man besichtigen. Elisabeth ist entsetzt: »Fleischreserve?«

»Ja, sie ließen die Schildkröten hungern und töteten sie nach Bedarf. Auf der Überfahrt über den Pazifischen Ozean aßen sie dann eine nach der anderen.«

»Auf der *Beagle* machten wir es genauso. Es war eine alte Gepflogenheit«, erzähle ich. »Nur ein paar kleine blieben verschont und eine von ihnen hat bis in eure Zeit überlebt.«

»Die Folge davon war, dass die Schildkröten von Chatham beinahe ausgestorben wären, so wie andere, auf den benachbarten Inseln heimische Arten. Bevor der Nationalpark gegründet wurde, gab es nur noch einige wenige von ihnen. Heute pflanzen sie sich in geschützter Umgebung in Nachzuchtzentren wie diesem fort. Die Eier kommen in Brutapparate und die jungen Schildkröten werden erst dann in die freie Natur entlassen, wenn sie sich gegen ihre natürlichen

Feinde verteidigen können. Die Population wächst wieder.«

»Und das ist gut so«, sagt Elisabeth.

Die Nacht der Löwen

Vor einigen Jahrzehnten gab es auf San Cristóbal noch keine Siedlungen. Heute aber existiert hier ein Städtchen, das rasch größer wird. Es hat 6000 Einwohner, vielleicht sogar mehr. Auf dem Hauptplatz steht die große Statue einer Schildkröte. Die bedeutendste Sehenswürdigkeit des Städtchens aber ist lebendig und besteht aus einer Kolonie von ungefähr 200 Seelöwen, die jeden Abend zu dem Strand im Zentrum kommen.

»Sie machen das seit jeher«, sagt William. »Nachts gehört der Strand ihnen.«

Es ist ein ungewöhnliches Schauspiel.

Puerto Baquerizo Moreno: Das Schildkröten-denkmal

Ein Seelöwe nach dem andern kommt aus dem Wasser. Auf dem weißen Sand bilden sich Grüppchen. Sie kämpfen miteinander um die besten Plätze und brüllen und bellen, während die Muttertiere ihre Jungen säugen.

Man kann mitten unter ihnen spazieren gehen, aber zu den größeren Tieren sollte man besser Abstand halten. Elisabeth, die mitten in die Herde ging, um ein junges Tier zu fotografieren, ergreift vor einem wütenden Seelöwenpapa die Flucht. Er hat ja auch recht: Das ist sein Strand.

Mach Platz, Natur!

Morgen früh fahren wir nach Puerto Ayora auf der Insel Santa Cruz. Dort sieht es anders aus als hier. In Puerto Ayora gab es einen Strand, der früher dem von Puerto Baquerizo Moreno ähnelte. Mittlerweile aber ist daraus ein Tourismushafen geworden, in dem Yachten und Kreuzfahrtschiffe liegen. Im Stadtzentrum haben sich entlang der Küste Hotels und andere Gebäude breitgemacht. In Strandnähe ist das Wasser nicht mehr klar und nur einige wenige Kinder springen noch vom Pier aus hinein.

Um einen Strandabschnitt im ursprünglichen Zustand sehen zu können, muss man Puerto Ayero verlassen und zu einer Bucht im Naturschutzgebiet fahren: zur Tortuga Bay.

Es gibt auch Hotels, die sich harmonisch in ihre Umgebung einfügen, wie etwa das Hotel Red Mangrove, das mitten in einem kleinen Wald steht. Doch das sich rasch ausbreitende Städtchen dahinter verströmt Autoabgase und Lärm.

Insgesamt stehen 97 Prozent der Fläche der Galapagosinseln unter Naturschutz. Auf den übrigen 3 Prozent können die Menschen so ziemlich machen, was sie wollen.

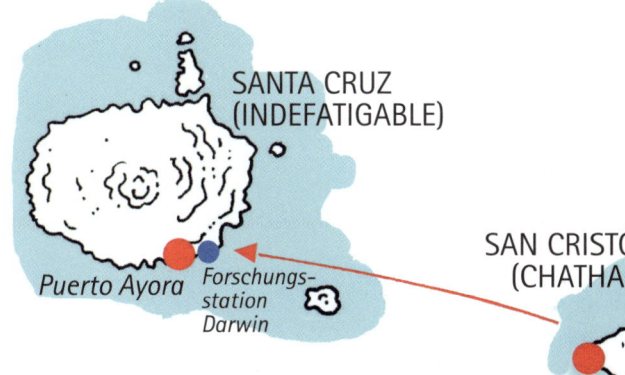

18. Das Labor der Schöpfung

10. Februar

Damals, im Jahr 1835, verließ die *Beagle* Chatham, um in einer Bucht der Insel Charles ihren Anker zu werfen. Heute heißt diese Insel Santa Maria oder Floreana. Damals wurde sie von Verbannten bewohnt, die wegen politischer Vergehen gegen die damals noch junge Republik Ecuador verurteilt worden waren. Rings um die Bucht, in der mittlerweile ein kleiner Hafen entstand, gab es einige wenige Hütten. Die Verbannten hielten Ziegen und Schweine und bauten Gemüse an, lebten aber vor allem von der Jagd auf die großen Schildkröten. Zu Hunderten verkauften sie sie an die Schiffe, die hier Station machten, um sich einen Vorrat an diesen Tieren zuzulegen.

Links: Die uralte Schildkröte, der wir auf Santa Cruz begegneten

Heute bringt uns ein Katamaran, der unter französischer Flagge fährt, nach Floreana. In Puerto Ayora hatte sich Martin mit einem Seglerpaar angefreundet, das gerade eine Weltumsegelung macht. Anstatt für die Magellanstraße hatten sich die beiden für den Panamakanal entschieden, der wesentlich leichter zu durchfahren und auch näher ist.

Ihr Katamaran verfügt nur über sechs Schlafplätze, doch für die kurze Fahrt nach Floreana, zumal bei gutem Wetter, kann er uns alle aufnehmen. Deshalb sind wir zur Mittagszeit schon in Puerto Velasco Ibarra, wo sich früher die alte Siedlung befand.

Die Strafkolonie gibt es nicht mehr, aber viel mehr Einwohner als früher hat die Insel immer noch nicht. »Wir sind 200, vielleicht 400...«, schätzt die junge Frau, die uns emp-

Ein männlicher Fregattvogel, im Flug aufgenommen

Eine Schildkröte von der Insel Santa Cruz und die Panzer der verschiedenen Arten der einzelnen Inseln

fängt. Wie viele neue Einwohner kommt auch sie vom ecuadorianischen Festland. Sie grillt für uns Fische und serviert sie uns zusammen mit *empanadas de verde*, eine Art Pfannkuchen aus pürierten Kochbananen.

Auf Floreana erzählt man sich immer noch gerne Geschichten über mysteriöse Morde, die ich noch von damals kenne. Opfer waren die Liebhaber einer hierhergezogenen deutschen Baronin: Einer nach dem anderen verschwanden sie oder wurden ermordet. Zurückgeblieben ist das Hotel, das Schauplatz dieser Schauergeschichten war, das Hotel Hacienda Paradiso, das nicht nur wegen seines guten Service, sondern auch wegen seiner undurchsichtigen Vergangenheit berühmt ist.

Etwas später gehen wir in einer kleinen Bucht im Norden an Land, in der Bahía del Correo, auch Post Office Bay genannt. Einige Jahrhunderte lang und auch zu dem Zeitpunkt, als ich hier war, gab es dort einen ganz besonderen Postdienst. Er bestand aus einem Fass, in das man seine Briefe werfen konnte. Sie wurden dann von vorbeikommenden Schiffen mitgenommen und weiterbefördert. Das Fass steht immer noch da, aber es ist nur noch eine Attraktion für Touristen. Virginia hatte das schon vermutet, brachte aber dennoch ein Holztäfelchen mit einer eingeritzten Botschaft mit.

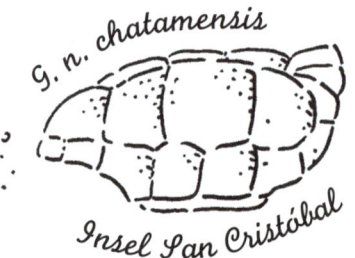

g. n. chatamensis

Insel San Cristóbal

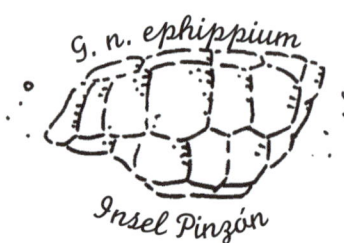

g. n. ephippium

Insel Pinzón

Sie wirft es zu den vielen anderen in das Fass und will uns nicht sagen, für wen es bestimmt ist.

Die Inseln der Riesenschildkröten

Puerto Ayora. 12. Februar. Wir besuchen die Estación Científica Charles Darwin, die Forschungsstation, die ebenso wie die Stiftung, die sie verwaltet, meinen Namen trägt. Man erzählt mir, dass junge Leute aus aller Welt zu Forschungsaufenthalten hierherkommen. Ein Angestellter führt uns durch die verschiedenen Abteilungen. Er zeigt uns die Gebäude der Nationen, die diese Einrichtung unterstützen, die

Informationspavillons, das Zentrum für die Nachzucht der Riesenschildkröten und die Gehege mit den Tieren. Nicht ohne Stolz stellt er uns auch das letzte lebende Exemplar einer zum Aussterben verdammten Art vor. Es ist ein 160 Jahre altes Männchen, das sogar einen Namen hat: Lonesome George.

»Sie haben in sein Gehege einige Weibchen einer ähnlichen Art gebracht, aber da war nichts zu machen«, erzählt unser Führer. »Offenbar ist es sein Schicksal, der letzte seiner Spezies zu sein.«

»Sie sehen hier«, fährt er fort, »die größten Schildkröten der Welt. Die ältesten wiegen über 300 Kilogramm. Sie können zwei Meter lang werden, von der Schnauze bis zur Schwanzspitze gemessen. Um eine von ihnen hochzuheben, müsste man zu sechst sein.«

Während Puk alles und jeden fotografiert, kritisiert Elisabeth die Forschungsstation. »Nicht alles hier entspricht den Standards, die eine derartige Einrichtung aufweisen sollte. Mich erinnert sie eher an einen Zoo.«

»Du hast vielleicht nicht unrecht«, sagt Martin, »aber dank dieser Forschungsstation ist der Nationalpark entstanden und damit die Möglichkeit, die Galapagosinseln zu schützen. 1978 wurde sie außerdem von der UNESCO zum Welterbe erklärt. Mit Sicherheit gibt es noch viel zu tun, zumal diese Inseln und ihre einmaligen Naturräume immer stärker von fremden Arten bedroht werden sowie von Interessen, die mit Naturschutz nichts zu tun haben.«

Ein Schoner, der Touristen von einer Insel zur nächsten befördert

Übrigens heißt Galapagos auf Spanisch »Schildkröten«. 1892 taufte die ecuadorianische Regierung die Inselgruppe um in Archipélago Colón, zu Ehren des 400. Jahrestages der

Entdeckung Amerikas durch Christoph Kolumbus, den die Spanier Cristóbal Colón nennen. Doch dieser Name setzte sich weltweit nicht durch und so sind die Galapagosinseln die Inseln der Riesenschildkröten geblieben.

Wiedersehen nach einem Jahrhundert

Es ist 16 Uhr. Wir erreichen den oberen Teil der Insel Santa Cruz und besuchen dort die Hacienda Las Primicias. Hier befinden wir uns außerhalb des geschützten Gebietes, gleich hinter der Grenze des Parks. Wir dachten, unser Führer wolle uns ein modernes landwirtschaftliches Unternehmen zeigen und uns von dessen Produkten kosten lassen.

Auf dem Gelände der Farm gibt es eingeführte Pflanzenarten in Hülle und Fülle: Kaffeesträucher, Orangen, Mandarinen, Limonen, Mangos und Papayas. Doch sie wirken vernachlässigt. Ganz offensichtlich lebt die Farm nicht von ihren Ernten und der Grund unseres Besuches ist ein anderer als angenommen: Die Farm ist ein Treffpunkt von Riesenschildkröten, die die Absperrungen an der Parkgrenze überwinden und hierherkommen, um sich den Bauch mit den Früchten und Pflanzen der Hacienda vollzuschlagen.

Wenn man auf eine andere Insel will, wird das Gepäck vor der Abreise untersucht und versiegelt.

»Eine Zeit lang hat der Besitzer noch versucht, seine Plantage mit Stacheldraht zu schützen«, erzählt Maria, die uns heute herumführt. »Doch das war vollkommen nutzlos. Die Schildkröten krochen darunter durch und dadurch spannte sich der Draht und zerriss. Heute ist die Farm eine Touristenattraktion, weil die Besucher sich hier den frei lebenden Schildkröten nähern können, was sonst überall auf der Insel verboten ist.«

Und tatsächlich können wir hier die Schildkröten, die im Schatten der Obstbäume dösen, aus nächster Nähe betrach-

ten und sehen sogar ein Exemplar, das wesentlich größer ist als alle, die im Darwin-Zentrum leben.

Auch Maria war darauf nicht gefasst. »Es ist ein Männchen«, flüstert sie, »und es ist nie markiert worden. Eigentlich sollten alle Schildkröten der Insel nummeriert und markiert sein.«

Diese hier ist es jedoch nicht. Sie wirkt etwas genervt. Zuerst prustet sie mir ins Gesicht, dann zieht sie sich in ihren Panzer zurück. Nach einer Weile merkt sie, dass wir nicht vorhaben zu gehen. Sie streckt wieder Kopf und Beine heraus, steht auf und geht entschlossen dorthin, wohin wir ihr nicht folgen können: in den Nationalpark.

»Ich glaube, sie ist über 170 Jahre alt«, sagt Martin leise.

»Vielleicht war sie schon geboren, als ich das erste Mal hierherkam«, denke ich.

San Cristó-bal. Ein junger See-löwe hat Hunger.

Evolution

Morgen werden wir auf Isabela sein, der größten Galapagosinsel. Ein Boot, das zwischen den Inseln Fährdienst leistet, wird uns dorthin bringen.

Isabela ist mit ungefähr einer Million Jahren eine verhältnismäßig junge Insel, jünger als Santa Cruz, deren Vulkane alle erloschen sind. Verglichen mit der ungefähr dreieinhalb Millionen Jahre alten Insel San Cristóbal ist Isabela sogar sehr jung. Man kann sich gut vorstellen, dass es hier zuvor nur das Meer gab. Und dass die seltsamen Arten, die auf den Galapagosinseln leben, hier erschaffen wurden, denn das Festland ist fern und woanders kommen diese Arten nicht vor.

Eigentlich war es mein erster Besuch auf Isabela, der mich dem Verständnis jenes gewaltigen Phänomens nahebrachte, dem geheimnisvollsten aller Geheimnisse der damaligen Zeit, nämlich der Frage, wie neue Arten auf der Erde erscheinen können. In der heutigen Zeit weiß man schon sehr viel über die Evolution, kennt die Genetik und die Regeln der Vererbung, während damals sogar gebildete Menschen wie zum Beispiel Kapitän FitzRoy es ablehnten, von der Evolution auch nur zu sprechen. Die Natur und die Einfachheit dieser Inseln halfen ihm offenbar nicht, die Dinge in größerem Maßstab zu verstehen, sondern machten ihm im Gegenteil Angst. Die Dämpfe und die Lava, die aus dem Inneren von Isabela und Fernandina hervorbrachen, ließen ihn mehr an die Hölle als an die göttliche Schöpfung denken, und schon gar nicht an einen natürlichen Vorgang, der niemals abgeschlossen sein wird.

Insel Santa Cruz: Der Weg, der von Puerto Ayora nach Tortuga Bay führt

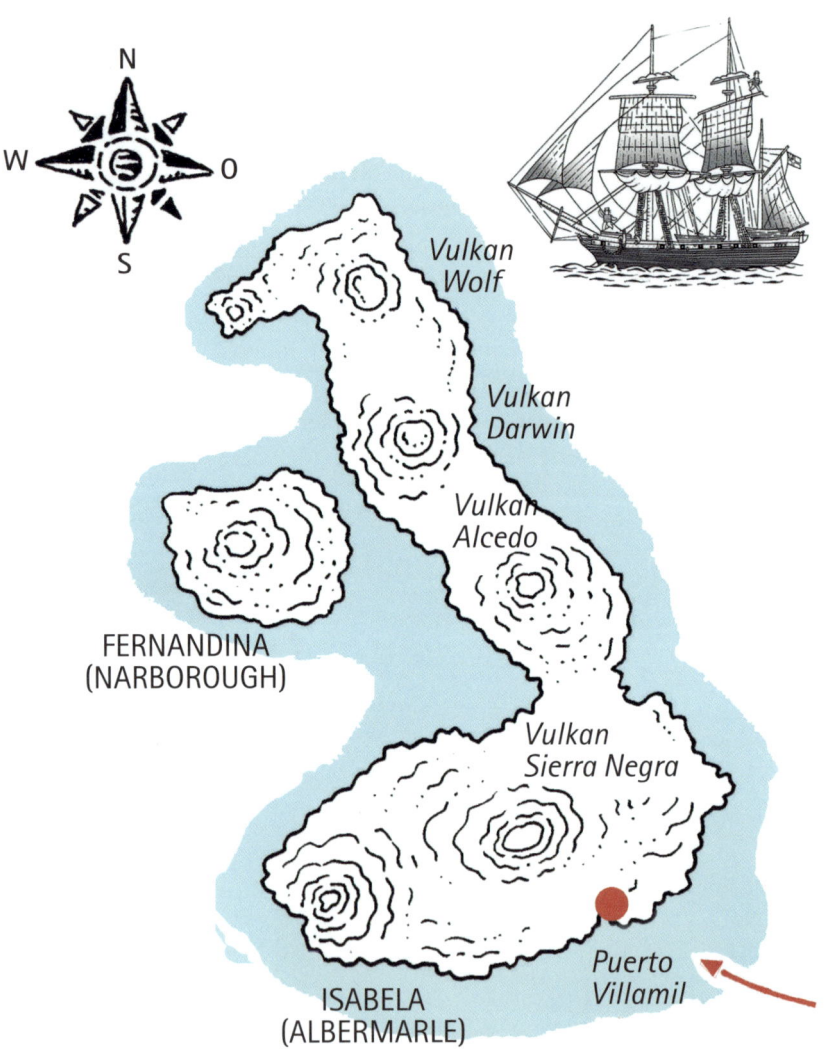

N
W   O
S

*Vulkan
Wolf*

*Vulkan
Darwin*

*Vulkan
Alcedo*

FERNANDINA
(NARBOROUGH)

*Vulkan
Sierra Negra*

ISABELA
(ALBERMARLE)

*Puerto
Villamil*

19. Der Beweis, nach dem ich suchte

Die Entstehung der Arten

Die *Beagle* blieb etwas über einen Monat bei den Galapagosinseln. Ich hatte weniger Zeit, als ich es mir gewünscht hätte, aber doch genügend, um eine große Menge an Material zu sammeln und eine Vorstellung davon zu bekommen, wie die auf den Inseln heimischen Arten entstanden waren. Wenn ich direkt von England hierhergekommen wäre, meint Martin, hätte sich das Konzept der Evolution in meinem Kopf nicht so klar und überzeugend geformt. Er glaubt, dass die Idee bei mir ganz allmählich während der Reise um die Welt heranreifte, als ich so viele verschiedene Lebensräume und die zahllosen Geschöpfe sah, die sich in ihnen entwickelten und dabei an sie anpassten.

Elisabeth ist der Ansicht, dass die Galapagosinseln für mich nur noch der endgültige Beweis einer zuvor Schritt für Schritt entwickelten Theorie seien.

Wahrscheinlich haben beide recht. Vor meinem geistigen Auge sah ich die Galapagosinseln aus der Tiefe des Meeres emporwachsen. Zuerst gab es auf ihnen kein Leben, doch mit

Isabela: Die Caldera des Vulkans Sierra Negra, einer der größten Krater der Welt

Links:
Lavakaktus:
Eine der
ersten Lebens-
formen, die
die neuen
Inseln koloni-
sierten

Mitte:
Kandelaber-
kakteen auf
den Felsen
vor Puerto
Villamil

der Zeit wurden sie von Pflanzen und Tieren besiedelt, die von Meeresströmungen hierhergetragen wurden. Irgendwann landeten hier Keimlinge von Mangroven, die im Salzwasser überlebten und an den Stränden gediehen. Aus Samen, die Vögel hierhergebracht hatten, sprossen Pflanzen. Auf angeschwemmten Baumstämmen gelangten Insekten, Leguane und andere kleinere Tiere auf die Inseln.

So entstanden die »endemischen« Arten der Galapagosinseln, die von Arten aus Süd- und Nordamerika abstammen. So entstanden auch die großen Schildkröten, die Meerechsen und die berühmten Finken, die nach mir benannt sind. Jetzt erfahre ich, dass dieser Prozess einen eigenen Namen erhalten hat. Er wird von Biologen als »Speziation« oder »Artbildung« bezeichnet.

Kapitän FitzRoy hätte diesen Begriff sicher für eine Art Gotteslästerung gehalten.

El Niño wütet wieder

12. Februar, 16 Uhr. Ich bin wieder auf Alberarle oder Isabela, wie die Insel auch genannt wird. Ein Motorboot hat uns mit atemberaubender Geschwindigkeit von Puerto Ayora nach Puerto Villamil gebracht. So legten wir die Strecke von 80 Kilometern im Nu zurück.

»Es ist nur eine Nussschale«, schimpft Elisabeth, »wenn wir gegen ein Riff stoßen, zerschellt es.«

Auch Martin und Puk wirkten während der Überfahrt ziem-

lich angespannt. Virginia wurde es schlecht, Jan ist sehr blass um die Nase.

Und doch sind wir heil angekommen und gerade noch rechtzeitig, um mitten in ein Unwetter zu geraten. Als wir an Land gehen, sind wir sofort von dem starken Regen durchnässt.

El Niño macht sich auch hier bemerkbar.

Dora, die Besitzerin des Hotels Balena Azúl empfängt uns sehr herzlich. Hier werden wir einige Tage lang unser Hauptquartier aufschlagen. Das Hotel gefällt uns sofort: Der Wirbelknochen eines Wals dient als Türstopper und die Theke der Rezeption ist mit einer Reihe Riesenmuscheln verziert. Dora kommt aus der Schweiz. Sie bietet uns Mangosaft an, den wir trinken, während Regen und Wind das Blechdach des Hotels auf eine harte Probe stellen.

Unser Bungalow steht am Strand, und der Anblick, der sich uns von dort aus bietet, erinnert an die Südsee: Vor uns liegt ein weißer Strand mit einer kleinen Palme.

Als der Regen aufhört, gehen wir zum Meer hinunter. Am Strand spazieren einige Meerechsen herum. Ohne lange zu zögern, läuft Virginia zum Wasser und springt hinein. Jan tut es ihr nach.

Meerechsen leben ausschließlich von Algen, nach denen sie bis zu zehn Meter tief tauchen.

13. Februar, 10 Uhr. Auf dem Vulkan

Wir sitzen am Kraterrand des Vulkans Sierra Negra, der auf einigen Karten auch als San Tomás verzeichnet ist. Mit einer

Breite von acht und einer Länge von fünf Kilometern ist er einer der größten Krater der Welt. Ungefähr einhundert Meter unter uns erstreckt sich die flache, rauchende Caldera. Bei Ausbrüchen verwandelt sie sich in einen riesigen Lavasee. Derzeit aber bildet sie eine feste Schicht, eine Art Korken, der an einigen Stellen mehrere hundert Meter dick ist und unsere Welt von der darunterliegenden Hölle aus geschmolzenem Gestein trennt.

Auf Isabela sind alle Vulkane aktiv. Somit ist die Insel praktisch noch nicht fertig, sie bildet und formt sich immer weiter. Der letzte Ausbruch des Vulkans Sierra Negra war im Oktober vor zwei Jahren.

Die Insel Fernandina ist noch jünger. Wir nannten sie damals Narborough. Manuel, unser Reiseführer, zeigt uns ihre Position mitten im Ozean. Doch wegen der Wolken, die Isabela heute umgeben, ist kaum etwas zu erkennen.

Puk erzählt, dass man in Italien in den Krater der Insel Vulcano hinabsteigen und darin mit Steinen, die man sich von oben mitgenommen hat, in seine Wände Botschaften ritzen kann.

Von links nach rechts: Nazca-Tölpel mit Küken, Prachtfregattvogel (Weibchen), zwei Galapagos-Albatrosse, Scharlachrote Felsenkrabbe

Manuel rät uns, es bei diesem Vulkan nicht zu versuchen, und zeigt uns einige Stellen, an denen Rauch aufsteigt. Die

Oberfläche der Caldera scheint nicht allzu fest zu sein. Manuel hebt einen Brocken Eruptivgestein auf: Obwohl er groß und massiv aussieht, ist er so leicht, als wäre er aus Pappe.

Es regnet wieder

Es regnet und wir stecken in Schwierigkeiten. Wir sind nämlich auf den Vulkan Sierra Negra hinaufgeritten und jetzt, auf dem Rückweg, versinken die Pferde in dem Schlamm aus roter Asche. Aber das ist nur der Anfang. Eines nach dem anderen geht mitsamt Reiter erschöpft zu Boden. Zuerst passiert das Martin, dann Elisabeth, dann Puk und schließlich mir. Wir alle sind über und über mit Schlamm beschmiert.

Links: Blaufußtölpel

Rechts: Der Galapagos-Landleguan ernährt sich von Beeren, Knospen, Blüten und Blättern von Kakteen.

Elisabeth streitet sich mit einem der Männer, der die Pferde wieder einsammelt. Er hat eines aufs Maul geschlagen, bis Blut kam, und offenbar ohne dass es dafür einen Grund gab. Auch ich mische mich ein: Ich dulde es nicht, dass jemand Tiere quält. Solch ein Verhalten ist unmenschlich.

Ich bekomme langsam den Verdacht, dass einige Pferde den Ritt auf den Vulkan nicht überleben. Ein Pferdeschädel, der ausgebleicht im Gestrüpp liegt, bestätigt meine Vermutung.

Auch der Lastwagen, der uns bis zum Pferdestall brachte, hat Probleme. Unser Führer versucht, im strömenden Regen einen Reifen zu wechseln. Martin und Puk helfen ihm. Das Fahrzeug ist schon sehr alt. Schrauben und Werkzeug sind verrostet, aber schließlich gelingt der Reifenwechsel.

»Zum Glück hatten wir heute den Ersatzreifen dabei«, sagt Manuel ganz arglos. »Sonst hätten wir womöglich bis morgen hierbleiben müssen. Und es wird noch lange regnen.«

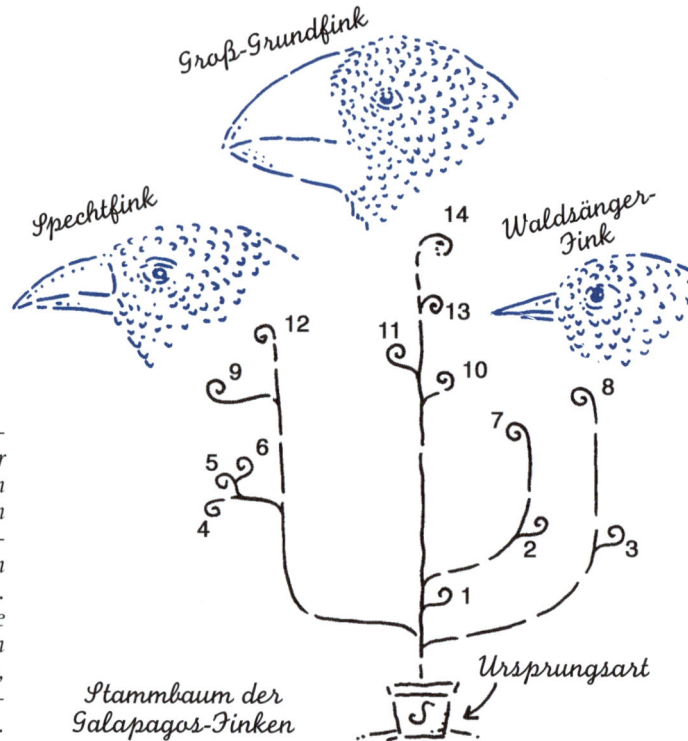

Groß-Grundfink

Spechtfink

14

Waldsänger-Fink

12

11

13

9

10

8

5 6

7

4

2 3

1

Ein wahrscheinlicher Stammbaum der auf den Galapagosinseln lebenden Finkenarten. Sie alle stammen von einer Art ab, die vom Festland kam.

Stammbaum der Galapagos-Finken

Ursprungsart

0

Gefährliche Eindringlinge

Der Nationalpark Galapagosinseln wurde 1959 gegründet und 1986 wurden die umgebenden Gewässer zum marinen Schutzgebiet erklärt. Der Park nimmt 97 Prozent der Gesamtfläche der Inseln ein. Hier darf der Mensch nicht eingreifen, auch nicht essen oder übernachten und das Berühren von Pflanzen und Tieren ist ebenso verboten. Einige Wege sind gesperrt und auch die Anzahl der Buchten, in denen Schiffe anlegen dürfen, wurde eingeschränkt.

Manche Vorschriften könnten einem übertrieben vorkommen, doch kann dieses Stück Natur nur so geschützt und für die Forschung und die Zukunft bewahrt werden.

Die übrige Fläche wird von landwirtschaftlichen Unternehmen eingenommen, die schon vor der Gründung des Parks hier waren. 1977 hatten die Inseln 12 000 Einwohner. Inzwischen verdoppelte sich diese Zahl. Und es sieht ganz so aus, als hätte dieses Wachstum gerade erst begonnen.

Heute sehen die Menschen die Riesenschildkröten nicht mehr als praktische Fleischreserve an. Es werden auch keine Meerechsen einfach nur so zum Spaß getötet, wie es die Soldaten der amerikanischen Militärbasis Baltra taten. Doch bewusst oder unbewusst werden ständig weitere Pflanzen, Tiere und Mikroorganismen auf die Inseln gebracht, die den Lebensraum der heimischen Arten verändern. Verwilderte Schweine fressen die Schildkröteneier, streunende Hunde jagen Meerechsen, Ziegen weiden die Vegetation ab und eingeführte Zierpflanzen wuchern so stark, dass sie einige Vogelarten am Nestbau hindern. Am Strand von Puerto Villamil beobachten wir einen kleinen Pudel dabei, wie er in die Natur eingreift. Anderswo wäre sein Verhalten harmlos, hier aber kann es schlimme Folgen haben: Bellend jagt er die Meerechsen, bis sie sich im Wasser in Sicherheit bringen. Durch ihn könnten sie die Lust verlieren, an diesen Strand zurückzukehren. Elisabeth schimpft mit ihm und verjagt ihn. Morgen aber wird Elisabeth nicht hier sein, um die Meerechsen zu beschützen.

Junger Seelöwe

20. Die Treppe zum Himmel

17. Februar

Haben wir es verdient, auf der obersten Sprosse der Evolutionsleiter stehen zu dürfen? Das fragen wir uns, als wir am Strand von Puerto Villamil vor einer Holztreppe stehen. Sie befindet sich auf einer Landzunge aus schwarzem Gestein und führt zu einer Plattform, von der aus man den Horizont und vor allem die Felsen unter der Treppe sehen kann. Auf diesen Felsen wimmelt es geradezu von Meerechsen. Es sind Hunderte von Tieren. Ihr Anblick ist für uns unerwartet und faszinierend, und es kommt uns unvorstellbar vor, dass sie sich ausgerechnet hier versammeln, in geringer Entfernung vom Hauptplatz des Ortes. Meerechsen sind ruhige und harmlose Tiere. Sie hätten sicher auch nichts dagegen, wenn wir uns zu ihnen setzen würden, denn wir sind weder ihre Nahrungskonkurrenten noch ihre Fressfeinde.

Linke Seite: Die Holztreppe am Strand von Puerto Villamil

Meerechsen ernähren sich ausschließlich von grünen Algen und brauchten sich lange Zeit nur vor fleischfressenden Mee-

Meerechsen am Fuß der Treppe

Meerechsen auf Isabela, 17. Februar 2007

resbewohnern zu fürchten, wie etwa vor Haien. An Land hatten sie keine natürlichen Feinde. Als ich sie auf meiner ersten Reise beobachtete, merkte ich, dass sie bei Gefahr immer ins Innere der Insel flüchteten und niemals ins Wasser.

Jan macht mich darauf aufmerksam, dass sie sich jetzt umgekehrt verhalten. Wenn wir am Strand von Puerto Villamil versuchen, uns den Echsen zu nähern, flüchten sie sich ins Wasser und schwimmen mit schlängelnden Bewegungen davon. Sie haben gelernt, Angst vor Kindern zu haben, die sie am Schwanz packen.

An abgelegenen Stränden dagegen lassen sie einen ohne Weiteres an sich heran und erschrecken auch vor der Kamera nicht. Hier in Puerto Villamil leben sie auf den Felsen, um die herum sich die Siedlung entwickelt hat. Sie würden diesen Stützpunkt sicher gerne behalten, denn rechts und links davon erstrecken sich zwei große Strände mit Korallensand, in den sie Löcher für die Eiablage graben können. Auch in diesen Tagen sind sie damit beschäftigt. Ich bin begeistert, denn als ich mit der *Beagle* im Monat September hierherkam, beobachtete ich nichts Derartiges. Damals konnte mir niemand erklären, wie und wo sich die Meerechsen vermehrten.

Das Fest auf der Insel

Der Februar ist nicht nur der Monat der Fortpflanzung der Meerechsen, sondern auch der Monat, in dem die Menschen hier Karneval feiern. Der *alcalde* oder Bürgermeister von Puerto Villamil hat beschlossen, unten am Meer ein großes Fest zu veranstalten. Am Strand wurden Absperrungen errichtet und nur 50 Meter von der Meerechsenkolonie entfernt, stellte man riesige Lautsprecher auf, die den ganzen Strand mit afrokubanischer Musik und den Witzchen des Discjockeys beschallen. Das Fest geht bei voller Lautstärke bis tief in die Nacht hinein, obwohl nur wenige Dutzend Leute da sind, die zudem nicht den Eindruck machen, als würden sie sich gut unterhalten. Dann sind da noch ein paar Kinder, die am Strand spielen, aber das machen sie ohnehin jeden Tag.

Haben wir es verdient, auf der obersten Sprosse der Evolutionsleiter stehen zu dürfen? Das fragen wir uns erneut, während wir uns von dem Lärm entfernen.

Illegale Katzen

Es ist 23 Uhr. Wir sitzen im Aufenthaltsraum von Doras Hotel. Der Mond steht hoch am Himmel. Der eintönige Rhythmus der Musik am Strand dringt bis hierher. Bumm, bumm, bumm. Zwei Katzen, die der Besitzerin zugelaufen sind, leisten uns Gesellschaft. Sie streichen uns um die Beine, schnurren und spielen mit uns. Sie sind so anschmiegsam und selbst-

Isabela, Puerto Villamil: Ein Fahrradverleih

bewusst wie alle Katzen der Welt. Ihre Art passte sich in allen geografischen Breiten perfekt an das Zusammenleben mit den Menschen an. Wir begegneten ihnen auf den Kapverdischen Inseln, in Rio de Janeiro, in Punta Arenas, auf Chiloé.

Auf Isabela aber halten sie sich illegal auf. Sie dürften nicht hier sein. Ausgesetzte Katzen verwildern und töten dann kleine Meerechsen und neugeborene Schildkröten. Für das empfindliche ökologische Gleichgewicht der Galapagos-inseln stellen sie eine große Gefahr dar.

Isabela und Santa Cruz: Bilder und Eindrücke vor der Abreise
Ich denke an die vielen Tiere, die ich zu Hause in Downe in England hielt: Hunde, Pferde, Tauben, Katzen... Ich habe Tiere immer geliebt, aber ich weiß, dass sich unsere Zunei-gung zu unseren Haustieren mitunter nicht mit dem Schutz eines Ökosystems verträgt.

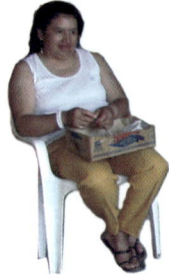

Ein paar Notizen zu Puerto Villamil

Elisabeth nippt an ihrem Mangosaft. Gemeinsam mit Martin ordnet sie die Notizen, die sie unterwegs machten. Ihnen fiel auf, dass sie sich sehr unterschiedliche Dinge aufgeschrieben haben, obwohl sie die ganze Zeit über zusammen waren. Heute hat Martin in sein Notizbuch die Stichwörter eingetragen: »Wahlplakate«, »kleine Bauspekulationen«, »zu viele Lokale und Restaurants, alle leer«, »fehlende Müllentsorgung«, »Neigung zu unüberlegtem Wachstum«, »Lokalpolitik«, »Interessen der Einwohner nicht mit Umweltschutz vereinbar«. In Elisabeths Notizbuch dagegen steht: »Rosaflamingos«, »schwarze Flechten«, »Humboldtpinguine«, »wunderbares Bad im Meer«.

»Jeder sieht nur das, was er will«, erklärt Puk, während er die Batterie seines Fotoapparats wechselt.

Bezogen auf die Einwirkung des Menschen auf die Umwelt bedeutet das leider oft, dass die meisten Menschen die durch den Menschen entstehenden Probleme nicht sehen oder zumindest so tun, als würden sie sie nicht sehen.

Markt in Puerto Villamil

Unten: Humboldtpinguine und Rosaflamingo auf Isabela

Kühle Bäder am Äquator

Virginia und Jan baden ein letztes Mal im Meer vor den Bungalows und sind ein Stück weit hinausgeschwommen. Der Nachthimmel ist klar und man kann unend-

Junge Obstsaftverkäufer auf dem Viehmarkt von Bellavista auf Santa Cruz

lich viele Sterne sehen. Die Wellen werden größer und Elisabeth macht sich Sorgen. Dora beruhigt sie: »Den beiden wird es dort draußen bald zu kühl werden und sie kehren um. Aber es ist gut, dass sie in dieser Jahreszeit zu den Galapagosinseln gekommen sind. Im Juli und August kann man nicht baden, durch den Wind und die Strömungen ist das Wasser dann viel zu kalt.«

Ich überlege, dass dies eigentlich ein seltsames Klima ist für eine Inselgruppe, die genau am Äquator liegt. Tag und Nacht sind das ganze Jahr über gleich lang: Zwölf Stunden lang ist es hell, zwölf Stunden lang ist es dunkel. Jahreszeiten dürfte es hier eigentlich nicht geben und trotzdem...

In Wirklichkeit hängt auch hier das Wetter nicht nur von der geografischen Breite ab und damit von der Entfernung zu den Polen und zum Äquator, sondern von Meeresströmungen in der Tiefe und nahe der Oberfläche. Und wenn auf der Nordhalbkugel Sommer ist, beeinflussen hier kalte Strömungen die Temperaturen.

Inzwischen sind Virginia und Jan zurück und ziemlich durchgefroren. Wir gehen alle schlafen. Morgen werden wir

wieder in Puerto Ayora sein und übermorgen kehren wir aufs Festland zurück. Die Reise ist fast zu Ende.

Zeitungskopf der Tageszeitung von Guayaquil

19. Februar. Plaza Bolivar

Während ich diese letzten Zeilen schreibe, sitze ich auf einer Bank am Hauptplatz von Guayaquil, vor der Kathedrale. In meinem Notizbuch ist nicht mehr viel Platz.

Rot markierte Überschrift: Ehemaliger Besitzer des

Neben mir liegt eine Ausgabe von *El Telégrafo*, der Tageszeitung von Guayaquil. In den Artikeln wird von Dingen berichtet, die überall auf der Welt geschehen sein könnten, aber auch von den durch El Niño hervorgerufenen Klimaanomalien und von den Überschwemmungen in den Tälern und auf den Hochebenen des Festlandes.

Banco de los Andes (der Andenbank) in der EU festgenommen

Ich denke darüber nach, wie sehr sich die Welt seit meinen Tagen verändert hat und wie viele Menschen heute mit dem, was man im alltäglichen Sinn unter »Natur« versteht, nie in Berührung kommen. Sie wohnen in Behältern aus Beton, verlangen nach Klimaanlagen, reisen in Blechdosen auf Rädern. Wenn überhaupt, dann besuchen sie die Natur nur kurz, wie einen unheilbar Kranken.

Ich schaue von meinem Notizbuch auf und betrachte den Platz, die überall rings um ihn herumstehenden und fahrenden Autos, den Wald von Fernsehantennen auf den Hausdächern. Das Grün der Bäume und der Rasenflächen ist leben-

dig und bewegt sich, denn zwischen und auf den Pflanzen
leben grüne Echsen, laufen herum und paaren sich. Es sind
Dutzende, vielleicht sogar Hunderte. Ständig lassen sie etwas auf die Passanten fallen, wie die Tauben in einer europäischen Stadt. Ständig laufen sie vor den Kindern weg, die sie
am Schwanz packen wollen.

Plaza Bolívar
in Guayaquil,
Ecuador,
19. Februar
2007

Sie lebten schon hier, bevor die Autos und der Beton kamen. Die Stadt hat sie nicht vertreiben können. Vielleicht
wird ihr das nie gelingen.

»Der Schluss liegt nahe, dass es hier in geologisch rezenter Vergangenheit noch keine Inseln gab. Deshalb ist es, als seien wir räumlich wie zeitlich jenem bedeutenden Phänomen nahe, dem größten aller Geheimnisse: dem ersten Auftreten von Lebewesen auf der Erde.«

Buckelwal

TASMANIEN

Nach den Galapagosinseln

Charles Darwins Reise um die Welt war damals bei den Galapagosinseln noch nicht beendet. Die Beagle stach wieder in See und segelte über Tahiti nach Neuseeland, wo Charles Darwin zusammen mit den Maori auf einer Missionsstation Weihnachten feierte.

Am 12. Januar 1836 ging die Beagle vor Australien vor Anker. Dort traf Darwin auf Kängurus und Schnabeltiere, le-

DAS
DARWIN-
PROJEKT

Dossier »Galapagosinseln«

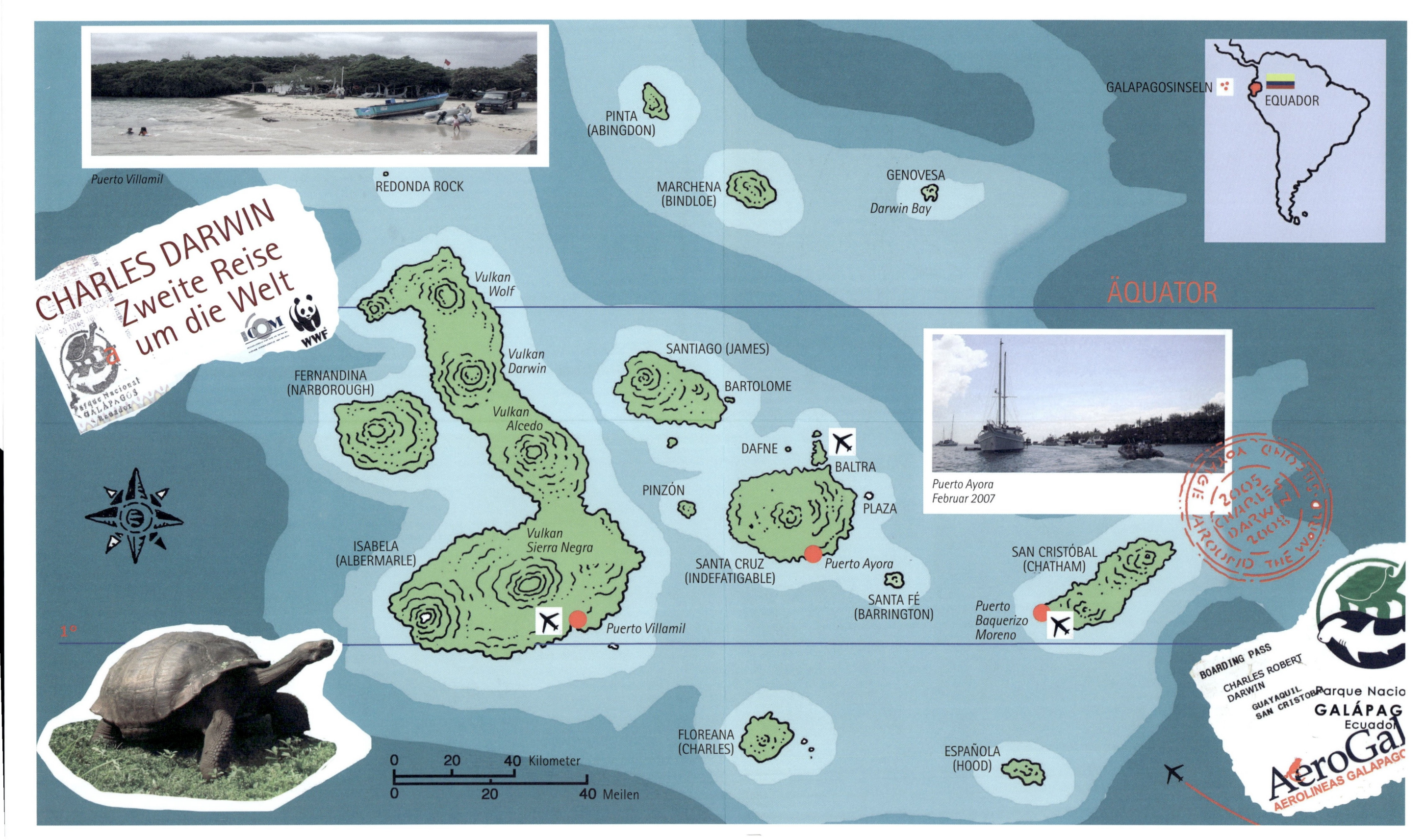

bende Beweise der Evolution und der Kontinentalverschiebung, bevor die Beagle *Kurs auf England nahm, dorthin, wo das Abenteuer begann.*

Darwins Reise um die Welt und die dabei gemachten Beobachtungen und Funde führten dazu, dass Darwin seine bahnbrechende Theorie der Evolution entwickelte, die ihn später weltberühmt machte.

Die Reise der *Beagle* im Überblick

1831
27. Dezember, Abreise
aus Devonport
(Plymouth, England)

1832
18. Januar–8. Februar
Kapverdische Inseln

28. Februar
Bahía (San Salvador)

4. April–5. Juli
Rio de Janeiro
(8.–25. April
Exkursion ins
Landesinnere)

26. Juli–19. August
Montevideo

6. September–
17. Oktober
Bahía Blanca

2.–28. November
Montevideo

16. Dezember–
26. Februar 1833
Feuerland

1833
1. März–6. April
Falklandinseln

28. April–25. Juli
Maldonado

3.–24. August
Mündung des Río
Negro

11.–17. August
Exkursion von El
Carmen nach Bahía
Blanca

24. August–
6. Oktober
Vermessung der Küste
bis Punta Alta

8.–20. September
Von Bahía Blanca
nach Buenos Aires

27. September–
20. Oktober
Exkursion nach
Santa Fé

21. Oktober–
6. Dezember
Montevideo

14.–28. November
Exkursion nach
Mercedes

1834
(25. Dezember)–
4. Januar
Puerto Deseado

9.–17. Januar
Puerto San Julián

29. Januar–7. April
Falklandinseln

13. April–12. Mai
Río Santa Cruz

21. Mai
Einfahrt in die
Magellanstraße

28. Juli–13. Juli
Chiloé

23. Juli–10.
November
Valparaíso

14. August–
27. September
Exkursionen in den
Anden

1835
21. November–
4. Februar
Chiloé und Chonos-
Inseln

2.–22. Februar
Valdivia

4.–7. März
Concepción

11.–17. März
Valparaíso

13. März–10. April
Exkursion von
Santiago del Chile
nach Mendoza in
Argentinien über die
Anden

27. März–17. April
Umgebung von
Concepción

17. April–27. Juni
Chilenische Küste

27. April–4. Juli
Exkursion nach
Coqimbo und
Copiapó

12.–15. Juli
Iquique

19. Juli–7. September
Callao

16. September–
20. Oktober
Galapagosinseln

15.–26. November
Tahiti

21.–30. Dezember
Neuseeland

1836
12.–30. Januar
Sydney

2.–17. Februar
Hobart, Tasmanien

3.–14. März
King George's Sound
(König-Georg-Sund)

2.–12. April
Kokosinseln (Keeling)

29. April–9. Mai
Mauritius

31. Mai–18. Juni
Kap der Guten
Hoffnung

7.–14. Juli
Insel St. Helena

19.–23. Juli
Ascensión-Inseln

1.–6. August
Bahía (San Salvador)

12.–17. August
Pernambuco

2. Oktober
Ankunft in Falmouth,
England

Danksagung

Der Autor dankt folgenden Personen und Institutionen: Daniele Jalla, Präsident der Icom Italien (International Council of Museums), und Gianfranco Bologna, wissenschaftlicher und kultureller Leiter des WWF Italien, für die moralische Unterstützung und dafür, bei ihren internationalen Organisationen für mich eingetreten zu sein. Enrico Banfi, Direktor des Mailänder Museums für Naturgeschichte, und Ilaria Guaraldi Vinassa de Regny, Präsidentin der Associazione Didattica Museale, für die Unterstützung und Gastfreundschaft, die mir diese angesehene lombardische wissenschaftliche Einrichtung zuteil werden ließ. Bob Stephens für seine Unterstützung des Projekts im Rahmen der weltweiten Veranstaltungen zum Darwin Day. Den Schwestern Anna und Elena Balbusso und dem Grafiker Max Casalini für das Logo von Darwin 2, mit dem ich mich für den Rolex Award for Enterprise 2006 bewarb. Paolo Savonuzzi für die Fotos von Botafogo, die während seiner Fotoreise nach Brasilien entstanden. Meinen fantastischen Begleitern auf der Reise: Federico Canobbio Codelli vom Centro di Cultura Scientifica Alessandro Volta, Philosoph und Künstler; Francesco Balladore, offizieller Fotograf des Projekts; und Ingrid Gattermann, anregende und geduldige Reisegefährtin. Leonardo Dana, ein Motorradfahrer, der sich in Südamerika verliebt hat und ein erfolgreicher Jäger guter Bilder ist. Cinzia Ghigliano für das wunderbare Gemälde des Volkes der Ona. Der Capo Horn, die uns mit Spezialkleidung ausstattete, die uns ermöglichte, die starken Klimakontraste zu überleben, denen wir ausgesetzt waren. Dr. Guillermo O. Castro und seiner Frau Mirta für das herzliche Willkommen, das sie uns in Trelew bereiteten. Bruno von Patagonia Totale, der uns, ohne mit der Wimper zu zucken, über Tausende von Kilometern Steppe und Andengletscher begleitete. Mauricio und Hilda Szulman für ihre liebevolle Gastfreundschaft in Buenos Aires und Mauro Schvartzman für die Logistik und für die Freundlichkeit, mit der er mich in Concepción und Paraná empfing. Marcos Oliva Day, Forscher aus Neigung, und den jungen Leuten von Conociendo Nuestra Casa dafür, dass sie mir das Gefühl gaben, in Puerto Deseado ein willkommener Gast zu sein. Meiner Literaturagentin Coleta Ravoni und ihrem verstorbenen Lebensgefährten Marcelo, der die Jahre seiner Kindheit in Bahía Blanca verbrachte, an den Stränden und

Orten, an denen Darwin die Knochen der großen vorsintflutlichen Ungeheuer fand. All jenen, die mir bei diesem Teil des Projekts in Argentinien, Chile, Peru und Ecuador mit Ratschlägen und Unterstützung zur Seite standen. Marika Giulia Gherardi von Canon Italia und Enrico Nigra Gattinotta von Nokia, die uns halfen, das Niveau unserer technischen Möglichkeiten anzuheben. Nicoletta Salvatori, frühere Direktorin von *Quark* und jetzige Direktorin von *Tuttoturismo*, Renzo Salvi, Programmleiter von Rai Educational, Salvatore Giannella und Milly Moratti für ihre Unterstützung und Solidarität. Marino Pagni von Tour 2000 und Rafael Cumsille von Turismo Turavion für ihre unentbehrliche logistische Unterstützung bei Reisen in den Regionen Magellanstraße und Aisén. Den Rotarierinnen vom Punta Arenas Club »Terke Aonik«, dessen Präsidentin Flora Sanchez Fuentes und all ihren Mitstreiterinnen. Pablo Bolgeri und seiner über Chile verstreuten Familie, besonders Guillermo Condemarin und seiner Frau, für die Informationen, die sie an uns weitergaben und für ihre Gastfreundschaft in Santiago. Claudio Soto Barria, Besitzer der Confitería Torres, für die Anekdoten, die er uns erzählte, und für seine Anteilnahme an unserem Projekt. Luis Felipe Villacorta Ortiz dafür, dass er für uns die Tore des Museums Raimondi in Lima öffnete und uns mit einer uns unbekannten Seite der peruanischen Geschichte vertraut machte. Vittorio und Lorenza Cipolla, Vorhut unserer Mission auf den Galapagosinseln, und ihrer Nichte Irene Angeletti, einer Ecuadorianerin aus Guayaquil, die sich für den Schutz der natürlichen Ressourcen ihres Landes einsetzt. Den Rangern des Nationalparks der Galapagosinseln, die uns auf unseren Besuchen auf den Inseln begleiteten. Den Direktoren und Beschäftigten der Museen und Naturschutzparks. Den vielen Menschen, denen wir unterwegs begegneten und die uns selbstlos mit Rat und Tat zur Seite standen. All denen, die mit viel Begeisterung und Engagement an diesem Buch mitgearbeitet haben und so zur Entstehung eines außergewöhnlichen Buch-Objekts beitrugen, das dem Text und der dahinterstehenden Idee einen ansprechenden Rahmen verleihen. Natürlich ergeht auch ein großes Dankeschön an Charles Darwin, einen abenteuerlustigen jungen Mann, der sein Haus in Downe nach der Reise mit der *Beagle* zwar nie wieder verließ, durch seine Theorie aber die Sicht der Welt veränderte. Vor allem aber den Lesern, die uns den Ansporn dazu geben, unser Vorhaben zu Ende zu führen.

Bildnachweis

Die Fotos von Luca Novelli wurden mit einer Canon EOS 20D aufgenommen. Weitere Urheber von Fotos und Zeichnungen:

Teil 1

Federico Canobbio Codelli
Im Dossier »Santa Cruz«:
»Gegenüber dem Cerro Torre« Trypticon in Mischtechnik
(151 x 50 cm), 2006
Skizze des vom FitzRoy teilweise verborgenen Cerro Torre, von
El Chaltén aus gesehen
Skizze des Massivs des FitzRoy
Fotos auf den Seiten 81, 82, 83, 85, 88, 89, 92, 95, 97, 99, 102,
119, 124, 130, 131, 137, 138, 157, 174

Francesco Balladore
Im Dossier »Santa Cruz«:
Ansicht des Sucia-Sees vom Hubschrauber aus
Federico beim Zeichnen des FitzRoy am Ufer des Río de las
Vueltas
Im Dossier »Vorsintflutliche Ungeheuer«:
Foto des Autors Luca Novelli im Museum MEF von Trelew

Paolo Savonuzzi
Foto: »Die Straße unterhalb des Bergs Corcovado, in der Darwin zusammen mit dem befreundeten Zeichner Augustus Earle wohnte«

Leonardo Diana
Fotos auf den Seiten 23, 34, 45, 46, 47, 53, 56, 58, 62, 63, 66,
67, 72, 84, 113, 162, 163, 175

Cinzia Ghigliano
Im Dossier »Völker Feuerlands«:
»Eine Familie der Ona (auch Selk'nam genannt)« Mischtechnik
(30 x 21 cm)

Teil 2

Federico Canobbio Codelli
Im Dossier »Letzte Gletscher«:
»Der Cerro Balmaceda an einem windigen Tag, vom Meer aus
gesehen« Mischtechnik (215 x 110 cm), Unterlage von Los
Arches
Skizze des Cerro Balmaceda, angefertigt an Bord der *21 de
Mayo*

Fotos auf den Seiten 198, 200, 201, 203, 204, 206, 207, 208
Im Dossier »Letzte Gletscher«:
Die *21 de Mayo* und der Gletscher Balmaceda

Ingrid Gattermann
Fotos auf den Seiten 181, 290, 291, 292, 295, 313, 314, 315
unten, 326

Leonardo Diana
Foto auf Seite 248

Vittorio und Lorenzo Cipolla
Fotos auf den Seiten 315 oben, 330 links oben, 332, 335

Autor

Luca Novelli ist Naturwissenschaftler, Grafiker und Journalist. Seit 1970 schreibt und illustriert er Sachbücher für Kinder und Jugendliche, die in 22 Sprachen übersetzt wurden.

Weitere Informationen über Autor und Projekt unter:
www.lucanovelli.eu
www.darwin2.org

Das Darwin-Projekt erhielt 2007 den Andersen-Preis als bestes Sachbuch.